DE L'ÉLECTRICITÉ

DES

MÉTÉORES.

TOME PREMIER.

DE L'ÉLECTRICITÉ

DES

MÉTÉORES.

OUVRAGE dans lequel on traite de l'Electricité Naturelle en général, & des Météores en particulier; contenant l'exposition & l'explication des principaux phénomenes qui ont rapport à la Météréologie Electrique, d'après l'observation & l'expérience; avec figures.

Par M. l'Abbé BERTHOLON, Professeur de physique expérimentale des Etats-Généraux de Languedoc, des Académies Royales des Siences de Montpellier, de Lyon, Bordeaux, Dijon, Beziers, Marseille, Nîmes, Rouen, Toulouse, Valence, Madrid, Rome, Hesse-Hombourg, Lausanne, Florence, Milan, &c. &c.

TOME PREMIER. 

A PARIS,

Chez CROULLEBOIS, rue des Mathurins, près celle de la Harpe.

M. DCC. LXXXVII.

Avec approbation & privilege du Roi.

AVERTISSEMENT
DE L'ÉDITEUR.

DE tout tems cette brillante partie
de la phyſique qui traite des météores,
a excité la curioſité & l'intérêt, &
a fait naître l'admiration dans l'eſprit
du vulgaire comme dans celui des philoſophes : auſſi trouve-t-on dans les anciens, des obſervations nombreuſes
qui ſont infiniment précieuſes. Les
modernes ont beaucoup augmenté la
maſſe des connoiſſances de ce genre,
depuis qu'on a ſuivi les bonnes mé-
thodes, celle ſur-tout de raſſembler
des faits & de multiplier les expériences.

Avant les nouvelles découvertes
ſur l'électricité naturelle, & même
ſeulement avant l'époque de Marly-
la-Ville, en 1752, on n'avoit aucune
idée de la nature des météores, & de

a iij

la caufe des divers phénomenes qu'ils préfentent ; on n'avoit formé que des conjectures, dont la plupart étoient vaines. Mais comme il n'eft pas donné à l'homme d'embraffer tout-à-coup, & de parcourir en un inftant le cercle entier des connoiffances ; ce n'a été que par degrés qu'on s'eft élevé au point où on eft aujourd'hui parvenu : plufieurs favans, par leurs recherches & fur tout par une application conftante, ont fucceffivement ajouté à cette fomme impofante de vérités dont on préfente ici le tableau.

Pour établir fur un fondement affuré, les différentes parties de cet ouvrage, l'auteur a d'abord traité de l'électricité météore en général, en rapportant cette nombreufe fuite d'expériences & d'obfervations, faites à cette fameufe époque de Marly-la-Ville, avec des appareils d'un nouveau genre dont on n'avoit eu jufqu'alors aucune idée. Telles ont été celles des Dalibart, Buffon, Delor, Mazeas,

Lemonnier, Romas, Caſſini, Canton, Bewis, Wilſon, Richmann, la Garde, Verat, Marin, Zanotti, Boſe, Gordon, Lomonoſow, Beccaria, Kinnerſley, Muſchenbroeck, &c. &c. Les réſultats conſtans qu'on a obtenus ſont la baſe ſur laquelle porte l'identité rigoureuſe qu'il y a entre le tonnerre & l'électricité. Le concours des obſervations & des expériences faites depuis ces tems, ont également démontré celle qui regne entre l'électricité & les autres météores ; elles ſont trop nombreuſes pour pouvoir être même indiquées dans cet avertiſſement. On s'en convaincra facilement par la lecture de la table des chapitres, qui peut en être regardée comme la ſuite.

On ne craint pas de dire que cet ouvrage eſt le ſeul où on ait traité l'enſemble de la ſcience des météores, conſidérés ſous leurs rapports avec l'électricité, & en s'appuyant toujours ſur les obſervations & les expériences des phyſiciens les plus diſtingués, auxquels notre auteur en a ajouté, depuis quelques années, un grand nombre qui ont obtenu leur fuffrage. Les mémoires de M. l'abbé Bertholon, fur la foudre & fes principaux phénomenes, fur la foudre afcendante & les paratonnerres afcendans, fur la caufe électrique des tremblemens de terre & des volcans, fur les para-tremblemens de terre, fur les aurores boréales & fur leur caufe, fur celle des pluies d'orage, l'élévation des vapeurs, la grêle lumineufe par l'électricité, &c. &c. réimprimés plufieurs fois & traduits en différentes langues, font trop connus pour en préfenter l'extrait; comme les différentes éditions étoient épuifées, qu'on les redemandoit de divers côtés, & qu'ils font des parties néceffaires de cet ouvrage, on les y retrouvera avec des augmentations confidérables.

La méthode particuliere qu'a fuivi dans ce traité M. l'abbé Bertholon, a été celle d'une rigoureufe dialecti-

que. Il a expofé les phénomenes conftans que préfentent les divers météores en rapportant, après avoir remonté
aux fources mêmes, un choix d'obfervations faites par les anciens & les
modernes, dont l'hiftoire & les époques font citées avec la plus grande
exactitude, afin de montrer, s'il eft
permis de parler ainfi, la généalogie
des idées & la filiation des découvertes qui font ordinairement liées entr'elles comme les anneaux d'une chaîne. Plufieurs fois l'auteur a cité les
propres paroles des auteurs des découvertes & des obfervations, bien
convaincu que les lecteurs ont autant
de fatisfaction à les entendre parler
qu'on en trouve à lire les defcriptions
curieufes des contrées par les voyageurs mêmes. Il a enfuite montré que
la plupart des explications données
jufqu'à préfent, ne pouvoient s'accor-
der ni avec les principaux phénomenes obfervés, ni avec les principes de
la phyfique les mieux conftatés, &

que le fluide électrique feul étoit la caufe du grand nombre des météores, en fatisfaifant à ces deux conditions.

Afin de porter, dans cette matiere, le plus haut degré de certitude dont ces objets foient fufceptibles, M. L'abbé Bertholon bien perfuadé, comme le difoit le fameux Scylla, que *de toutes les preuves d'une vérité, la plus sûre eft celle des yeux*, a toujours eu foin de confirmer ce que les obfervations avoient prouvé par des expériences imitatives. Pour cet effet, après avoir donné la defcription des inftrumens, il a rapporté les expériences par lefquelles il étoit venu à bout de repréfenter, par le moyen de l'électricité, les phénomenes principaux des divers météores.

Le meilleur moyen d'expliquer la nature, difoit M. de Fontenelle, s'il pouvoit être employé fouvent, ce feroit de la contrefaire, & d'en donner, pour ainfi dire, des repréfentations, en faifant produire les mêmes effets à des caufes que l'on connoîtroit, & que l'on auroit mifes en action. Alors on ne devineroit plus, on verroit de fes yeux, & l'on feroit sûr que les phénomenes naturels auroient les mêmes caufes que les artificiels, ou du moins des caufes bien approchantes. (*)

Des figures nombreufes ont été gravées avec le plus grand foin, pour faciliter l'intelligence de ce qu'on établiffoit, & les moyens de répéter fans peine les expériences rapportées dans le cours de cet ouvrage, où on ne voit point de ces vaines conjectures, fruit d'une imagination exaltée qui s'égare ; c'eft toujours à la lueur du double flambeau de l'expérience. & de l'obfervation qu'on y marche (**). Dans

____

(*) Hiftoire de l'Académie, année 1700, pag. 51.
(**) Lorfque de nouvelles obfervations auront été faites fur les objets relatifs à cet ouvrage, M. l'abbé Bertholon aura foin de les configner dans le Journal d'Hiftoire Naturelle, auquel il travaille & dont le titre eft : *La Nature confidérée fous fes différens Afpects,*

cet état il paroît être un traité complet de météréologie électrique ou
d'*Electricité - Météore* , dénomination
nouvelle qu'on a été obligé de créer ,
pour donner une idée de l'objet & du
travail qu'on préfente. Après l'avoir
lu attentivement, on ne pourra s'empêcher d'être étonné que l'homme ,
cet être fi foible , foit venu à bout ,
rival de la nature , de maîtrifer en
quelque forte les élémens.

---

contenant ce qui a rapport à la fcience phyfique de
l'homme , à celle des animaux, du regne minéral & du
regne végétal , & en particulier de l'agriculture ; à la
phyfique , à la chymie, aux mathématiques, à l'aftronomie , à la navigation, au commerce , à la gravure , &
généralement à tous les arts & à toutes les fciences
phyfico - économiques. Cet ouvrage qui contient
beaucoup de gravures , a commencé en 1787 ; à
Paris chez Periffe , libraire , Pont-Saint-Michel,
au foleil d'or ; à Nîmes chez M. Boyer - Brun ,
rue de la Tréforerie ; à Bordeaux , chez les freres
Chappuis , libraires ; à Turin & à Milan , chez les
freres Reycends , &c.

TABLE DES MATIERES.

SECONDE SECTION.

Tome I   b

TOME SECOND.

TROISIEME SECTION.

De quelques météores ignés qui paroissent dans l'air, ou à la surface de la terre, page 1

CINQUIEME PARTIE.

SIXIEME PARTIE.

SEPTIEME PARTIE.

Fin de la Table des Matieres.

ERRATA DU TOME PREMIER.

Pag. 24 *ligne* 29. La hachée *lisez* la trachée.
   25 *ligne* 3. *Idem.*
   29 *ligne* 11. Cordon *lisez* Gordon.
   41 *ligne* 9. Faites *lisez* fait.
  106 *ligne* 19. Dans *lisez* de.
  133 *ligne* 26. Au Burgos *lisez* au pere Burgos.
  147 *ligne* 23. Gazoul *lisez* Casoul.
  166 *ligne* 21. 1787 *lisez* 1782.
  186 *ligne* 20. *Lisez* qu'on n'en tirera plus de semblables ;
                si on , &c.
  201 *ligne* 3. Hichtemberg *lisez* Lichtemberg.
  213 *ligne* 10. Celle de *effacez* de.

TOME SECOND.

Pag. 31 *ligne* 20. A le *lisez* à les.
   60 *ligne* 1. Se converger *lisez* Converger.
   85 *ligne* 26. *Lisez* Bouguer.
  143 *ligne* 23. *Lise,* dans la ville de Beziers.
   26 *ligne* 20. Quelles *lisez* qu'ils.
  259 *ligne* 12. Tales *lisez* talcs.
  305 *ligne* 5. A l'impulsion *lisez* à l'action.
      ligne 18. *Lisez* & celle de la.
  365 *ligne* 11. Toujours serein *lisez* toujours positive.

DE

DE

L'ÉLECTRICITÉ

DES MÉTÉORES.

De l'Electricité - Météore.

LES divers météores que la nature enfante, produifent à nos yeux des fpectacles brillans qui, par leur magnificence & leur majefté, excitent l'admiration & fouvent l'effroi. Quelques fréquentes que foient ces fcenes merveilleufes, l'homme ne s'accoutume jamais à l'impreffion profonde dont elles le pénétrent. Tantôt il voit l'aftre du jour & celui de la nuit, environnés d'une pompe rayonnante dont leur difque eft couronné, où l'or & l'azur font prodigués fur un fond radieux; tantôt il voit leur image reproduite dans les cieux, ajouter à l'éclat de la réalité le charme de l'illusion. Là il découvre, au milieu des ombres de la nuit & dans le sein des ténebres, des jets de flamme & des gerbes de lumiere qui, se précipitant comme d'une source abondante, s'élancent avec rapidité dans les cieux, & font paroître des feux de mille couleurs, agités de mille mouvemens. J'ai vu, disoit un des argonautes françois, l'illustre Maupertuis ; j'ai vu dans ces climats sauvages, où l'astre du jour ne paroît point pendant l'hiver, des nuits plus belles que les jours, qui faisoient oublier la douceur de l'aurore & l'éclat du midi. Ici il apperçoit cet arc lumineux, que le pinceau de la nature a tracé avec les plus vives & les plus brillantes couleurs. Quelquefois des globes de feu roulent avec rapidité sur nos têtes & impriment la terreur : d'autres fois, du sein d'un nuage orageux, partent des éclairs multipliés, s'élance la foudre que suivent des tonnerres redoublés, qui portent l'épouvante & la consternation dans l'ame des plus intrépides ; & de tous les phénomenes que la nature fait briller aux yeux des mortels, il n'y en a point de plus terrible & où se fasse mieux sentir toute la majesté de la nature : aussi de tout tems le philosophe, ainsi que le vulgaire, s'est-il appliqué, avec

une forte de curiofité, à connoître les différens effets que produit ce rédoutable météore, qui porte dans fon fein le défaftre,
le ravage & la mort.

Mais le phyficien plus hardi, s'eft efforcé
de percer le nuage ténébreux qui le couvre, de remonter à cette caufe cachée &
de dévoiler fa nature. Long-tems ces tentatives furent vaines & inutiles : on entre-
vit enfuite une foible lueur, mais trom-
peufe ; une fpécieufe illufion fut prife pour
le flambeau de la vérité, & ce n'eft que
depuis peu que les conjectures de quelques
hommes célebres, confirmées par des expériences répétées, nous ont développé ce
myftere de la nature, qu'on doit regarder
avec raifon comme la clef des autres météores & des phénomenes qui en dépendent, ainfi qu'on le verra dans le cours de
ce traité, où nous examinerons les principaux météores, que nous diviferons pour
plus de clarté en quatre claffes générales ;
les météores ignés, les météores aqueux,
les météores aériens & les météores lumineux.

PREMIERE PARTIE.

De l'Électricité de l'Atmosphere en général.

S'IL eſt dans l'hiſtoire des empires des époques brillantes qui excitent l'admiration & l'étonnement, on en remarque quelquefois de ſemblables dans celles des ſciences. L'expérience de Marly-la-Ville ſera à jamais célebre dans les faſtes de la phyſique, & la météorologie depuis cette expérience fameuſe a pris une nouvelle face. Autrefois on expliquoit tous les phénomenes, qui appartiennent à cette branche de la phyſique, par le moyen des efferveſcences chymiques; aujourd'hui ces vieilles chimeres ſont releguées avec toutes les abſurdités de l'ancienne école.

Les découvertes importantes dans tous les genres de ſciences, ſont ordinairement préparées par une ſuite de connoiſſances qui les précedent, & elles ne naiſſent pas dans l'état de perfection, comme Minerve toute armée ſortit du cerveau de Jupiter.

Une hiftoire des fciences, dans laquelle on montreroit le développement fucceffif des idées qui ont été l'origine des grandes découvertes, feroit infiniment précieufe par fon utilité, & en attendant que ce projet foit exécuté, nous allons rapporter en peu de mots ce qui a pu être la fource qui a donné naiffance à la découverte de l'électricité naturelle.

Quoique les brillantes expériences de cette partie de la phyfique qui traite de l'électricité, euffent du d'abord conduire à une comparaifon fuivie de l'analogie qu'il y avoit entre les effets de l'électricité naturelle & de celle qu'on a nommée l'électricité artificielle ; néanmoins on n'y penfa que bien tard. Car nous ne dirons point ici, comme quelques auteurs, que M. Wall avoit entrevu cette analogie. Il eft vrai, qu'après avoir frotté de l'ambre, vu une lumiere & entendu un craquement, il penfa qu'en employant un morceau d'ambre plus grand, les deux effets dont nous venons de parler feroient plus confidérables, & qu'il dit enfuite, dans les Tranfactions Philofophiques *Ces phénomenes paroiffent en quelque façon repréfenter le tonnerre & l'éclair.* Cette affertion étoit alors deftituée de fondement : on ne connoiffoit pas dans ce tems d'analogie entre les effets de ces deux caufes. Le bruit & la lumiere que produifoit l'ambre frotté étoit un rapport fi vague, avec les nombreux & terribles phénomenes de la foudre, que c'étoit très-mal raifonner que de conclure une reffemblance; autrement tout feroit femblable dans la nature, & jamais une erreur de dialectique ne pourra être apportée comme le fondement d'une découverte raifonnée.

Nous ne dirons point ici non plus, comme d'autres, que M. Grai, dans fa lettre à M. Mortimer (1735), avoit eu quelque foupçon de cette vérité. Ce qu'il a écrit dans cette occafion n'eft qu'un mot, & il eft fi vague qu'il ne fignifie rien (1). D'ailleurs plufieurs phyficiens, avant M. Grai, s'étant également fervi de la même expreffion, auroient fur lui une antériorité de datte. Quoiqu'il en foit, tout ce qu'on a dit avant l'abbé Nollet, confiftoit plutôt en quelques mots échappés par hafard, qu'en une fuite de combinaifons réfléchies. Si des expreffions indéterminées fuffifoient pour établir l'exif-

---

(1) Grai avança que l'électricité & la foudre étoient la même chofe, fans établir de comparaifon réfléchie & fuivie; il faut en dire autant de Winkler. Halles & Barberet n'ont écrit qu'après Nollet.

tence des découvertes , il n'y en auroit
peut-être point qu'on ne pût enlever à leurs
véritables inventeurs , comme on peut en
être affuré en jettant un coup d'œil fur les
ouvrages de deux auteurs affez récens, qui
ont cru trouver dans les anciens toutes les
découvertes des modernes. Une invention
eft due au hafard ou à un enchaînement
d'idées , à une combinaifon de rapports ,
dont la liaifon eft frappante.

Le feul parmi les modernes qui, avant
l'expérience de Marly, ait parlé d'une maniere claire & précife , de l'analogie entre
le tonnerre & l'électricité, eft l'abbé Nollet , qui s'étoit beaucoup appliqué à l'étude
des phénomenes électriques. Cet illuftre phyficien , après avoir expofé l'ancienne opinion, difoit dès 1748 , dans le quatrieme
volume de fes leçons de Phyfique Expérimentale : « Si quelqu'un, par exemple, en-
treprenoit de prouver par une comparaifon
bien fuivie des phénomenes , que le tonnerre
eft entre les mains de la nature, ce que
l'électricité eft entre les nôtres, que ces merveilles dont nous difpofons maintenant à notre gré, font de petites imitations de ces grands
effets qui nous effrayent, & que tout dépend du même méchanifme : fi l'on faifoit
voir qu'une nuée préparée par l'action des

vents, par la chaleur, par le mélange des exhalaisons, &c. , est vis-à-vis d'un objet terrestre, ce qu'est le corps électrisé, en préfence & à une certaine proximité de celui qui ne l'est pas ; j'avoue que cette idée, si elle étoit bien soutenue, me plairoit beaucoup ; & pour la soutenir, combien de raisons spécieuses ne se présentent pas à un homme qui est au fait de l'électricité ? L'univerfalité de la matiere électrique, la promptitude de son action, son inflammabilité & son activité à enflammer d'autres matieres ; la propriété qu'elle a de frapper les corps extérieurement & intérieurement jusques dans leurs moindres parties ; l'exemple singulier que nous avons de cet effet dans l'expérience de Leyde ; l'idée qu'on peut légitimement s'en faire, en suppofant un plus grand degré de vertu électrique, &c. Tous ces points d'analogie que je médite depuis quelque tems commencent à me faire croire, qu'on pourroit, en prenant l'électricité pour modele, se former, touchant le tonnerre & les éclairs, des idées plus faines & plus vraisemblables que tout ce qu'on a imaginé jusqu'à préfent » (1). Ainsi c'est au célebre abbé Nollet, que nous

____

(1) Leçons de Phyfique Expérim. tome. IV , page 314.

attribuerons la gloire d'avoir apperçu le premier la vraie analogie, qui regne entre les effets de l'électricité & les phénomenes de la foudre.

M. Benjamin Francklin, inftruit des découvertes nombreufes & fingulieres qu'on faifoit en Europe fur l'électricité, tourna bientôt fes vues de ce côté, & doué d'un vrai génie pour les fciences, il en recula les bornes; ne doutant point de l'analogie qu'il y avoit entre les ·effets de la foudre & ceux de l'électricité, il foupçonna que fi on ifoloit une barre de fer pointue, placée verticalement, on pourroit peut-être obtenir, dans un tems d'orage, des fignes d'électricité.

Le phyficien de Philadelphie avoit peut-être été conduit à ·découvrir le pouvoir des pointes, dont nous parlerons bientôt, par le moyen d'une expérience importante de M. Jallabert, que nous rapporterons en traitant de ce pouvoir des pointes, & qui confifte en ce que un corps pointu par une extrémité & arrondi par l'autre, produit des effets différens fur un corps, felon qu'on préfente l'un ou l'autre bout (1). Quoi-

---

(1) Recherches fur l'Electric. par Nollet, page 312, & Lettres fur l'Electric. tome 1, pag. 124.

qu'il en foit, voici, au rapport de Francklin, comment il a imaginé les expériences pour foutirèr la foudre. « 1°. Propriétés communes au fluide électrique & à la foudre ; 2°. de rendre la lumiere, la couleur de cette lumiere ; 3°. la direction en zigzag ; 4°. la rapidité du mouvement : 5°. fa facilité à fe laiffer conduire par les métaux ; 6°. le bruit ou le craquement dans l'explofion ; 7°. de fubfifter dans l'eau ou dans la glace ; 8°. de déchirer les corps au travers defquels il paffe ; 9°. de tuer des animaux ; 10°. de fondre les métaux : 11°. d'allumer les fubftances inflammables ; 12°. l'odeur fulphureufe ; --- le fluide électrique eft attiré par les pointes ; --- nous ne favons pas fi la foudre a cette propriété ; --- mais puifque ces deux fubftances conviennent en tous les points dans lefquels on a pu les comparer jufqu'à préfent, n'eft-il pas probable qu'elles conviennent également en celui-ci ? --- il feroit à propos d'en faire l'expérience » (1).

Jufqu'ici on ne s'étoit livré qu'à des conjectures, mais des foupçons ne font pas des vérités, encore moins des découvertes : d'ailleurs ces conjectures auroient été peut-être éternellement ftériles , fi le Pline moderne

---

(1) Œuvres de Francklin, tome I, page 185.

(Buffon) n'eût conçu le projet de les vérifier par l'expérience. Pour cet effet, il fit élever sur la tour de Montbar une barre de fer isolée, à laquelle il joignit un conducteur, pour tirer plus commodément des étincelles , & des timbres disposés convenablement, afin d'être averti au loin, par le bruit qu'ils feroient , de la présence du fluide électrique; il détermina , aussi par ses conseils , M. Dalibard à construire un appareil semblable, qui fut aussitôt dressé à Marly-la-Ville.

CHAPITRE PREMIER.

Des premieres expériences, sur l'Électricité de l'Atmosphere, faites par le moyen des barres isolées.

M. DALIBARD fit faire à Marly-la-Ville , à six lieues de Paris, une verge de fer , d'environ un pouce de diametre, de quarante pieds de longueur, & fort pointue par son extrémité supérieure. Cette verge de fer , courbée vers son extrémité inférieure en deux coudes à angles aigus „ étoit placée dans un jardin , soutenue par trois

groffes perches convenablement difpofées ;
& ifolée par le moyen de cordons de foie
& d'un tabouret à pieds de verre.

Le mercredi, 10 Mai 1752, entre deux
& trois heures après-midi, après un coup
de tonnerre affez fort , le fieur Coiffier,
chargé de faire les obfervations en l'abfence
de M. Dalibard, vola à la machine, pré-
fenta à la verge le tenon d'un fil de fer
adapté à un manche de verre , & en vit
fortir une petite étincelle brillante avec pétillement ; « il tire une feconde étincelle
plus forte que la premiere & avec plus de
bruit : il appelle fes voifins & envoya chercher M. le prieur : celui ci accourt de toutes
fes forces ; les paroiffiens voyant la précipitation de leur curé , s'imaginent que le pau-
vre Coiffier a été tué par le tonnerre ; l'alarme
fe répand dans le village : la grêle qui fur-
vient n'empêche point le troupeau de fuivre fon pafteur. Cet honnête eccléfiaftique
arrivé près de la machine, & voyant qu'il
n'y avoit point de danger, met lui-même
la main à l'œuvre & tire de fortes étincelles. La nuée d'orage & de grêle, ne
fut pas plus d'un quart d'heure à paffer au
zénith de notre machine, & l'on n'entendit
que ce feul coup de tonnerre. » Sitôt que
le nuage fut paffé, & qu'on ne tira plus

d'étincelles de la verge de fer, M. Raulet, le prieur de Marly, fit partir le fieur Coiffier lui-même pour apporter à M. Dalibard une lettre, qui contenoit le détail des obfervations. Nous allons en extraire ce qu'il y a d'important. Le curé, pour fe rendre à l'appareil qu'on avoit élevé, fut obligé de traverfer un torrent de grêle. « Arrivé à l'endroit où eft placé la tringle coudée, j'ai préfenté le fil d'archal, en avançant fucceffivement vers la tringle à un pouce & demi ou environ ; il eft forti de la tringle une petite colonne de feu bleuâtre fentant le foufre, qui venoit frapper avec une extrême vivacité le tenon du fil d'archal, & occafionnoit un bruit femblable à celui qu'on feroit en frappant fur la tringle avec une clef. J'ai répeté l'expérience au moins fix fois, dans l'efpace d'environ quatre minutes, en préfence de plufieurs perfonnes, & chaque expérience que j'ai faite a duré l'efpace d'un *pater* & d'un *ave*. J'ai voulu continuer, l'action du feu s'eft rallentie peu-à-peu ; j'ai approché plus près & n'ai plus tiré que quelques étincelles, & enfin rien n'a paru.

Le coup de tonnerre qui a occafionné cet événement n'a été fuivi d'aucun autre ; tout s'eft terminé par une abondance de grêle. J'étois fi occupé, dans le moment de l'expérience, de ce que je voyois, qu'ayant été frappé au bras, un peu au-deſſus du coude, je ne puis dire fi c'eſt en touchant au fil d'archal ou à la tringle : je ne me fuis pas plaint du mal que m'avoit fait le coup dans le moment que je l'ai reçu ; mais comme la douleur continuoit, de retour chez moi, j'ai découvert mon bras en préſence de Coiffier & nous avons apperçu une meurtriſſure tournante autour du bras, ſemblable à celle que feroit un coup de fil d'archal, fi j'en avois été frappé à nud. » Pluſieurs perſonnes s'apperçurent très-ſenſiblement de l'odeur de ſoufre, qui avoit été communiquée au curé, même lorſqu'il fut de retour chez lui. Ces détails ſont tirés du Mémoire ſur ce ſujet que lut M. Dalibard, le 13 Mai 1752, à l'Académie des Sciences où il fut écouté avec la plus grande attention.

M. Delor, démonſtrateur de phyſique à Paris, demeurant à l'eſtrapade, dans un des quartiers les plus élevés de cette ville, éleva bientôt après une barre de fer de quatre-vingt-dix-neuf pieds de hauteur, poſée ſur un gâteau de réſine, de deux pieds en quarré & de trois pouces d'épaiſſeur. Le 18 Mai, entre quatre & cinq heures du

foir, une nuée orageufe ayant paffé au-deffus de cet appareil, (où elle fut environ une
demi-heure à paffer,) tira de cette barre des
étincelles femblables à celles des machines
électriques ordinaires, elles produifirent le
même éclat, le même feu & le même craquement. Les plus fortes étincelles furent tirées à la diftance de neuf lignes, tandis que
la pluie mêlée d'un peu de grêle tomboit du
nuage, fans tonnerre ni éclairs; ce nuage
n'étant felon les apparences que la fuite d'un
orage qui avoit éclaté ailleurs.

Ce conducteur donna même des étincelles, le nuage étant au-deffus de Vincennes,
c'eft-à-dire, au moins à deux lieues environ
du lieu de l'obfervation, ainfi que ce phyficien me l'a lui-même affuré, & comme
on peut le voir dans la lettre du 20 Mai
1752, datée de Saint-Germain, qu'il écrivit au docteur Hales, & qui fe trouve imprimée dans les Tranfactions Philofophiques (1).

Cette obfervation curieufe, répétée, lui
donna occafion de faire cette remarque importante qu'il communiqua à l'Académie
des Sciences, que les gros nuages lancent
la matiere électrique jufqu'à nous, même

----

(1) Tranfact. Philofoph. tom. 48. page 370.

quand ils font fort éloignés, & que cette matiere paroît augmenter en quantité à mefure qu'ils s'approchent & diminuer fucceffivement en raifon de leur éloignement. Le 19 Mai, une nuée orageufe paffa enfin fur l'appareil de Montbar, & l'illuftre Buffon en tira des étincelles.

M. l'abbé Mazéas plaça au haut de fa maifon un appareil bien fimple pour répéter cette expérience. Il confiftoit en une perche de bois qui paffoit en dehors de la fenêtre; elle étoit terminée par un tube de verre rempli de réfine, qui recevoit une baguette de fer pointue, de douze pieds de longueur. Par ce moyen, il vint à bout d'attirer le feu des nuages orageux. Il avoit ajouté à cet appareil, ainfi que MM. Dalibard & Delor l'avoient fait auparavant, un magafin d'électricité, compofé de plufieurs barres de fer ifolées, qui communiquoit avec la barre de fer pointue. Ce magafin qui contenoit une plus grande quantité de fluide électrique, donna, en approchant le doigt, des étincelles plus fenfibles que celles que la barre pointue fourniffoit (1).

____

(1) Hiftoire de l'Electricité, par Prieftley, tome II. page 164.

Auffi-tôt

Auſſi-tôt que M. Lemonnier eut appris le ſuccès de la belle expérience de Marly-la-Ville, il s'empreſſa de la répéter & d'en examiner avec ſoin les circonſtances , ce qui lui donna occaſion non ſeulement de s'aſ-ſurer de l'effet principal , c'eſt-à-dire , de l'exiſtence de l'électricité aërienne dans le tems des orages , mais auſſi dans les tems les plus ſereins. Son appareil dreſſé à Saint-Germain-en-Laye , conſiſtoit en une perche de trente-deux pieds de hauteur , plantée au milieu d'une piece de gazon , dans un lieu où elle étoit abſolument iſolée. On fixa à ſon extrémité ſupérieure un gros tube de verre très-fort , qui portoit un tuyau de fer blanc terminé en pointe , vers le milieu de ce tuyau on lia un fil de fer fort mince , d'environ cinquante toiſes de longueur , le-quel ſans toucher à aucun corps , venoit ſe rendre à un cordon de ſoie tendu horizon-talement dans un pavillon.

Le 7 Juin 1752 , pendant un orage , M. Le-monnier ayant entendu un coup de ton-nerre , précédé d'un éclair , qui ſortit d'un gros nuage peu éloigné du lieu de l'obſer-vation , tira auſſitôt une étincelle très-vive du fil de fer , & reſſentit une ſecouſſe ſem-blable à celle de Leyde. Cette expérience fut répétée avec un égal ſuccès pluſieurs

fois, pendant cinq heures que dura l'orage ;
foit par notre académicien, foit par plufieurs autres perfonnes. On ne put douter
dès-lors que cette matiere électrique, dont
le fil de fer s'étoit chargé, ne fût de la même
nature que celle que fourniffent nos machines : Car « ce fil attiroit & repouffoit
très-vivement les corps légers que je lui
préfentois ; la matiere fortoit en étincellant
avec éclat ; elle excitoit dans le bras de plufieurs perfonnes qui fe tenoient par la main,
une commotion confidérable ; elle fortoit
par les pointes, fous la forme d'une aigrette ; elle enflammoit l'efprit-de-vin & les
liqueurs fpiritueufes ; elle exhaloit l'odeur
particuliere à la matiere électrique ; en un
mot, elle paroiffoit avoir tout le caractere
de la matiere électrique que nous excitons
avec nos inftrumens, & qui la différencie
de tous les autres fluides. »

Des obfervations que fit alors cet habile
phyficien, il réfulta 1°. que la matiere électrique ne manquoit guere de fe faire appercevoir dans les tems d'orage, lorfque le
tonnerre gronde ou qu'il éclate ; 2°. qu'elle
paroît auffi quelquefois, quand il n'y a que
de fimples apparences d'orage , lorfque le
ciel eft chargé de gros nuages qui flottent
avec lenteur, & qui font alternativement

emportés de côté ou d'autre, par deux vents contraires; 3°. que le moment où la matiere électrique semble se répandre avec le plus d'abondance, est plutôt celui de la résolution des nuages en grosses pluies, que l'instant où le tonnerre éclate avec plus de bruit & que les éclairs se succedent avec plus de vivacité. Cet effet est même si ordinaire qu'on ne voit pas tomber de grosse pluie, sans qu'elle n'ait été précédée & accompagnée des signes de l'électricité la plus plus forte; 4°. le calme qui précéde ordinairement les pluies d'orages cesse au moment que la matiere électrique commence à se répandre, & qu'il s'éleve un vent d'autant plus impétueux, que cette matiere a paru aux instrumens en plus grande abondance; 5°. enfin, aussi-tôt que la masse de l'air commence à être humectée, ce qui n'est pas toujours un effet assuré de la pluie, la matiere électrique disparoît tout-à-fait pendant un espace de tems assez considérable (1).

Un des physiciens qui se soient le plus distingués dans la nouvelle carriere qu'on venoit d'ouvrir, est sans contredit M. de

____

(1) Mém. de l'Académie des Sciences, 1752, page 233 & suiv.

Romas, affeſſeur au préſidial de Nérac &
membre de l'Académie des Sciences de Bordeaux. S'étant beaucoup occupé à des expériences ſur l'analogie de la foudre & de la
matiere électrique, il éleva des appareils
ſemblables à ceux dont nous avons parlé,
& en obtint des étincelles électriques. Ayant
enſuite préſumé que l'électricité ſeroit d'autant plus forte, qu'on éleveroit plus haut
les barres iſolées, il conſtata cette idée par
pluſieurs obſervations faites ſur des barres
métalliques, placées à différentes hauteurs
& à quelques toiſes de diſtance l'une de
l'autre.

Cependant, comme dans ſes premieres
expériences, l'excès d'élevation d'une barre
ſur l'autre n'étoit que de neuf à dix pieds,
que d'ailleurs leur ſeule longueur, abſtrac-
tion faite de leur hauteur & de quelques
autres circonſtances, pouvoit jetter de l'incertitude dans les réſultats; M. de Romas
augmenta la différence dans les deux hauteurs, en plaçant horizontaiement la barre
la moins élevée, qui alors fut vingt pieds
plus bas. On eut alors la ſatisfaction de voir
que la barre perpendiculaire donnoit de très-
belles étincelles, tandis que celle qui étoit
horizontale montroit à peine une petite
étincelle.

Ces obfervations furent faites dès le 12 Juillet 1752 , répétées plufieurs fois depuis cette époque , & furtout le 5 de Juin 1753 , à une heure après-midi, à la faveur d'un orage qui furvint avec tonnerre , éclairs & quelques gouttes de pluie , & qui dura affez pour qu'on pût répéter plufieurs fois les expériences, en relevant & en abaiffant horizontalement la barre la plus courte ; dans ce dernier cas , l'étincelle fut toujours moins forte que dans le premier.

M. Caffini de Thuri s'apperçut également, dès le mois de Juillet, qu'une barre difpofée à l'obfervatoire de Paris , pour recevoir l'électricité des nuées, avoit donné des marques très-fenfibles d'électricité, quoiqu'il n'y eût alors ni tonnerre, ni nuées orageufes. On étoit alors fi perfuadé que les nuées étoient néceffaires pour communiquer l'électricité, qu'on crut qu'il pouvoit y en avoir eu quelques-unes , voifines de l'horifon, qui, fans être apperçues , avoient donné à l'air affez d'électricité pour animer la barre (1). Le pere Bertier de l'oratoire , répéta l'expérience de Marly à Montmorenci, & obtint non-feulement des étincelles

____

(1) Hiftoire de l'Académie des Sciences , 1752, page 10.

électriques, mais reçut une très-forte commotion qui le renverfa par terre.

Lorfque les autres nations favantes furent inftruites des fuccès qu'on avoit eus en France, elles s'emprefferent d'en obtenir de femblables. M. Canton, en Angleterre, employa un petit appareil de ce genre, ainfi qu'il le dit dans fa lettre à M. Watfon, datée de Spital-Square le 21 Juillet 1752 (1). Ecoutons-le raconter lui-même, les détails de fon expérience. « J'eus hier, fur les cinq heures du foir, l'occafion de tenter l'expérience de M. Francklin, pour tirer le feu électrique des nuages, & j'ai réuffi au moyen d'un tube de fer blanc de trois ou quatre pieds de long, attaché au haut d'un tube de verre d'environ 18 pouces, à l'extrémité fupérieure du tube de fer blanc, qui étoit moins élevé que la file des cheminées de la même maifon, j'avois attaché trois aiguilles avec un peu de fil d'archal, & j'avois foudé à fon extrémité inférieure un couvercle de fer blanc, afin de garantir de la pluie le tube de verre qui étoit pofé verticalement fur un billot de bois. Je courus à cet appareil, le plus vîte que je pus, dès le commencement du tonnerre,

---

(1) Tranfactions Philofophiques, tome XLVII. --- Œuvres de Francklin, tome I.

mais je ne le trouvai point du tout électrifé qu'entre le troifieme & le quatrieme
coup ; alors appliquant la jointure de mon
doigt au bord du cercle, je fentis & entendis une étincelle électrique ; & en approchant une feconde fois, je reçus l'étincelle à
la diftance d'environ un demi-pouce, & je la
vis bien diftinctement. Je répétai la même chofe
quatre à cinq fois dans l'efpace d'une minute,
mais les étincelles devenoient de plus en plus
foibles, & en moins de deux minutes, le
tube de fer-blanc ne donna plus aucun figne
d'électricité. Il faifoit une pluie continuelle
pendant le tonnerre, mais elle étoit confidérablement rallentie dans le téms que je fis
l'expérience. »

Le 12 Août fuivant, le docteur Bewis obferva à-peu-près les mêmes effets qu'avoit
vu M. Canton. Le même jour M. Wilfon
répéta la même expérience, comme il confte
par une lettre écrite du voifinage de Chelmf-
ford en Effex, le 12 Août 1752. Vers le tems
de midi, pendant ou plutôt à la fin d'un
orage, il reffentit plufieurs étincelles électriques accompagnées de pétillement. Son appareil confiftoit feulement en une tringle de
fer, dont il introduifit un bout dans une
bouteille de verre qu'il tenoit à la main ;
l'autre extrémité, terminée par trois aiguilles,

étant en plein air. Avec un doigt de l'autre main il tira des étincelles, quoiqu'il ne fût point dans un endroit élevé, mais simplement dans un jardin (1).

M. Richmann, de l'Académie Impériale de Pétersbourg & professeur de physique expérimentale dans la même ville, fut tué le 6 Août 1752, en examinant de trop près un appareil qu'il avoit dressé pour recevoir l'électricité des nuages orageux. M. Sokolow, graveur de l'Académie, qui étoit alors avec lui, & l'aidoit à faire les expériences, a dit qu'il avoit vu un globe de feu bleuâtre, gros comme le poing, s'élancer de l'appareil vers le front de M. Richmann qui en étoit alors éloigné d'un pied. M. Sanchès, qui a écrit le récit de cet accident à M. l'abbé Nollet, dit qu'à l'infpection du cadavre, on remarqua extérieurement des traces comme de brûlure. Il y en avoit une au front, sans cependant que les cheveux euffent été brûlés : deux autres paroissoient aux deux côtés de la poitrine, dont le foulier avoit été déchiré. A l'ouverture du corps, on trouva la partie postérieure du poumon noirâtre & farcie de fang ; la partie membraneuse de la hachée

____

(1) Tranfactions Philofophiques, tome XLVII page 568. — Prieftley, Hiftoire de l'Electricité, tome II. page 168.

artere étoit comme ufée. En preffant les bronches, il fortit du fang écumeux de la hachée artere, comme il en étoit forti lorf-qu'on avoit remué le corps après la mort. Le cœur étoit en bon état, mais les vaiffeaux de la partie poftérieure des inteftins grêles, principalement ceux du duodenum, & tout le pancréas étoient remplis & gorgés de fang : le refte du corps étoit dans fon état natu-rel (1). Cette mort a été regardée avec rai-fon, comme l'effet d'une très-forte électri-cité, communiquée à la verge de fer par les nuées orageufes, & a été ocafionnée parce-qu'il n'y avoit pas de barre propre à déchar-ger le fluide électrique furabondant & à le tranfmettre au réfervoir commun, comme nous le dirons enfuite.

A Florence & à Bologne des phyficiens éleverent, fur la fin de 1752, des barres de fer ifolées, pour recevoir l'électricité aërienne dans des tems d'orage ; & en tirant des étin-celles d'une barre de fer électrifée par le tonnerre, on effuia des coups violens. Un d'eux, M. de la Garde, écrivit de Florence à l'abbé Nollet : « Qu'un jour voulant atta-cher une petite chaîne, garnie par un bout d'une boule de cuivre, à une grande chaîne

---

(1) Hiftoire de l'Académie des Sciences, 1753, page 78.

qui communiquoit avec une barre, placée au haut d'un bâtiment (afin d'en tirer des étincelles par le moyen des ofcillations de cette boule), il y vint une traînée de feu qu'il ne vit pas, mais qui fit fur la chaîne un bruit femblable à celui d'un feu follet. Dans cet inftant, l'électricité fe communiqua à la chaîne qui portoit la boule de cuivre, & donna à l'obfervateur une commotion fi violente, que la boule lui tomba des mains, & qu'il fut repouffé de quatre ou cinq pas en arriere. Il n'avoit jamais été frappé fi fort par l'expérience de Leyde (1).

M. Verrat ayant dreffé fur l'obfervatoire de Boulogne une barre de fer très-longue, établie fur une maffe de foufre, & à laquelle on avoit attaché une chaîne, en préfentant une clef à celle-ci, en tira des étincelles dans un tems où le ciel étoit couvert de nuages épais, quoique le tonnerre ne fe fît pas entendre. Lorfque le tonnerre grondoit, les étincelles étoient fi fortes, que celui qui les tiroit recevoit une impreffion violente de la matiere électrique qui s'y répandoit ; mais lorfque la pluie tomboit on ne pouvoit tirer aucune étincelle du bout de la chaîne,

____

(1) Journal des Savans , 1753 , Oct. page 222. --- Musch, tome I. page 397. --- &c,

quoique le tonnerre continuât à se faire entendre. Dans un autre tems, le même physicien observa, que le ciel étant obscurci par des nuages sans tonnerre, il y eut des étincelles très-vives dès que la pluie commença à tomber. Il remarqua encore, dans une autre circonstance où la pluie étoit abondante, que la chaîne fournissoit des étincelles, pourvu qu'elle fût isolée par le moyen d'un cordon de soie, mais ces étincelles cesserent de paroître aussi-tôt que les nuages furent déchargés. En général cet observateur a toujours vu que les signes d'électricité, que donnoient la chaîne, étoient précédés par la pluie (1).

M. Th. Marin, de la même ville, fit également des expériences sur ce sujet, par le moyen de l'appareil qu'il éleva sur le toît de sa maison, & qui consistoit en une barre de fer à laquelle une chaîne étoit adaptée ; il eut des étincelles dans le tems d'une pluie très-fine ; & elles disparurent aussi-tôt que la pluie augmenta & qu'elle tomba en plus grosses gouttes. Lorsque la pluie étoit très-fine & qu'elle voltigeoit dans l'atmosphere, sous la forme de petits nuages, il n'observa aucun signe d'électricité. Dans un autre

---

(1) Commentar. Bonon. tom. III. pag. 200.

tems, la pluie tombant abondamment & le tonnerre grondant dans l'air, il tira des étincelles de fa chaîne, deux fecondes avant que le tonnerre fe fit entendre, & ces étincelles étoient un préfage certain du coup de tonnerre qui les fuivoit. Dans une autre circonftance où le tonnerre fe faifoit entendre fans pluie, il n'y eut aucun figne d'électricité; mais dès que la pluie commença à tomber, l'électricité fut affez forte pour enflammer de l'efprit-de-vin qu'il avoit fait chauffer. « En continuant fes obfervations, il remarqua que la pluie tombant plus abondamment, l'électricité difparut & il n'en vit plus aucun figne pendant quatre jours confécutifs, pendant lefquels la pluie continua à tomber. Le même obfervateur éprouva au mois d'Octobre fuivant, que l'électricité étoit très-foible, tandis que la pluie tomboit très-légerement; mais la pluie venant à augmenter & étant accompagnée du tonnerre, l'électricité difparut tout-à-fait. Dans le mois de Novembre fuivant, il parut des éclairs fans tonnerre; il tomba des gouttes de pluie fort larges, & il tira de fon appareil de très-fortes étincelles; mais la pluie augmentant, l'électricité s'affoiblit. Un jour du même mois, un vent d'oueft foufflant & la pluie commençant à tomber, fans qu'il tonnât, l'électricité fut très-forte ; mais elle s'évanouit fitôt que la pluie augmenta. Un autre jour, un nuage épais s'étant approché de la terre & étant accompagné de pluie , tandis qu'un vent d'eft fouffloit, il ne remarqua aucun figne d'électricité. Dans l'hiver, quoiqu'il plût ou qu'il tombât de la neige , qu'il tonnât ou qu'il tombât de la grêle, il n'obferva aucune marque d'électricité (1).

M. Zanotti répéta auffi l'expérience de Marly-la-Ville. M. Bofe & le P. Cordon furent encore des premiers à répéter, en Allemagne , la belle expérience de 'Marlyla-Ville. M. Lomonofow obferva auffi en 1753 , dans un tems de tempête, des aigrettes lumineufes & bruyantes, de trois pieds de long & d'un pied de largeur, lorfqu'on les excitoit à l'extrémité d'une barre de fer qui répondoit à une fenêtre (2).

Le célebre pere Beccaria fit auffi cette expérience, & obferva toujours de l'électricité à fon appareil , toutes les fois qu'un nuage orageux s'en approchoit. Le courant de feu qui en partoit étoit d'ordinaire continuel , tant que le nuage étoit au zénith

____

(1) Mufchenbr., tome I. , page 397.
(2) Tranfactions Philofophiques , tome XLVIII, partie 2 , page 272.

de l'appareil. Ce favant obferva que, par un ciel clair & un tems calme fon appareil donnoit toujours des fignes d'une électricité médiocre, mais feulement par intervalles ; par un tems pluvieux, fans éclairs, il y eut toujours de l'électricité un peu de tems avant que la pluie tombât & pendant la pluie ; mais elle ceffoit avant que la pluie fût paffée. L'électricité fut toujours d'autant plus forte , que les appareils étoient plus élevés ; foit qu'il employât des verges de fer, foit qu'il fe fervît de cerfs-volans. Les cordes de ceux-ci qui avoient plus de longueur, devenoient plutôt électriques que celles qui étoient plus courtes. « Une corde de deux cents cinquante toifes, étendue fur le fleuve du Pô, fut auffi fortement électrifée durant une ondée fans tonnerre, qu'une verge métallique deftinée à conduire chez lui la matiere du tonnerre, l'avoit été dans aucun orage. Ayant deux verges de cette efpece, à cent quarante pieds l'une de l'autre, il obferva que s'il tiroit une étincelle de la plus haute , l'étincelle de l'autre qui étoit de trente pieds plus baffe , étoit auffi-tôt diminuée ; mais, ce qui eft remarquable, c'eft que fon pouvoir revenoit , quoiqu'il tînt fa main fur la premiere. » Enfin , pour préfenter un réfultat général , on peut dire, que par un ciel clair & un tems calme, il a toujours apperçu des signes d'une médiocre électricité, quoique seulement par intervalles (1).

Des observations de cet illustre physicien il résulte encore, que son appareil ne donnoit aucun signe d'électricité dans les circonstances suivantes ; 1°. pendant de gros vents ; 2°. par un tems clair & venteux ; 3°. quand le ciel étoit couvert de nuages séparés, noirs, qui avoient un mouvement lent ; 4°. dans la pluie des vents humides, mais sans pluie actuelle.

En parlant des différens météores, soit en général, soit en particulier, nous aurons soin de faire connoître les différentes observations électriques qu'on a faites. Il nous paroît que l'ordre naturel semble l'exiger, & que nos lecteurs les retiendront mieux dans leur mémoire, que si nous suivions un arrangement opposé. Ainsi , v. g. aux articles pluie , neige , grêle, nuages, brouillards, &c. on trouvera rapportées les principales expériences faites jusqu'à présent.

----

(1) Lettere dell Elettricismo, p. 165 , 176, 106 & 166,

CHAPITRE II.

Des Cerfs-Volans Electriques & des Observations faites avec ces appareils.

LES succès qu'on avoit eus par le moyen des appareils dont nous avons parlé, devoient naturellement engager à faire des recherches pour en obtenir de plus brillans encore, s'il étoit possible. Les hauteurs qu'on pouvoit donner aux barres de fer isolées, étoient nécessairement circonscrites dans des limites fort étroites, qui devoient rendre les effets très-petits en comparaison de ceux qu'on pouvoit se procurer par des appareils d'un autre genre.

On pensa bientôt à employer les cerfs-volans, disposés d'une certaine maniere, afin de pouvoir soutirer le feu électrique de l'atmosphere. En effet, ces instrumens peuvent être élevés fort haut, lorsque la grandeur de la surface est proportionnée à la longueur & à la grosseur de la ficelle : plus le chassis est grand, plus il peut s'élever, parce qu'il est en état de soutenir un plus grand poids de corde.

Les

Les savans ont été, pendant quelque tems, indécis sur l'auteur de l'invention des cerfs-volans électriques : les uns penserent d'abord, que le physicien de Phi'adelphie avoit des droits sur cette découverte ; les autres l'attribuerent à M. de Romas, affesseur au présidial de Nérac, à qui on doit plusieurs beaux mémoires rélatifs à l'électricité de l'atmosphere. Il paroît maintenant que la décision de cette grande affaire a été jugée en faveur de M. de Romas, ainsi qu'on le verra dans un instant.

Dans la lettre que M. de Romas écrivit, le 12 Juillet 1752, à l'Académie des Sciences de Bordeaux, non-feulement il dit qu'il réussit à tirer du feu électrique de la barre isolée, le 9 du même mois, mais encore il y annonce le cerf-volant. D'un autre côté, la lettre par laquelle M. Watson annonça l'expérience faite à Philadelphie n'est que du 15 Janvier 1753, nous en donnerons le contenu dans un instant. On a prétendu, à la vérité, que cette expérience avoit été faite au mois de Juin 1752, mais on n'a pu en apporter aucune preuve, malgré le défi qu'en a fait M. de Romas, & la nouvelle de cette expérience ne parvint réellement à Londres que le mois de Janvier 1753. Bien plus, M. de Romas ayant écrit à M. Francklin, le 19 Octobre 1753, en lui envoyant fes deux mémoires inférés dans le fecond volume des Savans Etrangers, M. Francklin, dans fa réponfe du 29 Juillet 1754, ne contefta point l'invention du cerf-volant que M. de Romas s'attribuoit. Auffi l'Académie des Sciences de Paris, après avoir examiné, avec la plus grande attention, cette queftion, déclara, le 4 Février 1764, que M. de Romas avoit eu l'idée du cerf-volant, près d'un an avant que Francklin ou lui en euffent fait ufage.

Il eft dit en propres termes, dans les régiftres de l'Académie des Sciences : « Que M. de Romas avoit eue cette idée & l'avoit communiquée à plufieurs perfonnes, près d'un an avant que M. Francklin ou lui en euffent fait ufage, & qu'il ne paroît avoir emprunté de perfonne l'idée d'appliquer le cerf-volant aux expériences électriques (1). »

Les expériences de M. de Romas ayant donné des réfultats de beaucoup fupérieurs à ceux de Philadelphie, en préfence d'une multitude de perfonnes ; nous allons les faire connoître avec quelques détails. M. de Romas qui, ainfi que nous l'avons vu, dès le 12 de Juillet 1752, avoit obfervé, que

____

(1) Extrait des régiftres de l'Académie Royale des Sciences, du 4 Février 1764.

des barres ifolées donnoient des étincelles plus fortes, lorfqu'elles étoient placées à une plus grande élevation, pour décider défi- nitivement la queftion, defiroit d'avoir une électricité qui fût frappante par la force & par le volume de feu. Pour cet effet, il imagina d'élever un cerf-volant à plus de fix cents pieds au-deffus de la terre. Il dé- figna, d'une certaine maniere, ce moyen dans fa lettre, du 13 Juillet 1752, à l'Acadé- mie de Bordeaux, & en parla diftinctement à M. le chevalier Vivens & à plufieurs au- tres perfonnes.

M. de Romas fit conftruire un cerf-volant, de fept pieds cinq pouces de hauteur fur trois pieds de largeur, dans fon plus grand diametre, & qui avoit environ dix-huit pieds quarrés de furface. On donna à cet appareil des dimenfions affez confidérables, afin qu'il pût s'élever plus haut, & être en état de foutenir un plus grand poids de corde. Ce fut le 14 Mai 1753, que cet illuftre phyfi- cien effaya ce cerf-volant, jour qui fut choifi par préférence, parcequ'il tomba, au moins dix fois, une pluie qui électrifoit les barres ifolées dont nous avons parlé ; mais quoique le cerf-volant fût bien ifolé, on ne put tirer aucune étincelle ; la corde de chanvre n'étant pas affez mouillée, parcequ'il ne pleuvoit pas beaucoup. M. de Romas se détermina alors à garnir, pour une seconde épreuve, la corde d'un bout à l'autre d'un fil fait de cuivre, de la même maniere qu'on le pratique pour les cordes de violon, avec cette seule différence, que le fil n'y fut pas mis aussi serré qu'il l'est sur les cordes de violon; il eut soin également d'huiler le papier du cerf-volant. Après plusieurs tentatives inutiles, faites le 7 Juin 1753 à une heure après midi, tems auquel il tonnoit du côté de l'ouest; il parvint enfin, vers les deux heures & demie, à le faire soutenir en l'air, quoiqu'on lui eût lâché toute la corde, qui étoit de sept cents quatre-vingts pieds de longueur, & qui faisant alors avec l'horizon un angle de quarante-cinq degrés à-peu-près, tenoit le cerf-volant au moins à une hauteur perpendiculaire au-dessus de la terre, de cinq cents cinquante pieds.

Le vent ayant paru se fortifier & augmenter les espérances qu'on avoit d'obtenir des signes d'électricité, on attacha, à l'extrémité inférieure de la corde, un cordon de soie de trois pieds & demi de longueur, & ce cordon à un pendule, dont le poids étoit une grosse pierre, au-dessous d'un auvent d'une maison située hors de la

ville le long des allées. De plus on joignit ,
à la corde du cerf-volant près du cordon
de foie , un tuyau de fer-blanc , d'un pied .
de longueur & d'un pouce de diametre ,
afin d'en tirer des étincelles auffi-tôt que le
cerf-volant & fa corde feroient électrifés.
La précaution qui avoit été prife , de mettre
le cordon de foie fous un auvent , étoit afin
que la pluie ne mouillât pas la foie , qui n'ifole
que lorfque elle eft feche. Le pendule fervoit à gouverner le cerf-volant ; en effet ,
lorfque le vent augmentoit de vîteffe , la
preffe du pendule s'élevoit proportionnel-
lement à la force que le vent avoit alors :
s'il relâchoit au contraire , la pierre reculoit
& s'approchoit de la ligne à plomb. On
avoit auffi préparé , pour tirer les étincelles
du tube , une efpece d'excitateur , formé d'un
tube de verre , de douze pouces de longueur , de trois lignes de diametre , à un
des bouts duquel étoit fixé un tuyau de fer-
blanc , foncé par un bout & femblable à
une portion d'un étui ordinaire , & de ce
petit tuyau de fer-blanc , pendoit une chaîne
de fil d'archal , affez longue pour toucher à
terre lorfqu'on exciteroit des étincelles. La
prudence dictoit de prendre cette fage précaution.

On tira d'abord , par le moyen de l'excitateur, des étincelles telles que celles qui font produites par le moyen d'un bon globe, c'eſt ainſi que s'exprime M. de Romas, dans ſon mémoire ſur ce ſujet, dont nous tirons les détails qui ont rapport à cette brillante expérience (1), quelques petits nuages , détachés du gros de l'orage, les occaſionnerent. Le peu de volume des étincelles enhardit non-ſeulement M. de Romas, mais encore preſque tous les aſſiſtans, à tirer des étincelles, tantôt avec une clef, tantôt avec un doigt à nud. Ces phénomenes électriques, qui durerent un quart d'heure & demi environ, furent enſuite interrompus par un défaut d'électricité, occaſionné parceque les petits nuages noirs, qui avoient fourni la premiere électricité, s'étoient éloignés du zénith du cerf-volant, & qu'à leur place il n'y eut plus qu'un nuage fort blanc, au-deſſus duquel le bleu du ciel paroiſſoit très-diſtinctement.

L'électricité reparut demi-quart d'heure après , mais elle étoit très-foible. Après qu'elle eut ainſi langui, pendant quelques momens, elle ſe manifeſta aſſez belle, & alors les ſpectateurs tirerent de nouveau des

---

(1) Mémoires des Savans Etrangers, tome II , page 393 & ſuiv.

étincelles, les uns avec les doigts à nud, les autres avec des clefs, plufieurs avec leurs épées, certains avec leurs cannes & leurs bâtons. M. de Romas ayant voulu en faire de même, un inftant après, avec la join‑ ture du *medius* de la main droite, reçut une commotion fi terrible, qu'il la fentit à tous les doigts de la même main, au poignet, au coude, à l'épaule, au bas‑ventre, aux deux genoux & aux malléoles des pieds; tellement qu'il ne crut pas que celle qu'on reffent, en faifant l'expérience de Leyde, par le moyen du meilleur globe, avec deux bouteilles étamées ou avec un ma‑ tras vuide d'air, ait jamais été auffi ter‑ rible.

Quoique plufieurs affiftans fe fuffent ap‑ perçus par les mouvemens convulfifs qu'ils virent, que le coup étoit très‑violent, ce‑ pendant fept à huit d'entr'eux ne craignirent pas de s'y expofer & fe donnerent la main comme dans l'expérience de Leyde, mais fans former un circuit : la commotion fe fit alors fentir jufqu'aux pieds de la cinquieme perfonne.

L'orage s'approcha enfuite & s'anima de plus en plus, quoiqu'il ne tombât alors aucune goutte de pluie; il y avoit au zé‑ nith du cerf‑volant, & jufqu'à foixante degrés à-peu-près à la ronde, des nuages noirs, qui faisoient craindre qu'une très-forte électricité n'arrivât tout d'un coup & qu'il ne s'enfuivît quelqu'événement funeste.

Pour en être à l'abri, on réfolut de n'exciter les étincelles qu'avec l'excitateur. Etant approché du tuyau de fer-blanc, pendu à la corde du cerf-volant feulement d'une diftance de quatre pouces environ, il en fortit une étincelle qui avoit certainement plus d'un pouce de longueur & deux lignes de largeur : « Y étant revenu une feconde fois, dit M. de Romas, j'en excitai une feconde à la diftance de cinq ou fix pouces pour le moins, qui avoit près de deux pouces & qui étoit groffe à proportion : en un mot, j'en tirai quatre ou cinq autres de même dimenfion à-peu-près. Après quoi, étant encore revenu à la charge, je puis dire que ce n'étoient plus des étincelles ; car peut-on donner ce nom à des lames de feu, qui partoient à la diftance de plus d'un pied de roi, qui avoient trois pouces de longueur au moins fur trois lignes de diametre, & dont le craquement fe faifoit entendre à plus de deux cents pas ?

« Tandis que je continuai ainfi, je fentis au vifage, quoique je fuffe éloigné de plus

de trois pieds de la corde du cerf-volant,
comme une impreſſion de toile d'araignée.
Je compris bien alors qu'il n'étoit pas bon
d'être ſi près ; auſſi criai-je, de toute ma
force, aux aſſiſtans de ſe reculer, perſonne
n'héſita de déférer à mes inſtances. Je me
reculai auſſi d'environ deux pieds ; mais
bientôt les mêmes impreſſions, comme d'une
toile d'araignée, s'étant faites ſentir une ſeconde fois au viſage, je m'écartai encore
un peu plus loin. Me croyant ainſi en ſûreté
& n'étant embarraſſé de perſonne, mon premier ſoin fut d'obſerver ce qui ſe paſſoit aux
nuages, qui dominoient ſur le cerf-volant.
Il me parut que ni là ni ailleurs, il n'y avoit
point d'éclairs, preſque point de bruit de
tonnerre & point du tout de pluie, que le
vent, qui étoit oueſt, ſouffloit avec force,
& qu'il ſoutenoit le cerf-volant cent pieds
au moins plus haut qu'au commencement
de l'expérience. Ayant enſuite jetté la vue
ſur le tuyau de fer-blanc, ſuſpendu à la
corde, & qui étoit diſtant de la ſurface
de la terre de trois pieds ou environ, je vis
trois pailles, dont la plus remarquable paroiſſoit d'un pied de longueur, la ſeconde
de quatre ou cinq pouces & la derniere de
trois ou quatre pouces à-peu-près ; leſquelles
pailles, étant debout & touchant néanmoins

à terre par une de leurs extrémités, circu-
loient en fautillant, au-deffous du tuyau de
fer-blanc, comme des marionnettes qui figu-
rent une danfe en rond, fans fe toucher nullement entr'elles.

« Ce petit fpectacle, qui réjouit beaucoup
la plupart des affiftans , dura environ un
quart d'heure ; après quoi étant tombé quelques gouttes de pluie , je fentis encore au
vifage la même impreffion de toile d'araignée , & j'entendis en même-tems un bruiffement continu , tel que celui d'un petit
foufflet de forge. Ce me fut un troifieme
avertiffement de l'augmentation de l'électricité ; car depuis que nous avions apperçu
les pailles, je ne m'étois plus avifé de faire
fortir du feu du tuyau de fer-blanc , même
avec l'excitateur. Ce dernier avertiffement ,
m'engagea à me reculer & à crier une feconde fois aux affiftans , de fe ranger encore
plus à l'écart. Enfin , voici ce qui me fit
frémir, & c'eft le dernier acte qui va terminer ce mémoire. La plus longue paille fut
attirée par le tuyau de fer-blanc, d'où il
s'enfuivit une explofion répétée par trois
craquemens, qui n'étoient pas à la vérité
auffi forts que ceux du tonnerre lorfqu'il
tombe, mais qui lui reffembloient affez par
leur précipitation : certains des affiftans les

ont comparés, ces craquemens, à ceux d'un fouet de courier, qu'on fait fortement claquer; d'autres à ceux des pétards d'un feu d'artifice; quelques-uns à ceux d'une groffe cruche de terre, qui fe brife fur le pavé où on l'a jettée avec force. Quoiqu'il en foit, ce qu'il y a de certain, c'eft qu'on les entendit dans le centre de la ville, malgré le bruit qui s'y fait vers cette heure-là.

Le feu qui parut, dans le moment de cette explofion, avoit la forme d'un fufeau, de huit pouces de longueur & de quatre à cinq lignes de diametre; mais ce n'eft pas le tout, la paille qui avoit occafionné cette explofion, fuivit la corde du cerf-volant; plufieurs des affiftans l'y virent, jufqu'à la diftance de 45 à 50 toifes, aller avec une très-grande rapidité, étant tantôt attirée, tantôt repouffée, avec cette circonftance remarquable, que chaque fois qu'elle étoit attirée par la corde, il paroiffoit des lames de feu & on entendoit des craquemens prefque continuels, qui toutefois étoient moins forts que les trois qu'on entendit lors de l'explofion. Les affiftans ne furent pas les feuls qui apperçurent ces feux; des charpentiers de barrique, qui étoient fur la porte d'un magafin de farine, atteftent le même fait; ils ajoutent à cela, qu'ils ont vu des lames de feu, fur la corde, jufqu'au cerf-volant, ce qui doit faire juger, que la paille y parvint tout-à-fait.

« Quelques momens après cette premiere explofion, il y en eut une feconde, puis une troifieme, dont les craquemens également répétés par trois fois, avec autant de précipitation, étoient encore plus bruyans. Je ne vis point, continue M. de Romas, ce qui occafionna ces deux dernieres explofions; & nul des affiftans n'a fu me rien dire fur la caufe de la troifieme; mais quelques-uns d'entr'eux m'ont affuré, qu'une des pailles qui étoient reftées au-deffous du tuyau de fer-blanc après la premiere explofion, y avoit été attirée, & que dans le même moment, la feconde explofion s'étoit faite entendre. Quand il ne feroit pas vrai qu'une des deux dernieres pailles eût été la caufe de cette feconde explofion, il paroîtra toujours vraifemblable à un électricien, que c'eft la pouffiere, quelques grains de fable ou quelques petits corps de cette efpece, qui fe trouverent pour lors répandus fur la terre au-deffous du tuyau, qui occafionnerent les deux dernieres explofions; car la pluie qui fe fortifioit avoit confidérablement augmenté l'électricité : circonftance dont il étoit aifé de juger, puifqu'il eft conftant, de l'aveu de tous les affiftans, que lors des deux dernieres explofions, les lames de feu paroiffoient plus longues & plus groffes, que leurs craquemens étoient plus forts, & que le bruiffement continu dont il a été déjà parlé, fe faifoit entendre à la fin comme celui d'un gros foufflet qui eft dirigé vers une forge bien allumée. »

On doit remarquer, 1°. que depuis la premiere exploſion fpontanée jufqu'à la fin de l'expérience, on ne vit point d'éclair, & que le bruit du tonnerre ne fe fit prefque plus entendre, ce qui fut bien différent dès que le cerf-volant fut tombé ; 2°. qu'on fentit d'une maniere très-fenfible l'odeur phofphorique, qui eft propre au fluide électrique ; 3°. qu'à l'entour de la corde, il paroîffoit un cylindre de lumiere permanent, de trois ou quatre pouces de diametre ; 4°. enfin, après l'expérience faite, on apperçut en terre, perpendiculairement audeffous du tuyau, un trou d'un pouce de profondeur & de demi-pouce de largeur, qui vraifemblablement avoit été fait par les groffes & longues lames de feu qui parurent lors des trois exploſions prefque fpontanées.

Enfin, l'expérience fut terminée par la chûte du cerf-volant. Le vent ayant tourné

à l'eft, la pluie étant devenue plus abondante, & étant furvenu quelque peu de grêle,
il ne put plus fe foutenir en l'air. Pendant
que le cerf-volant tomboit, la corde ayant
touché à un toît, on crut qu'on pouvoit la
manier, & on en retira environ vingt braffes; mais l'effort qu'on fit faire au cerf-volant, contre l'atmofphere, l'ayant fait un
peu rélever, de maniere que la corde ne
touchoit plus au toît, celui qui la tenoit
fentit un fi fort craquement dans fes mains
& en même tems une commotion fi violente dans tout le corps, qu'il fut obligé de
l'abandonner. Dans le tems qu'il la lâcha,
elle tomba fur les pieds d'un des affiftans,
qui fentit auffi une fecouffe qui étoit néanmoins fupportable. De tous les faits qu'on a
rapportés jufqu'à préfent, on doit conclure
que, plus les conduéteurs font élevés, plus
les étincelles qu'on en tire font fortes, &
que l'éléctricité eft plus abondante dans
les endroits moins éloignés des nuées orageufes.

La veille du jour où fe fit cette belle expérience, c'eft-à-dire, le 6 du même mois,
on avoit également élevé le même cerf-volant pendant un orage prefque fans pluie;
on eut bien une éléctricité, qui étoit beaucoup plus forte que celle qu'on produit

avec le meilleur globe, par un tems favorable, mais elle étoit très-peu de chose, en la comparant avec celle dont on a vu les détails. Ceux qui avoient été témoins de ces deux expériences ont dit qu'il y avoit entr'elles plus de différence qu'il y en a de 1000 à 1. Il en fut de même d'une troisieme expérience qu'on fit le 11 du même mois, vers les trois heures après-midi, pendant un orage, qui ne s'annonça que par de gros nuages, des éclairs & quelques coups de tonnerre.

M. de Romas fit encore avec MM. Dutilh, dans les mois de Juillet & d'Août de la même année 1753, d'autres expériences, dont il envoya le journal à l'Académie des Sciences de Paris, & qui prouvent de la maniere la moins équivoque, qu'un cerf-volant semblable au précédent, s'électrise au point de faire étinceller sa corde, & de faire ressentir de fortes secousses à ceux qui excitent ces étincelles avec le doigt, dans des tems où le ciel est très-serein & lorsqu'il n'y a nulle apparence d'orage. « La premiere chose qu'on observa, dit M. de Romas, c'est que pour exciter des étincelles aussi fortes qu'il étoit possible, il falloit attendre quelques instans, comme pour donner le tems au cerf-volant de s'électrifer;

la feconde qu'il y avoit quelquefois en l'air
de petits nuages blancs, clairs-femés, qui,
s'approchant du cerf-volant, fembloient
affoiblir fon électricité ; la troifieme, que
le vent ne foufflant pas uniformément, le
feu électrique augmentoit lorfqu'une forte
bouffée enlevoit bien haut le cerf-volant,
& il diminuoit beaucoup lorfque le vent,
qui relâchoit, le laiffoit baiffer ; la quatrieme, que fi la forte impulfion de la bouffée qui enlevoit plus haut le cerf-volant,
fe rencontroit dans le tems que ce chaffis
étoit dégagé des nuages, c'étoit alors que
la plus belle électricité fe manifeftoit ; &
c'étoit la plus foible au contraire, s'il en
étoit autrement. » Ces expériences ont été
répétées depuis avec le même fuccès (1).

Mais rien n'approche de l'abondance &
de l'énergie du fluide électrique de l'atmofphere, raffemblé par le cerf-volant, dans
une expérience que fit encore M. de Romas,
le 16 du mois d'Août 1757 , & dont il ren-
dit compte à M. l'abbé Nollet, dans une
lettre qu'il écrivit à ce célebre phyficien le
26 du même mois. Quoique l'orage, pendant lequel fe fit l'expérience dont nous
parlons, ne fût que médiocre, puifqu'il ne

____

(1) Mémoires des Savans Etrangers, tome II., 1755.

tonna

tonna prefque point & que la pluie fut fort menue, on obtint des effets bien fupérieurs à ceux qu'on avoit vus jufqu'à cette époque.

Ce ne furent plus des lames de feu de fept à huit pouces de longueur, mais des lames de feu de neuf ou dix pieds de longueur & d'un pouce de groffeur, qui faifoient autant ou plus de bruit que des coups de piftolet. « En moins d'une heure, dit M. de Romas, j'eus certainement trente lames de cette dimenfion, fans compter mille autres de fept pieds & au-deffous. Mais ce qui me donna le plus de fatisfaction dans ce nouveau fpectacle, c'eft que les plus grandes lames furent fpontanées & que, malgré l'abondance du feu qui les formoit, elles tomberent conftamment fur le corps non-électrique le plus voifin. Cette conftance me donna tant de fécurité, que je ne craignis pas d'exciter ce feu avec mon excitateur, dans le tems même que l'orage étoit affez animé, & il arriva que lorfque le verre, dont cet inftrument eft conftruit, n'eut que deux pieds de long, je conduifis où je voulus, fans fentir à ma main la plus petite commotion, des lames de feu, de fix à fept pieds, avec la même facilité que je conduifois des lames qui n'avoient que fept à huit pouces. »

M. de Romas attribue, avec beaucoup de raifon, la grandeur des lames, qu'on peut obtenir avec le cerf-volant, à trois chofes principales ; 1°. à la longueur de la corde ; 2°. à la continuité du fil - trait de métal, dont la corde eft enveloppée ; 3°. à la difpofition des orages. On ne peut douter en premier lieu, que la longueur de la ficelle ne contribue beaucoup à augmenter fes effets ; car il eft certain que l'énergie de l'électricité augmente beaucoup plus par la furface des corps qu'on électrife, que par leur maffe, & plus encore par leur lonlgueur que par les autres dimenfions. Si on obtint, dans l'expérience du 16 Août 1757, des effets beaucoup plus confidérables que ceux du 7 Juin 1753, il faut certainement l'attribuer en partie à l'étendue de la corde, qui étoit de moitié plus longue.

En fecond lieu, quelque longue que foit la corde, fi le fil - trait de métal n'y eft pas continu, on ne doit compter fa longueur que depuis fa derniere interruption, jufqu'au cordon de foie ; car fi cette interruption eft d'une étendue à laquelle les explofions ne puiffent pas fe faire, le feu ne paffera pas du fil-trait fupérieur à l'inférieur. « Dans le cas contraire, & fi pendant l'orage il ne tombe pas affez de pluie, pour bien

mouiller la corde, elle ne manque guere de
fe brûler en cette partie dès la premiere explofion ; accident, continue M. de Romas ,
qui m'a fait manquer beaucoup d'expériences : or , il eft fort aifé que le fil-trait fe
caffe, quoiqu'il n'ait pas encore fervi, c'eft
ce qui m'eft arrivé plufieurs fois. Pour prévenir ce fâcheux inconvénient , je prépare
le fil-trait, & voici de quelle forte. Je choifis
de bon chanvre ; j'en fais faire cinq ou fix
fufeaux de fil , gros à peu près comme celui
dont on fait le linge moyen ; je double ce
fil & j'y ajoute, en même-tems, le fil-trait
de métal , après quoi, je les fais tordre tous
trois enfemble ; enforte que les deux fils de
chanvre & le fil-trait de métal ne forment
plus qu'un même tout : le fil-trait acquiert
une force capable de réfifter à de très-forts
tiraillemens & à de très-rudes frottemens.
Cette préparation achevée , je difpofe ce
nouveau fil fur la corde , felon l'ancienne
méthode ; mais j'ai une attention de plus ,
je l'arrête , de deux en deux pieds , avec du
fil ordinaire , que je paffe dans la corde, deux
ou trois fois, avec une aiguille à coudre ,
ce qui procure beaucoup de folidité & d'autres avantages : par exemple, fi le fil venoit
à fe caffer , la difcontinuité ne va pas bien
loin, de plus on l'apperçoit très-aifément.

D 2

Enfin, il faut moins de tems pour réparer le défaut, que s'il s'en défiloit trois ou quatre toiſes, ainſi que j'ai eu le déplaiſir de le voir très-ſouvent. » C'eſt encore à cette cauſe qu'il faut rapporter la ſupériorité des effets obtenus dans l'expérience du 16 Août 1757, ſur ceux de l'expérience du 7 Juin 1753 ; car, les précautions, dont nous venons de parler, n'ayant pas été priſes, dans cette derniere circonſtance, il y eut pluſieurs ſolutions de continuité dans la longueur du fil-trait de métal.

Il y a, en troiſieme lieu, des orages où l'électricité eſt plus abondante que dans d'autres, & ſe communique davantage à l'appareil qu'on a élevé. M. de Romas a encore obſervé, que preſque toujours le vent ne ſe leve que quand l'orage eſt déjà fort proche ou qu'il a commencé de pleuvoir, & que dans l'un ou l'autre de ces deux cas, il ſeroit très-dangereux de lancer le cerf-volant, parcequ'il faut, pour cette manœuvre, tenir néceſſairement la corde. L'ayant voulu faire, le 21 Juin 1756, dans un tems où il ne tomboit point de pluie, le tonnerre grondant ſeulement ſur ma tête, « je reçus, dit-il, un coup ſi terrible, ſans voir pourtant nullement le feu, que j'en fus renverſé par terre, & cet accident, qui m'a rendu depuis plus circonfpect, m'a fait manquer encore beaucoup plus d'occafions que le précédent. Pour ne pas en perdre autant, j'ai cherché s'il n'y auroit pas moyen de lancer le cerf-volant fans jamais toucher la corde. Enfin, après bien des méditations, je fuis parvenu à conftruire une petite machine, que je tiens de fort loin avec trois cordons de foie, auxquels il m'eft loifible de donner une longueur arbitraire, laquelle machine, dis-je, que je puis faire avancer, reculer & difpofer felon le befoin, n'eft qu'un petit charriot, qui développe la ficelle auffi vîte ou lentement qu'il me plaît, & le développement étant achevé, le cerf-volant fe trouve ifolé par le fecours d'une corde de foie, auffi longue qu'on le juge à propos. » M. de Romas a imaginé de plus, pour les opérations où il y avoit du rifque à être trop près, un *excitateur* différent de celui qui eft de verre. Ce nouvel inftrument peut être allongé ou accourci à volonté, & il eft compofé d'un cordon de foie, mis au bout de vingt pieds de corde, pareille à celle du cerf-volant, laquelle forme, avec celle de ce chaffis, une fourche, de forte qu'elle ne doit être confidérée que comme formant une branche de la principale (1).

____

(1) Mémoires des Savans Etrangers, tom. IV., p. 514 & fuiv.

II°. Nous allons maintenant rapporter la lettre que nous avons déjà annoncée, & qui contient la defcription du cerf-volant de M. Francklin, par une lettre de M. Watfon à M. l'abbé Nollet, datée de Londres le 15 Janvier 1753. L'Académie des Sciences de Paris fut informée, que M. Francklin avoit fait à Philadelphie une épreuve, affez femblable à celle dont M. de Romas rend compte dans ce mémoire : voici les propres termes de la lettre. « M. Francklin a remis à la fociété royale, il y a quinze jours, une affez belle expérience électrique, pour tirer l'électricité des nuées. Sur deux petits bâtons de bois croifés, d'une longueur convenable, faites étendre à fes angles un mouchoir de foie, dreffez-le avec une queue & une corde de chanvre, &c., & vous aurez un cerf-volant des enfans, à l'extrémité d'un de ces petits bâtons, à l'autre duquel on attache la queue ; il faut mettre un fil de fer d'un pied de longueur : on fe fert dans cette machine de foie au lieu de papier, pour la garantir plus fûrement du vent & de la pluie. Quand on attend un orage de tonnerre (qui font très-fréquens en Amérique,) on fait monter, à l'ordinaire, ce cerf-volant moyennant du fil de chanvre, à l'extrémité duquel on attache un ruban de

foie, que l'obfervateur empoigne, fe retirant, pendant qu'il fait de la pluie, dans
une maifon, afin que ce ruban ne fe mouille
point. On devroit encore garder, que le
fil de chanvre ne touchât point les murs,
ni les bois de la maifon. Quand les nuées
de tonnerre s'approchent de la machine, ce
cerf-volant avec le fil de chanvre s'électrife, & les petits morceaux de chanvre
s'étendront à tous côtés; & en mettant une
petite clef fur ce fil, vous tirez les étincelles; mais lorfque la machine, le fil, &c.
font pleinement mouillés, l'électricité fe
conduit avec plus de facilité, & on peut
voir les aigrettes de feu fortir abondamment
de la clef, en approchant le doigt. De plus,
de cette façon, on peut allumer l'eau-de-
vie, & faire l'expérience de Leyde & toute
autre expérience de l'électricité. » Il paroît,
par cette lettre, que les effets électriques ont
été bien plus grands à Nérac qu'à Philadelphie : cette différence vient, felon toute apparence, de ce que M. de Romas a garni la
corde de fon cerf-volant, d'un fil de métal, comme on l'a vu (1).

III°. On eft redevable au pere Beccaria,
religieux des écoles pies à Turin, d'un très-

---

(1) Mémoires des Savans Etrangers, tome II., page 393.

grand nombre d'obſervations ſur l'électricité de l'atmoſphere dans des tems d'orage, & lorſque le ciel étoit ſerein, ſoit avec des barres de fer iſolées, ſoit avec des cerfs-volans, en divers tems. & en divers lieux. En variant de différentes manieres ſes expériences, il a eu occaſion de faire pluſieurs obſervations curieuſes & intéreſſantes, dont nous parlerons dans le cours de cet ouvrage. Les cordes de ſes cerfs-volans étoient quelquefois garnies de fil de fer, d'autres fois elles en étoient dépourvues. Afin que ſes cerfs-volans fuſſent conſtamment iſolés, lorſqu'il leur donnoit plus ou moins de corde, il rouloit celle-ci ſur un dévidoir, ſoutenu ſur des pilliers de verre; de plus, ſon conducteur communiquoit avec l'axe du dévidoir (1).

IV⁰. Muſchenbroëck a fait également des obſervations ſur l'électricité atmoſphérique, par le moyen du cerf-volant, deſquelles il réſulte non-ſeulement, que par ce moyen on obtient des étincelles électriques, mais encore qu'elles ſont très-foibles, lorſque l'appareil eſt près de la terre, mais qu'elles ſont nulles lorſque la proximité en eſt trop grande, & que de plus, elles ſont d'autant plus fortes

---

(1) Lettere dell Elettriciſmo, page 112.

que l'appareil eſt plus éloigné de la ſurface de la terre. Le 16 du mois de Septembre 1756, ce ſavant phyſicien, qui étoit pour lors à Warmond, village près de Leyde, afin d'éprouver quelle ſeroit l'électricité près de la ſurface de la terre, attacha un ruban de ſoie aux deux extrémités d'un fil de fer, de cent cinquante pieds de longueur, qu'il diſpoſa parallelement à l'horizon, à la hauteur de quatre pieds & demi, en fixant de part & d'autre les deux rubans; & il ne découvrit aucun ſigne d'électricité. Il diſpoſa enſuite ce fil de fer, parallelement à la hauteur d'une tour, les deux rubans placés aux extrémités étoient tellement fixés, que le fil de fer fut toujours iſolé. Malgré cette diſpoſition, ce conducteur métallique ne donna aucun ſigne d'électricité, quoiqu'on en obtînt enſuite, par le moyen d'un cerf-volant qui fut porté très-haut dans l'air. On tira de ce cerf-volant des étincelles très-piquantes; & lorſque la matiere électrique s'échappoit du fil de fer, on entendoit un ſifflement. Ce jour-là l'aquilon ſoufloit légerement, le ciel étoit parfaitement ſerein, ſans nuages & très-ſec, le barometre à vingt-neuf pouces, le thermometre à ſoixante & onze.

Lorſque le cerf-volant fut à ſept cents pieds de hauteur environ, on tira d'une

clef qu'on avoit attachée à l'extrémité inférieure du fil de fer, qui faifoit fonction de
corde, des étincelles très - fortes, qui
partoient avec éclat, & qui excitoient une
commotion felon toute la longueur du bras.
Si on touchoit de l'autre main un arbre, tandis qu'on excitoit une étincelle de la clef, dans
le même inftant, les deux bras étoient frappés,
avec autant de violence, que fi l'arbre & le
fil de fer euffent agi conjointement. L'explofion, qui accompagnoit l'étincelle, fe faifoit entendre à la diftance de cent pieds, &
on fentoit aux environs une odeur fulfureufe. En approchant la main près du fil de
fer, il paroiffoit comme enveloppé d'une
toile d'araignée. L'électricité de ce fil de fer
n'étoit pas continuelle, il y avoit conftamment dix fecondes d'intervalle, entre une
étincelle & celle qui la fuivoit. Lorfque le
vent devenoit plus véhément, le cerf-volant s'élevoit davantage, l'électricité devenoit plus forte, & les étincelles étoient alors
plus piquantes ; quand le vent s'affoibliffoit,
le cerf-volant defcendoit en proportion, &
l'électricité diminuoit de force.

Le 20 Juillet, un violent orage s'étant
élevé fur les fept heures du foir, « je lançai
en l'air un cerf-volant, dit Mufchenbroëck,
le fil de fer donna alors des explofions très-

promptes & très - fortes ; quelquefois elles partirent avec l'éclair, mais elles ceſſoient lorſque le tonnerre grondoit : ces étincelles ſe ſuccédoient avec une très - grande rapidité, & produiſoient des éclats, qui pouvoient être entendus de très-loin. Ayant approché de la tête d'un chien, d'un bouc, d'un jeune taureau, le fil de fer, ces animaux furent frappés ſi violemment, qu'ils prirent auſſi-tôt la fuite, & qu'ils ne voulurent jamais ſouffrir qu'on les expoſât à la même tentative. Nous fîmes une chaîne, en nous donnant la main ; un de ceux qui faiſoient partie de la chaîne, ayant touché au fil de fer, nous fûmes tous auſſi-tôt frappés. » Il eſt inutile d'obſerver, qu'on n'obtient pas toujours des ſignes d'électricité, quoique le cerf-volant ſoit à ſix cents pieds de hauteur ; c'eſt ce qu'éprouva encore Muſchenbroëck, au mois d'Août, même pendant un vent d'aquilon qui étoit modéré, & avec un ciel couvert de nuages. M. Edens n'obtint également aucun ſigne d'électricité, le 8 Septembre 1756, pendant un vent d'eſt, quoique ſon cerf-volant fût fort élevé, & qu'il y eût pluſieurs nuages ſeulement autour de l'horizon.

Muſchenbroëck, le 14 Juillet 1757 ſur les ſix heures du ſoir, fit dans les fauxbourgs de Noordwick, avec le baron Vander-Does, Toparcha de Langenveld les mêmes observations, ce qui prouve qu'elles sont assez constantes : le cerf-volant étoit attaché non à une corde, mais à un fil de fer très-mince, qui se rouloit, à l'aide d'une manivelle, sur un tambour de bois, de sorte qu'on pouvoit l'alonger à volonté. L'extrémité inférieure de ce fil de fer étoit attachée à un ruban de soie, de la longueur d'une aune. Ces savans étoient sur le bord de la mer lorsqu'ils éleverent leur cerf-volant, le ciel étoit un peu nébuleux, & le vent d'est soufflant légerement ; ils n'éprouverent d'abord aucun signe d'électricité, l'appareil étant peu éloigné de la terre ; mais lorsqu'il se fut élevé jusqu'à cent pieds, ils commencerent à appercevoir une très-foible électricité, & ils tirerent de petites étincelles, qui ne partoient les unes après les autres, qu'après l'espace d'une minute & demie ou deux minutes. Lorsqu'on fut ensuite monté jusques sur le sommet des plus hautes montagnes sablonneuses de Noordwick, & qu'on eut de nouveau lancé le cerf-volant, il se chargea d'une grande quantité de matiere électrique, qui se transmit jusqu'aux observateurs ; de sorte qu'en très-peu de tems, on tira avec une clef, d'un tube de fer communiquant à la chaîne attachée au cordon de foie qu'on tenoit à la main , de très-fortes étincelles qui partoient avec bruit , & qui répandoient autour d'elles une odeur sulfureuse (1).

V°. M. Kinnersley à qui la science électrique doit plusieurs expériences curieuses, a de même élevé des cerfs-volans électriques , dont la ficelle étoit garnie, dans toute sa longueur, d'un petit fil d'archal couvert d'un fil retors, avec la précaution , aux endroits où les différentes longueurs du fil d'archal sont réunies, de lier ensemble les deux bouts avec du fil ciré, pour les empêcher d'agir à la maniere des pointes. « J'ai essayé deux fois cette expérience , dit-il, l'air étant aussi sec qu'il soit possible de l'avoir , & si clair qu'on n'y appercevoit pas un nuage, & j'ai trouvé chaque fois la ficelle un peu électrifée positivement. Le cerf volant étoit armé de trois pointes métalliques, une en tête & une de chaque côté. On reconnut que la ficelle étoit électrifée, par la séparation de deux petites boules de liege , suspendues à cette ficelle par des fils de foie fine , précisément au-dessus de l'en-

------

(1) Muschenbroeck, tome I., page 396, §. 913, &c.

droit où la foie y étoit attachée, & garanties du vent. On éprouva que la ficelle étoit électrifée positivement, en y appliquant le fil d'archal d'une bouteille chargée, qui fit écarter de plus en plus les boules de liege, fans avoir commencé par les faire rapprocher. Cette expérience fit connoître, que l'électricité de l'air de l'atmofphere étoit alors plus en haut qu'en bas. Mais il ne peut pas en en être toujours de même; car vous favez, que nous avons fouvent trouvé les nuages orageux dans un état négatif, tirant l'électricité de la terre; état dans lequel on a lieu de préfumer qu'ils font toujours, lorfqu'ils commencent à fe former, & jufqu'à ce qu'ils aient reçu un renfort fuffifant. Comment leur arrive-t-il enfuite de fe trouver fur la fin de l'orage dans un état pofitif, comme cela arrive quelquefois ? C'eft une matiere à de plus amples recherches (1). »

VI°. M. le prince de Gallitzin a fait encore avec M. Dentan, des obfervations fur l'électricité naturelle, par le moyen d'un cerf-volant, & il les a adreffées à l'Académie

---

(1) Lettre deuxieme de M. Kinnerfley, à M. Benjamin Francklin. Œuvres de Francklin, tome I. page 205. --- Tranfactions Philofophiques, tome LIII. partie I. page 87.

des Sciences de Pétersbourg (1) ; ses expériences faites à la Haye , c'est-à-dire , dans un pays bas toujours humide , dont l'air est sans cesse rempli de vapeurs , & qui au coucher du soleil , tems où ont été faites quelques expériences , l'est d'ordinaire d'un brouillard épais , ont été commencées le 4 Juin 1775 & continuées jusqu'au commencement de l'année 1778. » En élevant le cerf-volant par toutes sortes de vents , dit cet illustre physicien , en différentes saisons & à différentes heures , jamais nous n'avons pu achever notre expérience , sans trouver des signes évidens d'électricité , tantôt forte , tantôt foible , mais toujours sensible , dans les tems secs & chauds , comme dans les tems humides. De nuit comme de jour , nous avons vu briller l'étincelle électrique , nous avons chargé la bouteille. » Les principales remarques qui résultent de cette suite d'expériences sont ; 1°. que la hauteur à laquelle l'électricité commence à être sensible varie beaucoup , & qu'elle paroît dépendre de la plus ou moins grande sécheresse de l'air inférieur, que dans les tems humides , quand le bas de l'atmosphere

---

(1) Observations sur l'électricité naturelle , par le moyen d'un cerf-volant. Lettre de 6 pages in-4°.

eſt rempli de vapeurs, il falloit élever le cerf-volant plus haut, pour obtenir des ſignes d'électricité. Rarement en a-t-on obtenu à moins de l'avoir élevé de cent cinquante à deux cents pieds au-deſſus de la dune, qui l'eſt elle-même de ſoixante & dix à quatre-vingts au-deſſus du niveau de la mer; 2°. que la nature de l'électricité eſt ordinairement poſitive, d'autres fois négative, & qu'il y a à préſumer qu'elle eſt poſitive dans les tems calmes, & qu'elle ſe trouve plus ſouvent négative près des orages; 3°. que dans tout tems, à la vérité, on obtient des ſignes d'électricité; mais avec les modifications ſuivantes; premierement, que ſi la pluie venoit tomber pendant que le cerf-volant eſt élevé, l'électricité ceſſoit & ne ſe remontroit enſuite, qu'au bout de quelques minutes après la ceſſation de la pluie; ſecondement, que ſi les nuages étoient répandus çà & là dans l'atmoſphere, l'électricité augmentoit ſenſiblement dès que l'un d'eux venoit à paſſer au-deſſus du cerf-volant, & diminuoit après ſon paſſage; troiſiemement, que les accès du vent élevent & abaiſſent alternativement le cerf-volant. L'électricité ceſſoit quelquefois dans les abbaiſſemens, & toujours devenoit plus foible; mais dans les élévations elle ſe remontroit

ou

ou augmentoit. Le carillon électrique, l'élec-
trometre, la fenfation des étincelles & leur
vivacité, conftatoient ces états d'augmentation ou de diminution de l'électricité.

4°. Il y a eu des jours où l'électricité,
dans le cerf-volant, ne faifoit que paroître
& difparoître fans ceffe, & où fa nature
varioit auffi beaucoup, devenant tantôt po-
fitive, tantôt négative. Peut-être que ce
phénomene dépend des abaiffemens & des
élévations continuels du cerf-volant; 5°. dans
les grands brouillards, où le cerf-volant devenoit invifible, à moins de cent pieds de
hauteur, l'électricité s'y manifeftoit également, fouvent même elle étoit très-forte;
cependant l'humidité étoit telle, qu'en ra-
maffant le cerf-volant, on le trouvoit fi
trempé d'eau qu'elle en découloit.

6°. Les étincelles électriques obtenues par
le cerf-volant, lors même qu'elles n'avoient
qu'une ligne de longueur dans les tems ordinaires, excitoient néanmoins des étincelles accompagnées d'impreffions & de fenfations,
femblables à celles de Leyde. M. le prince de
Gallitzin explique ce phénomene, en con-
fidérant l'électricité naturelle comme une
commotion électrique, produite à l'aide
d'une couche d'air intermédiaire & ifolante.

7°. Ces meffieurs ont effayé de charger

une batterie de trente-quatre bouteilles avec le cerf-volant, mais dans les tems ordinaires ils ont réuſſi très-difficilement, à cauſe de ces oſcillations ou variations électriques : la batterie ſe trouvant tantôt chargée, tantôt preſque déchargée dans les tems d'orage, elle eſt au moins inutile.

VII°. M. Van-Swinden, profeſſeur de phyſique à Amſterdam, me marquoit, dans ſa lettre du 15 Mai 1780, qu'avec ſon cerf-volant, il avoit tiré des étincelles non-ſeulement en tems d'orage, mais encore le ciel étant ſerein.

VIII°. J'ai tiré de même pluſieurs fois des étincelles électriques des cerfs-volans, dans diverſes villes. J'ai parlé, il y a près de dix ans, dans mon mémoire ſur la foudre aſcendante, de celles que j'avois obtenues à Paris, du cerf-volant de M. le duc de Chaulnes, avec MM. Fontana, Baumé & pluſieurs autres membres de l'Académie des Sciences. Depuis cette époque, j'en ai excitées pluſieurs, qui m'ont donné occaſion de faire quelques obſervations & remarques, dont je parlerai dans un autre ouvrage.

CHAPITRE III.

Des Phénomenes d'Eleĉricité Naturelle, obfervés par les Anciens.

QUOIQUE la découverte de l'électricité du tonnerre foit toute récente, on en trouve cependant chez les anciens des traces fi certaines & fi fenfibles qu'on ne fauroit en douter avec fondement. Nous allons rapporter plufieurs preuves qui établiffent cette affertion d'une maniere irréfragable ; elles font appuyées fur des faits qu'on avoit eu de la peine à expliquer avant la connoiffance de l'électricité atmofphérique.

Il confte par Hérodote qu'on pouvoit ; il y a plus de deux mille ans, attirer la foudre avec une pointe de fer ! Selon cet auteur, les Thraces défarmoient le ciel de fes foudres en décochant des fleches en l'air, & les Hyperboréens en lançant pareillement dans les nuées, des piques armées d'un fer pointu. Ces ufages font autant de points qui conduifoient à la découverte de l'électricité que les Grecs, les Romains connoiffoient par certains effets qu'ils attribuoient aux puif-fances céleftes , comme M. Oftertag , l'a prouvé très-au long dans une diſſertation *de auſpiciis ex acuminibus.*

Au rapport de Pline, les annales font foi qu'au moyen de certains ſacrifices & de certaines formules, on peut forcer la foudre à deſcendre ou du moins l'obtenir du ciel. Une ancienne tradition porte que cela a été pratiqué en Etrurie chez∗les Volſiniens, à l'occaſion d'un monſtre nommé *Volta*, qui après avoir ravagé la campagne étoit entré dans leur ville, & que ce fut leur propre roi, Porſenna, qui fit tomber ſur ce monſtre le feu du ciel. Lucius Piſon, écrivain d'un grand poids, décrit au premier volume de ſes annales, qu'avant Porſenna, Numa Pompilius avoit fait ſouvent la même choſe, & que, pour s'être écarté du rit preſcrit dans l'imitation de cette pratique myſtérieuſe, Tullus Hoſtilius fut lui - même foudroyé parmi les bois ſacrés, comme de nos jours M. Richmann l'a été à Pétersbourg, en répétant l'expérience de Marly-la-Ville avec trop peu de précaution. Tite Live rapporte le même fait de Tullus Hoſtilius.

Les anciens avoient admis auſſi un Jupiter Elicien, *Elicium quoque accepimus Jovem.* Jupiter qui dans d'autres circonſtances étoit appellé Stateur, Tonant, Férétrien, avoit dans cette occaſion le nom d'Elicien.

Pendant la nuit qui précéda la victoire que Posthumius remporta fur les Sabins, les javelots romains jettoient la même clarté que des flambeaux. Lorfque Gylippus alloit à Syracufe, on vit une flamme fur fa lance. *Gylippo fyracufas petenti, vifa eft ftella fuper ipfam lanceam conftitiffe. In Romanorum caftris vifa funt ardere pila, ignibus fcilicet in illa delapfis : qui fœpe, fulminum more, animalia ferire folent & arbufta, fed fi minores vi mittuntur, defluunt tantum & infident, non feriunt nec vulnerant* (1).

Suivant Procope, le ciel favorifa du même prodige le fameux Belifaire dans la guerre contre les Vandales (2). On lit dans Tite-Live, que Lucius Atreus ayant acheté un javelot pour fon fils, qui venoit d'être enrôlé parmi les foldats, cette arme parut embrafée, & jetta des flammes pendant plus de deux heures fans être confumée par le feu (3). Plutarque, dans la vie de Lyfandre, parle d'une apparence lumineufe qu'on doit rapporter à l'électricité ; dans le chapitre trente-deuxieme il fait encore mention de deux faits de cette nature. *In Siciliâ militibus aliquot*

(1) *Senec. Natur. Quæft., lib. I, cap.* 1.
(2) *Procop. De Bell. Vandal., lib.* 2, *cap.* 2.
(3) Tite-Live, livre XLIII.

fpicula , in Sardiniâ muro circumeunii vigilias equiti , Scipionem , quem in manu tenuerat , arfiffe , & littora crebris ignibus fulfiffe. » Les piques de quelques foldats en Sicile & une canne que portoit à fa main un cavalier, en Sardaigne, parurent en feu. Les côtes furent auffi lumineufes & brilloient de feux fréquens ».

Pline a obfervé le même phénomene. J'ai vu, dit-il, une lumiere fous cette forme, fur les piques des foldats qui étoient en faction la nuit fur les remparts. *vidi noclurnis militum vigiliis inhærere pilis pro vallo fulgorem effigie eâ... hominum quoque capiti vefpertinis horis magno præfagio circumfulgent.* (1).

Cefar, dans fes commentaires, rapporte que pendant la guerre d'Afrique , après un orage affreux qui jetta toute l'armée Romaine dans le plus grand défordre, la pointe des dards d'un grand nombre de foldats brilla d'une lumiere fpontanée ; phénomene que M. de Courtivron (2) a appliqué le premier à l'électricité. Rapportons ici tout au long le paffage de Cefar. Vers ce temps-là parut dans l'armée de Cefar un phénomene extraordinaire, au mois de Février, vers la feconde veille de la nuit, il s'éleva fubitement un

---

(1) *Plin. Hift. Nat.,* lib. 2.
(2) Hiftoire de l'Académie, 1752, page 10.

nuage épais fuivi d'une grêle terrible ; &
la même nuit, les pointes des piques de la
cinquieme légion parurent s'enflammer. *Per
id tempus ferè Cæfaris exercitui res accidit incre-
dibilis auditu , nempè vigiliarum figno confecto ,
circiter vigilia fecunda noctis , nimbus cum fexea
grandine fubito eft cohortus ingens ; eâdem nocte
legionis quintæ cacumina fua fponte arferunt* (1).
Tous ces faits que nous venons de tirer des
anciens, prouvent qu'on a dit avec raifon,
que pour juger fainement des ouvrages des
anciens, il faut penfer qu'il y a beaucoup
de fabuleux dans leurs hiftoires, & beaucoup
de vérité dans leurs fables ; que nous croyons
trop facilement les premiers , & que nous
n'examinons pas affez les fecondes pour en
tirer les vérités utiles qu'elles renferment.

Joignons ici d'autres faits analogues, obfervés par les modernes , qui tous prouvent
l'identité rigoureufe qui regne entre le tonnerre & l'électricité.

Sur un des baftions du château de *Duino*
fitué dans le Frioul , au bord de la mer
Adriatique , il y a de temps immémorial ,
une pique dreffée verticalement, la pointe
en haut : dans l'été, lorfque le tems paroît
tourné à l'orage , le foldat qui monte la

---

(1) *Cæfaris Comment.*, *de Bello Affricano*, cap. 6.

garde en cet endroit, examine le fer de cette pique, en lui préfentant de près le fer d'une hallebarde (*brandiftoco*), qui eft toujours-là pour cette épreuve ; & quand il s'apperçoit que celui de la pique étincelle beaucoup, ou qu'il y a à fa pointe une petite gerbe de feu, il fonne une cloche qui eft auprès, pour avertir les gens qui travaillent aux champs, ou les pêcheurs qui font en mer, qu'ils font menacés du mauvais tems ; & fur cet avis tout le monde rentre. La grande ancienneté de cette pratique eft prouvée par la tradition conftante & unanime du pays, & par une lettre du P. Imperati benedictin, datée de 1602 dans laquelle il dit, en faifant allufion à cet ufage des habitans de *Duino ; igne & haftâ hi mire utuntur ad imbres, grandines procellas- que præfagiendas, tempore præfertim æftivo* (1).

M. Watfon rapporte dans les tranfactions philofophiques (2) que, felon plufieurs rélations venues de France, M. Binon, curé de Plauzet, avoit affuré que pendant vingt-fept ans qu'il y a réfidé, les trois pointes de la

____

(1) Lettera di Gio. fortunato Bianchini, dott. medic. intorno un nuovo fenomeno elettrico. all. Acad. R. di Scienze di Parigi, 1758. --- Mémoires de l'Académie des Sciences, 1764, page 408 & fuiv.

(2) Tranfactions Philofophiques, tome XLVIII., partie I., page 210.

croix du clocher paroissoient environnées d'un corps de flamme, dans les grandes tempêtes; & que quand ce phénomene s'étoit montré, la tempête n'étoit plus à craindre, le calme succédant aussi-tôt.

M. Pacard, secrétaire de la paroisse du prieuré de la montagne de Breven, vis-à-vis le mont Blanc, faisant creuser les fondemens d'un chalet qu'il vouloit construire dans les prairies de Plianpra, il survint un violent orage, pendant lequel il se réfugia sous un rocher peu éloigné & il vit le feu électrique tomber à plusieurs reprises sur la tête d'un grand levier de fer planté en terre qu'il avoit laissé en se retirant (1).

Si on monte sur la cîme d'une montagne on pourra être électrisé dans certaines circonstances immédiatement & sans appareil par une nuée orageuse, comme le font les pointes des girouettes & des mâts; c'est ce qu'ont éprouvé en 1767, MM. Pictet, de Saussure & Jallabert, fils, sur la cîme du Breven. Le premier de ces sçavans, à mesure qu'il marquoit sur son plan la position de quelque montagne, en demandoit le nom aux guides qu'on avoit pris, & pour la leur désigner, il la montroit du doigt en élevant la main.

____

(1) Voyage dans les Alpes, &c., tome II, page 56.

» Il s'apperçut que chaque fois qu'il faifoit ce gefte , il fentoit au bout de fon doigt une efpece de frémiffement ou de picotement femblable à celui qu'on éprouve lorfque l'on s'approche d'un globe de verre fortement électrifé ». L'électricité d'un nuage orageux qui étoit vis-à-vis fut la caufe de cette fenfation. L'effet fut le même fur les compagnons & les guides du voyage ; & la force de l'électricité augmentant bientôt, la fenfation produite par l'électricité devint à chaque inftant plus vive , elle étoit même accompagnée d'une efpece de fifflement. M. Jallabert qui avoit un galon à fon chapeau , entendoit au tour de fa tête un bourdonnement effrayant que les autres perfonnes entendirent auffi , quand elles mirent ce même chapeau fur leurs têtes. On tiroit des étincelles du bouton d'or de ce chapeau , de même que de la virole de métal d'un grand baton. L'orage pouvant devenir dangereux on defcendit à dix ou douze toifes plus bas où on ne fentit plus d'électricité. Bientôt après il furvint une petite pluie , l'orage fe diffipa & on remonta au fommet où on ne trouva plus aucun figne d'électricité (1).

____

(1) Voyage dans les Alpes. &c., tome II., page 155. --- Hiftoire de l'Académie, 1767, page 33.

SECONDE PARTIE.

Des Météores Ignés.

DANS cette section nous traiterons des météores qu'on regardoit autrefois comme produits par le feu & par des matieres capables de
faire effervescence, & auxquels on donnoit en
conséquence ce nom. Tels sont le tonnerre, les
tremblemens de terre, les feux Saint-Elme,
Castor & Pollux, &c. les feux follets, ces feux
volans que le peuple connoit sous la dénomination d'étoiles tombantes, les globes de feu
& les aurores boréales.

PREMIERE SECTION.

Du Tonnerre.

DE tout tems le tonnerre s'eſt fait entendre, & de tout tems les divers phénomenes qu'il préſente ont imprimé la terreur & ont excité le deſir d'en connoître la cauſe ainſi que l'envie de trouver les moyens propres à ſe mettre à l'abri de ce terrible météore. On n'a pas de peine à croire qu'il ait toujours produit ces impreſſions, lorſqu'on ſe rappelle des ſignes précurſeurs qui l'annoncent, des circonſtances effrayantes qui l'accompagnent & des ſuites funeſtes qui en ſont les effets.

Quoique dans l'article où nous avons traité de l'électricité de l'atmoſphere en général, on ait déjà vu la deſcription des circonſtances qui précédent ou accompagnent ce trouble général qui regne dans la maſſe de l'air dans les tems orageux, nous penſons qu'il eſt à propos d'offrir un tableau racourci de cette agitation particuliere qu'on obſerve, lorſque le tonnerre ſe fait entendre.

Le ciel, auparavant pur & ſerein, devient bientôt ſombre & couvert; des nuages pouſſés par des vents plus ou moins impétueux ſe

répandent dans l'atmofphere ; à ceux-ci fuccedent d'autres plus épais & d'un noir très-
obfcur ; ils paroiffent agités de mille mouvemens ; les uns fe meuvent au-deffus dans
un fens, les autres au-deffous à différentes
diftances, felon diverfes directions ; quelques-
uns femblent attirés par d'autres ; il y en a
qui font repouffés : plufieurs preffés par des
forces contraires font en repos & ftation-
naires au milieu du trouble général. Le fein
de ces nuages épais & obfcurs qui récelent la
foudre , paroiffent enfuite s'entrouvrir à
chaque inftant ; des éclairs éblouiffans fe
répétent de tous côtés & femblent ne donner
de l'éclat que pour replonger dans une nuit
plus profonde. On voit auffi-tôt des traits de
feu ferpenter dans les airs ; un bruit épouvantable fe fait entendre au loin ; un horrible
fracas, des redoublemens effrayans retentif-
fent de toutes parts ; les animaux eux-mêmes
font faifis d'effroi : on diroit que la nature dans
un morne filence & dans l'épouvante femble
craindre une deftruction prochaine ; quelquefois une pluie plus ou moins abondante fur-
vient. Enfin au milieu des éclairs & des tonnerres qui fe fuccedent avec la plus grande
rapidité , & du fein d'un nuage part un trait
de feu terrible qui frappe le laboureur éperdu ,
tandis qu'il rentre dans fa chaumiere. Si la

pluie n'eſt déjà tombée, elle devient abondante, & bientôt après, au milieu des ruines, on apperçoit un horrible incendie que vient d'allumer ſur la terre le feu du ciel.

On diſtingue trois choſes dans le tonnerre, qu'il eſt à propos de ne pas confondre, l'éclair, la foudre & le tonnerre proprement dit. L'éclair eſt cette vive lumiere qui éblouit tous les yeux & paroît ſortir du ſein d'un nuage orageux. La foudre eſt ce fluide qui s'élance du milieu de la nuée & vient frapper, réduire en poudre, &c. les objets qu'elle rencontre. Par le mot tonnerre, on entend ce bruit qui ordinairement eſt accompagné de redoublemens qui ſe ſuccedent rapidement. Dans l'uſage ordinaire on ſe ſert indifféremment des mots tonnerre & foudre pour déſigner la même choſe, mais il eſt à propos de connoître la différence qu'il y a réellement entr'eux, ou plutôt entre les objets dont ils ſont les ſignes, afin de les employer convenablement, lorſque la matiere l'exige.

CHAPITRE PREMIER.

De la Nature du Tonnerre selon la Doctrine moderne.

DE toutes les observations établies jusqu'à présent, on ne peut s'empêcher de conclure que le tonnerre est un phénomene électrique. Ce n'est pas seulement une analogie qu'on remarque entre la matiere électrique & la foudre, c'est une vraie & rigoureuse identité : elle est démontrée par tous les genres de preuves qui font propres aux vérités physiques les plus incontestables.

Selon la doctrine moderne que nous allons exposer, une nuée orageuse est une nuée surchargée de fluide électrique. Celui-ci pour rétablir l'équilibre qui a été troublé, tend continuellement à s'échapper du nuage qui le récele & à s'élancer fur tous les objets qui font à une juste distance du choc ; tantôt fur d'autres nuages plus ou moins élevés ; tantôt fur les fommets des montagnes, des tours, des clochers, des maisons ; quelquefois des arbres, d'autrefois fur la terre même. Les vents qui pouffent les nuages vers dif-férens points de l'horizon, qui les élevent ou les abaiſſent , facilitent ſinguliérement ces exploſions : de ſorte que la foudre n'eſt qu'une étincelle électrique qui s'élance du nuage ſur la terre.

La comparaiſon ſuivante ſervira à éclaircir ce ſentiment. Lorſque le conducteur d'une machine électrique qu'on met en jeu eſt ſur-chargé d'électricité, l'étincelle s'élance auſſi-tôt du conducteur ſur les objets qui en ſont voi-ſins ou qu'on en approche convenablement. Le conducteur électriſé repréſente ici les nuages orageux , & les objets voiſins, ou ceux qu'on en approche nous déſignent les tours , les édifices ou les arbres ſouvent fou-droyés par l'exploſion du nuage qui contient une ſurabondance de fluide électrique. L'éclair eſt la lumiere dont brille le fluide électrique en s'échappant de la nuée ; la foudre eſt la matiere électrique, elle-même , qui tantôt ſe porte vers d'autres nuages moins électriſés que ceux d'où elle part, tantôt ſur des objets terreſ-tres. Le tonnerre eſt le bruit que fait l'exploſion du fluide électrique, en diviſant l'air avec vio-lence , & le frappant avec une force & une ra-pidité conſidérables; bruit qu'on doit comparer au pétillement & à la crépitation de l'étincelle électrique qui s'échappe du conducteur d'une machine électrique ; bruit que la plupart des objets environnans multiplient, en le répétant

ſucceſſivement,

fucceffivement, & en augmentant fon intenfité, de telle forte qu'on doit entendre des redoublemens effrayans qui infpirent la terreur & portent l'effroi dans les ames les plus intrépides. Rien n'eft plus fatisfaifant que cette expofition : on remarque d'abord qu'elle porte avec elle un caractere de fimplicité, de clarté & de vraifemblance qui prévient en fa faveur ; mais elle eft encore plus recommandable par la certitude fur laquelle elle eft fondée.

Pour démontrer l'identité rigoureufe qu'il y a entre le tonnerre & l'électricité, il fuffit de prouver par l'expérience qu'une barre de fer ifolée & une corde de cerf-volant font électrifées par l'approche d'un nuage orageux, comme un conducteur de machine électrique l'eft, lorfqu'il eft proche du plateau de verre qu'on met en jeu ; que le fluide électrique eft alors accumulé autour de cette corde & de cette barre ; que dans cet état on peut en tirer des étincelles électriques & produire tous les effets qui font propres à l'électricité. Or, c'eft ce qui eft démontré par les brillantes expériences que nous avons rapportées au commencement de cet ouvrage.

M. Dalibard, pour démontrer l'identité du fluide électrique avec la foudre, ayant élevé à Marly-la-Ville une barre de fer pointue &

ifolée, de quarante pieds de hauteur, on en tira des étincelles de feu électrique, lorfque la nuée orageufe paffa au-deffus de l'endroit où cet appareil étoit dreffé. Ces étincelles firent reffentir l'odeur qui eft propre au fluide électrique, & des commotions femblables à celles qu'on éprouve dans l'expérience de Leyde. M. Delor obtint de pareils effets à Paris, le dix-huit du même mois, & M. de Buffon le dix-neuf à Montbard : de même que M. le Monnier à Saint-Germain-en-Laye, M. de Thury à l'obfervatoire, le P. Berthier à Montmorenci, M. de Romas à Nérac, M. l'abbé Mazéas au château de Maintenon. En Angleterre MM. Canton, Bewis & Wilfon ; à Florence M. de la Garde ; à Bologne M. Verat ; à Berlin, à Petersboug & dans un grand nombre d'autres villes, plufieurs phyficiens répéterent à l'envi cette expérience. Par-tout le fuccès fut le même, & on tira, avec des excitateurs, des étincelles de feu électrique qui produifoient les effets propres à l'électricité.

Mais M. de Romas ayant imaginé d'élever un cerf-volant dont la corde fut filée avec du métal, obtint des effets fupérieurs à tout ce qu'on avoit vu jufqu'alors. Le 7 juin 1753, il tira de l'extrémité inférieure de fon appareil, ainfi que plufieurs des fpectateurs, des étincelles qui faifoient reffentir des commotions terribles, même jufqu'aux pieds. Ces étincelles électriques augmenterent fucceffivement de volume; on en vit de fept à huit pouces de long, fur un diametre proportionné dont l'explofion fe faifoit entendre à plus de 200 pas. L'atmofphere électrique qui environnoit le tube de fer-blanc, fufpendu à l'extrémité inférieure de la corde, attiroit des corps légers qui en étoient à certaine diftance, comme le fait un conducteur de machine électrique. Les fpectateurs reffentoient une impreffion de toile d'araignée, à un éloignement plus grand, & on entendoit fouvent des fifflemens & bruiffemens marqués, & de fortes étincelles fpontanées, fuivies d'explofions & de craquemens confidérables qui reffembloient prefque à ceux du tonnerre. M. de Romas obferva même le 16 août 1757, avec un appareil femblable, non des étincelles mais des lames de feu fpontanées de neuf ou dix pieds de longueur fur un pouce de groffeur, qui en éclatant faifoient un bruit plus confidérable que celui d'un piftolet.

Le pere Beccaria à Turin, Mufchenbroëck à Warmond, le baron Vander-Docs, Toparcha de Langenveld à Noordwick, Kinnerfley à Philadelphie, Winthrop à Cambridge, le prince de Gallitzin à la Haye ;

Bridone en Sicile, Wan-Swinden à Franeker en Frise, & plusieurs autres physiciens modernes en différens lieux & en divers tems, ont obtenus par les mêmes moyens ou par d'autres semblables, des étincelles électriques d'autant plus fortes que le tems étoit plus disposé à l'orage.

A tous ces signes ajoutons ces feux, ces aigrettes électriques, ces points lumineux qui paroissent durant les orages sur les sommets des clochers, sur les pointes des girouettes & des mâts dont nous traiterons plus bas avec des détails suffisans. De plus ces flammes électriques dont Herodote, Cesar, Tite-Live, Seneque, Pline, Imperati font mention & dont nous avons parlé ci-dessus; ces phénomenes surprenans connus dans la plus haute antiquité, c'est-à-dire, dans un tems où l'électricité étoit inconnue, ne laissent aucun doute sur l'identité rigoureuse du fluide électrique & du tonnerre.

Ces étincelles qu'on tire de ces grands appareils de la physique moderne, c'est-à-dire, des cerfs-volans, & des barres de fer isolées que nous appellerons déformais des *conducteurs atmosphériques*, ces feux électriques font réellement des étincelles électriques, semblables en tout à celles qui font produites par les machines électriques: de telle forte qu'on

peut comparer les conducteurs atmofphéri-
ques à ceux des machines qui font dan[s]
nos laboratoires, & qu'il eft vrai de dire en
rigueur que les uns & les autres font capables
de produire les mêmes effets.

Pour le prouver, fuppofons qu'on ait élevé
un cerf-volant électrique, & que la corde
filée avec du métal communique avec un
petit conducteur ifolé, femblable à ceux des
machines électriques, ou qu'on ait mis ce
petit conducteur ifolé en contact avec une
grande barre métallique ifolée & pointue
pour recevoir l'électricité atmofphérique. Il
eft certain que dans ces deux cas le petit
conducteur produira les mêmes apparences
& les mêmes effets qu'un conducteur de machine électrique. Pour abréger les expreffions & faciliter l'intelligence de la preuve
que nous allons donner, nous appellerons
petit conducteur atmofphérique, celui qui eft en
contact avec la ficelle du cerf-volant ou de
la barre de fer pointue & ifolée, parcequ'il
reçoit le fluide électrique de l'atmofphere par
un de ces deux moyens. Suppofons encore
qu'une machine électrique avec fon conducteur foit près du premier appareil, afin que
les fpectateurs puiffent être témoins des expériences qu'on fera avec le fluide électrique
tiré des deux conducteurs; on verra de part

& d'autre les mêmes effets, lorfque deux phyficiens munis des mêmes appareils particuliers opéreront de la même maniere fur chacun de ces deux conducteurs.

Si l'un de ces phyficiens préfente au conducteur de la machine, des corps légers pour être attirés & enfuite répouffés, l'autre produira les mêmes effets, en plaçant les mêmes corps légers, & d'autres femblables près du conducteur atmofphérique ; le carillon électrique fonnera auffi-tôt & de la même maniere. » Si le premier tire des étincelles & allume de l'efprit-de-vin, le fecond en fera autant. Dès-que celui-là, par le moyen de l'étincelle, tuera un oifeau, celui-ci foudroyera également l'animal qu'il mettra en expérience. Deux bouteilles de Leyde égales, chargées également, feront reffentir la même commotion. Si l'un fond un fil ou une feuille métallique, l'autre obtiendra le même réfultat Si le premier, par le moyen de l'étincelle électrique, perce un jeu de cartes ou une main de papier, le fecond préfentera auffi-tôt le même phénomene, &c. En un mot, il n'eft aucun effet électrique que les deux appareils ne puiffent produire, & fi on compare avec foin les réfultats obtenus de part & d'autre, l'œil le plus fin ne pourra même y découvrir la plus légere différence. J'ai fait

plufieurs fois, avec un conducteur atmofphérique, & par la feule électricité naturelle,
les expériences précédentes qu'on répétoit
avec une machine électrique ordinaire ». (1)
On peut voir dans notre ouvrage de *l'Electricité du Corps Humain*, un développement de
preuves fur l'identité de l'électricité naturelle
& de l'électricité artificielle, qui paroît ne
rien laiffer à defirer. Nous y avons montré
que les effets des deux appareils fur l'économie animale, & en particulier fur le corps
humain, font les mêmes, toutes chofes égales;
l'impreffion de toile d'araignée, celle d'un
vent frais, l'odeur de phofphore, la faveur
propre, le bruiffement, la crépitation des
fluides raffemblés par les deux conducteurs
ne diffèrent pas. La forme des aigrettes &
des étincelles excitées de part & d'autre, la
variété de leurs couleurs, préfenteront le
même afpect. Deux perfonnes électrifées chacune par un de ces conducteurs, éprouvent
une égale augmentation dans la quantité de la
tranfpiration, une diminution égale du poids
de leur fubftance.

On peut voir dans notre ouvrage déjà
cité (2) les heureux effets que l'électricité na-

____

(1) De l'Electricité du corps humain, nouvelle édition, tome I.
page 52.
(2) *Ibid.* page 56 jufques à la page 106.

F 4

turelle & l'éle&ricité artificielle produifent
rélativement aux fon&ions vitales & aux fonc-
tions animales ; nous y avons montré un pa-
rallelifme d'effets correfpondans & une fimi-
litude complette d'influence fondée fur un
grand nombre d'obfervations faites par divers
favans ; nous ne pouvons les rapporter ici , à
caufe de leur étendue. On y verra encore
plufieurs faits certains qui prouvent que la
foudre a opéré en divers endroits des gué-
rifons éle&riques. On ne peut donc s'empêcher
de conclure de ces différentes preuves qu'il
y a une idenfité parfaite entre le fluide électrique qui regne dans l'atmofphere & celui
que nous tirons de nos machines ; car l'identité des effets démontre celle des caufes.

Si quelqu'un avoit envie de repréfenter par
l'éle&ricité les apparences qu'on obferve dans
le ciel dans un tems d'orage où les éclairs
brillent & le tonnerre gronde , voici le moyen
dont il pourroit fe fervir. Qu'on prenne un
grand tableau magique dont la furface fupérieure foit garnie de limaille de cuivre ou
d'aventurine fixée fur le verre par le moyen
d'une efpece de mordant , & parfemée de
telle forte qu'il y ait beaucoup d'intervalles
fans limaille. Suppofons que cette pouffiere
métallique couvre ainfi fur le verre l'aire d'un
cercle , & qu'autour de la circonférence de

celui-ci on ait mis une chaîne circulaire, ou une bande d'étain laminé également circulaire, mais en obfervant de ménager entre la chaîne & le cercle de limaille un certain intervalle ; qu'on ait eu foin encore de faire communiquer en un point la chaîne avec l'armure ordinaire qui eft à la furface inférieure du tableau. Si on place une tige de communication qui aille du conducteur de la machine électrique au milieu du tableau, on verra, en électrifant, des traits fucceffifs d'une lumiere ferpentante fur différens points du cercle, qui produiront le plus brillant effet dans l'obfcurité, & repréfenteront parfaitement les éclairs qu'on obferve dans le ciel, au moment d'un orage. Les parties métalliques font ici la fonction des lambeaux de nuages difperfés dans l'atmofphere & fervent de conducteurs. Lorfque le tableau fera fuffifamment chargé, on verra de tems en tems des explofions éclater entre le cercle & la chaîne, tantôt d'un côté, tantôt de l'autre, elles repréfentent les détonations de la foudre fur les objets terreftres.

On fera encore bien plus convaincu de la vérité & de la doctrine moderne fur la nature du tonnerre, lorfqu'on aura examiné attentivement l'opinion ancienne qu'on avoit fur ce météore, avant que les nouvelles découvertes,

faites depuis peu fur cette matiere nous euffent
éclairés; c'eft pourquoi nous croyons qu'il
eft à propos de traiter de cet objet.

CHAPITRE II.

De l'ancienne Opinion fur la Nature de la Foudre.

CE qui eft vraifemblable n'eft pas toujours
vrai, & une opinion, quoique confacrée par
une longue fuite de fiecles, n'en eft pas pour
cela plus refpectable, lorfque le flambeau de
la vérité vient de diffiper les nuages épais de
l'erreur. Tels font les caracteres qui conviennent à l'ancienne idée, où l'on a long-tems
été, que la foudre étoit un phénomene dépendant des effervefcences chymiques, opé-
rées dans la région des airs.

Cet antique fyftême, dont l'origine fe perd
dans la nuit des tems, prévient en fa faveur
par un air de vérité, qui entraîne prefque
tous les fuffrages, & parcequ'il eft très-fa-
cile de le concevoir & de l'expofer. C'eft
fans doute la raifon pour laquelle on voit
tant de perfonnes, même inftruites, être

imbues de ce fentiment, des auteurs éclairés le foutenir encore, & quelques autres phyficiens vouloir allier, dans leurs explications, le nom feul de l'électricité, avec les vapeurs & les exhalaifons aëriennes, pour paroître en quelque façon penfer comme les modernes, & par ce moyen faire une efpece d'illufion.

Je pourrois, par plufieurs citations d'ouvrages affez récens, démontrer ce que j'avance, fi on me le conteftoit; je me contenterai ici de détruire, par plufieurs obfervations & raifonnemens, le préjugé fi généralement établi, malgré les découvertes inconteftables qu'on a faites au milieu de ce fiecle. Avant que de refuter cette ancienne opinion, je vais l'expofer avec toute l'impartialité poffible, mais en peu de mots, & je rappellerai fuccinctement les preuves fur lefquelles on prétend l'étayer.

Les divers fentimens, qu'ont imaginé les phyficiens de différens âges, fe réduifent tous, du moins les plus plaufibles, à dire que le mélange des exhalaifons & des vapeurs accumulées & réunies par le choc des vents, s'enflamme, & c'eft de-là que vient l'éclair. Une violente explofion fuccede bientôt, & lance vers la terre cette matiere inflammable & combuftible, qui eft elle-même la

foudre. Cette effervefcence, continue-t-on ,
agite & frappe avec force l'air qui, ébranlé
par de fortes & promptes fecouffes, conçoit
un mouvement de vibration & produit le
bruit effrayant du tonnerre.

Pour rendre cette idée plus probable, on
compare le grand laboratoire de l'univers à
celui de nos chymiftes, & après avoir tenté
d'affervir la marche de la nature à celle de
l'homme, on aime à fe perfuader qu'on a de-
viné fon fecret. Tous les corps fublunaires
que nous habitons, font une fource féconde
& perpétuelle d'exhalaifons qui s'élevent
dans les airs. Les divers regnes de la nature
font foumis à cette loi : tous les animaux
perdent par la tranfpiration une partie de
leur être, fi confidérable que l'imagination
ne reçoit qu'avec peine ce que l'expérience
lui démontre, & les alimens réparent jour-
nellement cette diminution. Des végétaux,
s'exhalent continuellement des écoulemens
abondans des diverfes parties dont ils font
compofés, & qui fouvent affectent nos or-
ganes. Les différentes fubftances, comprifes
dans le regne minéral, ne font point excep-
tées de la loi générale, comme mille expériences le démontrent: de plus, tous les fluides font fujets à des évaporations continuelles.

Ces vapeurs & ces exhalaisons différentes, composées de soufre, de bitume, de
sel, de nitre en particulier, en un mot, de
toutes les substances sulfureuses, grasses,
inflammables & volatiles des animaux,
végétaux & minéraux, s'élevent dans l'atmosphere; elles y flottent au gré des vents,
& y subissent une infinité de combinaisons.
Dans le tems d'orage elles sont agitées &
réunies; leur mêlange, leur choc & leur
frottement les font fermenter, & de cette
fermentation résulte une flamme & une détonation.

Ne voyons-nous pas tous les jours, dit-
on, que le plus léger frottement du phos-
phore de Kunkel ou plutôt de Brandt & du
pyrophore de M. Homberg les enflamme;
&, comme on sait, ces matieres si combustibles sont les résultats des parties excrémen-
titielles des animaux. L'alkool, mêlé avec
l'eau, s'échauffe par le simple mêlange, ce
qui conste par les expériences de Boërhaave
& de Geoffroy. De l'huile de girofle, mêlée
avec de l'esprit de nitre & du vitriol concentré, s'élevent bientôt des flammes; en
un mot, par un esprit acide convenable,
on vient à bout d'enflammer toutes les huiles essentielles des plantes des Indes & de
nos climats, & même les huiles grasses,

ainſi qu'il eſt prouvé par les expériences
ſucceſſives des Glauber, des Becher, des
Borrichius, des Tournefort, des Homberg,
des Geoffroy, des Hoffmann & des Rouelle.
Dans quelques - uns de ces mêlanges, l'inflammation eſt accompagnée de bruit & de
détonation ; mais ce bruit n'eſt jamais plus
éclatant & plus impétueux, que dans l'expérience de la poudre fulminante, compoſée de ſalpêtre, de ſel de tartre & de ſoufre,
ou dans celle de l'or diſſous par l'eau ré-
gale.

Le mouvement inteſtin, dont toutes les
parties du corps ſont animées, la chaleur
du ſoleil, les feux ſouterreins & la ſuc-
cion de l'air, font élever dans l'atmoſphere des particules oléagineuſes, ſalines,
ſulfureuſes & aqueuſes de divers corps.
Mêlées & combinées par le ſouffle des vents,
elles fermentent & s'enflamment ; elles dé-
tonnent, comme dans le cabinet du chy-
miſte & de même que dans les expériences
précédentes ; elles ſont lancées au loin, ainſi
que dans celles du champignon philoſophi-
que qui s'éleve hors du vaſe où a été fait
le mêlange, &c. Les effets prodigieux de
la poudre à canon ne ſont pas oubliés, &
viennent encore à l'appui des preuves qu'on
a apportées. Je n'ai rien diſſimulé de tout ce

qui peut fervir à éclaircir & étayer ce fentiment. J'ai rapporté en abrégé & raffemblé
tous les faits qui peuvent contribuer à lui
donner une nouvelle force : telle devroit toujours être la méthode de ceux qui fe pro-
pofent de refuter une opinion. Nous verrons
bientôt, que quelque fpécieufes que paroiffent ces raifons, on peut leur en oppofer de
bien fupérieures.

Il eft vrai, que de tous les corps s'élevent des exhalaifons abondantes & variées;
mais quelle différence entre ces écoulemens
fubtils, les acides & les huiles effentielles,
que l'analyfe chymique nous fournit, & qui
font employées & requifes dans les expériences des fermentations, pour obtenir les
huiles effentielles ! v. g., celle de Gayac.
Après avoir réduit ce bois en petits morceaux, on en met dans une cornue qui eft
placée dans un fourneau de reverbere; on
adapte un ballon à cette cornue, & on dif-
tille d'abord le phlegme qu'on retire enfuite
du ballon. De nouveau, on lutte ce vafe &
en augmentant le feu, les efprits & l'huile
s'élevent & tombent dans le récipient : cela
étant fait, on fépare l'efprit d'avec l'huile.
En employant un autre procédé, faites une
infufion de la fubftance végétale, en la laiffant quelque tems en digeftion; diftillez

enfuite &, après avoir décanté la liqueur contenue dans le matras ou le récipient, vous trouverez au fond l'huile effentielle.

De bonne foi, peut-on fe perfuader d'après cet expofé, que la marche de la nature reffemble aux procédés de l'art ? Accordons, fi l'on veut, que les moyens employés par la nature équivalent au bain-marie, au bain de fable, au feu ouvert ; que le haut de l'atmofphere fupplée au-deffus de la cornue ou au chapitau de l'alambic ; que la chaleur du foleil tienne lieu de feu gradué, faits que l'on peut légitimement contefter ? Qui eft-ce qui féparera le phlegme élevé, premierement d'avec l'huile & l'efprit, & cette derniere fubftance de la premiere ?

Les exhalaifons oléagineufes, qui ont été élevées dans l'atmofphere, ne différent-elles pas prodigieufement des huiles effentielles, qui font des réfultats chymiques ? Dans l'évaporation n'ont-elles pas fubi une décompofition, leurs principes qui font le phlogiftique, l'acide, l'eau & la terre, demeurent-ils toujours unis ? Les diverfes gravités fpécifiques de ces matieres étrangeres, qui conftituent les différentes efpeces d'huiles, & que les diftillations réiterées font difparoître, ne fe diffiperont-elles pas ?

Ces huiles effentielles élevées, en fuppofant
qu'elles

qu'elles ne se décomposent point, ne perdront-elles pas leur pureté, par leur mêlange avec mille corps hétérogenes qui flottent dans l'atmosphere ? Les alkalis, comme on sait, se combinent facilement avec les huiles, & de cette combinaison résulte un composé, différent par conséquent des principes constituans; eh, combien d'alkalis dans l'air ! les huiles s'unissent facilement avec les substances métalliques, les dissolvent, se combinent avec elles & avec leurs chaux, elles perdent alors leurs propriétés; eh quelle multitude de parties & de chaux métalliques dans l'atmosphere, selon nos adversaires !

Je veux, pour un moment, qu'elles conservent toujours leur pureté, ne perdront-elles pas, par l'évaporation, leur partie la plus volatile, ne s'épaissiront-elles pas alors; & lorsqu'elles sont dans cet état, dit le célebre M. Macquer (1), elles ne sont plus, à proprement parler, des huiles essentielles, elles n'en ont plus la volatilité. Elles tiennent toutes, ajoute-t-il, leur caractere spécifique de l'esprit recteur de la substance dont elles sont tirées, puisqu'elles ont l'odeur, la ténuité & la volatilité qui les caractéri-

______

(1) Dictionnaire de Chymie, tome I, page 591.

fent, tant qu'elles confervent ce principe &
qu'elles perdent toutes ces propriétés à mefure
qu'il s'évapore. Or, il eft clair que l'efprit
recteur étant capable de s'élever à une chaleur moindre que celle qui eft néceffaire
pour faire monter les huiles effentielles, ce
principe odorant s'en fépare avec la plus
grande facilité.

Accordons même que les huiles effentielles
foient formées par la nature, dans l'atmofphere, comme elles le font par les mains
du chymifte; qu'elles ne fouffrent dans l'élévation aucune décompofition; qu'elles ne fe
combinent point avec une infinité de matieres hétérogenes exhalées dans les airs;
qu'elles y confervent leur pureté; qu'elles
n'y perdent point, par leur évaporation,
leur efprit recteur. Les acides nitreux & vi-
trioliques, néceffaires pour l'inflammation de
ces huiles, ne pourront produire cet effet,
puifqu'ils feront altérés par les diverfes matieres exhalées, avec lefquelles ils ont quelque affinité, & par les différentes fubftances avec lefquelles ils fe combinent. D'ailleurs, l'acide nitreux, il en eft de même de
l'acide vitriolique, pour opérer l'inflammation, doit être concentré. Pour cette recti-
fication, il faut le dégager de la quantité
d'eau furabondante qui l'affoibliffoit. Eh,

comment peut-on fuppofer , que ces acides exaltés dans l'air , ne foient point unis & mêlés avec l'étonnante quantité de vapeurs aqueufes , dont cet élément eft impregné ? Comment pourront-ils être parfaitement déphlegmés ? Les acides, dit l'habile chymifte déjà cité , ont une très-grande affinité avec l'eau, ils s'en imbibent rapidement, en général ils *ont une très-grande tendance à s'unir avec prefque tous les corps de la nature.*

Il eft inutile de nous arrêter plus long-tems fur ce fujet , & de faire confidérer que la proportion des principes & des fubftances fermentefcibles, ne peut avoir lieu dans l'atmofphere comme dans nos laboratoires. Une proportion exacte eft cependant néceffaire en chymie , pour obtenir un réfultat certain & conftant ; eh peut-on la fuppofer , tandis qu'il y a un mêlange infini de fubftances différemment combinées entr'elles , qui font élevées & flottantes dans l'atmofphere ?

A ces raifons, déduites des principes de la chymie , nous allons en joindre d'autres , tirées des obfervations fur les effets du tonnerre & qui démontreront, s'il en eft encore befoin, que les caufes chymiques font infuffifantes, pour produire les phénomenes furprenans , qu'on remarque tous

les jours dans ce météore. La tranfmiffion
de la foudre eft prefque inftantanée ; c'eft-à-
dire, que quoique, dans la réalité, elle fe
faffe fucceffivement, c'eft néanmoins dans
un inftant très - court qu'elle s'opere.
Or, fi la matiere du tonnerre étoit compofée d'un mêlange d'exhalaifons fulfureufes, falines & nitreufes, la fucceffion
de tems requife, pour qu'elles parvinffent
de la région moyenne jufqu'à nous, feroit
confidérablement plus grande & plus fenfible. De plus ces matieres ne feroient point
lancées & dirigées vers le même endroit,
en une auffi grande quantité, & conféquemment, ne pourroient point produire les effets furprenans qu'opere la foudre, dont la
force eft toujours dirigée fur certains corps
& dans certains points. Car, plus la viteffe
d'un corps eft rapide, plus le milieu réfifte
& plus il met d'obftacle à la vélocité ; plus
le milieu réfifte à fa divifion, moins la con-
centration ou le rapprochement des parties
a lieu, & plus la divifion des parties eft grande,
fur-tout lorfque les molécules font très-légeres, très-volatiles, très-divifées & atté-
nuées, en un mot très-fubtiles.

Dans le fentiment que nous réfutons,
l'explofion du tonnerre ne devroit pas fe
faire communément par la partie inférieure

de la nuée, puifque la maffe d'air, qui eft entre la terre & la nuée, eft plus denfe, plus épaiffe que celle qui s'étend du nuage au haut de l'atmofphere ; & comme il eft de principe en hydroftatique & en hydraulique, que les fluides fe portent du côté où la compreffion eft moindre, le tonnerre devroit donc toujours éclater dans la partie fupérieure de la nuée, s'élever vers le ciel & ne pas tomber vers la terre. Dans une mine quelconque, l'éruption de la charge de poudre & des matieres enflammées qui y font renfermées, fe fait toujours par le côté le plus foible ; c'eft ce qui eft caufe que fouvent l'effet de la mine manque.

Si le tonnerre étoit un phénomene chymique, on ne le verroit pas après être tombé fur une maifon, fe porter préférablement vers les matieres métalliques plus éloignées de lui & moins combuftibles, telles que le fer, par exemple, & abandonner des matieres inflammables & plus proches defquelles il fe détourne dans fa route pour s'élancer fur les ferremens, qui font dans les appartemens, & cela plufieurs fois fucceffivement & autant de fois que la longueur du conducteur métallique eft interrompue ; c'eft cependant ce qui arrive fouvent. Mille faits journaliers portent au plus haut point de certitude cette vérité, & il eſt inutile de les rappeller ici.

D'ailleurs, eſt-ce que la foudre, toute compoſée par l'hypotheſe, d'exhalaiſons ſulfureuſes & enflammées, ne devroit pas conſumer les matieres combuſtibles ſur leſquelles elle tombe, ce qui n'a pas lieu ; un ſeul exemple, pris ſur un nombre infini d'autres ſemblables, confirmera cette aſſertion. M. le chevalier de Louville, étant à Nevers, obſerva un arbre du parc du château, qui avoit été frappé, au ſommet du tronc, d'un coup de tonnerre, qui s'étoit ſéparé en trois, & avoit fait, ſur le bois de ce tronc, trois ſillons d'une égale groſſeur. L'arbre avoit été dépouillé de ſon écorce, d'un côté, depuis environ la moitié juſqu'en bas. Quoiqu'il fût tortu, les trois coups avoient ſuivi exactement ſes ſinuoſités, gliſſant toujours entre le bois & l'écorce, tant dans la partie ſupérieure du tronc, encore revêtue de l'écorce, que dans l'inférieure qui ne l'étoit plus d'un côté. Ce qu'il y avoit de plus remarquable, c'eſt que le bois n'étoit nullement noirci, & n'avoit aucune marque de brûlure. Cet académicien vit encore le même jour l'effet d'un autre coup de tonnerre : il y avoit dans une cheminée, un fagot couché ſur les deux chenets, en attendant qu'on l'allumât. Le tonnerre tomba par la cheminée & brisa le fagot en cent mille morceaux, sans y mettre le feu & sans le noircir seulement (1).

Comment concevoir ces inflammations successives, ces éclairs réitérés qu'on voit sortir du sein d'une même nueé, les uns après les autres & qui dénotent autant de déflagrations différentes ? & comment, après que, ce qui étoit inflammable dans cette nuée a été allumé, s'y fait-il des inflammations nouvelles, disoit, il y a plus de soixante & dix-huit ans, M. de Fontenelle, dont le nom est si cher aux sciences & aux lettres ? M. Homberg (2) crut résoudre cette objection, en disant que les mêmes matieres, qui par leur union s'enflamment & par cette inflammation se séparent aussi-tôt, peuvent se rejoindre de nouveau, s'enflammer encore & ainsi plusieurs fois de suite. Mais ne sait-on pas que les matieres sulfureuses qui, mêlées avec un esprit acide, ont été une fois enflammées, se dissipent absolument, & qu'il ne se peut plus faire d'inflammations nouvelles sans de nouvelles matieres.

____

(1) Histoire de l'Académie des Sciences, année 1714, pages 7 & 8.

(2) Histoire de l'Académie des Sciences, année 1708, page 12.

Toutes ces difficultés, qui ne font pas feulement fpécieufes, mais réelles, s'évanouiffent dans le fentiment, qui du tonnerre fait un phénomene d'électricité. Le conducteur électrique, comme il eft prouvé par l'expérience, fait plufieurs décharges fucceffives & donne plufieurs étincelles. La matiere électrique abandonne des fubftances combuftibles, qu'elle trouve fur fa route, & s'en détourne pour fe porter au fer : ce font des faits dont on eft temoin tous les jours, &c. & qui donnent la folution des difficultés précédentes dans le nouveau fyftême.

Dans le tems où les éclairs brillent, où le tonnerre gronde, on n'apperçoit point que la pluie qui tombe foit chaude, ainfi qu'elle devroit l'être, fi dans la nuée d'où viennent des gouttes de pluie, il y avoit des fermentations extraordinaires, des bouillonnemens, des inflammations, des feux & des flammes brûlantes. Dans notre fentiment, au contraire, les gouttes de pluie, animées par l'électricité, font féparées de la nuée & lancées fur la terre de la même maniere que des gouttelettes d'eau, parfemées fur une barre de fer qu'on électrife, en font repouffées & lancées au loin, fans que la matiere électrique les échauffe aucunement ; parçeque cet effet est produit par la seule répulsion.

Selon les observations du thermometre , l'air même que traverse la pluie, dans le tems d'orage, est plus froid qu'auparavant; c'est, dit avec raison l'abbé Nollet, une vraie difficulté qui mérite qu'on s'en occupe, puisque l'eau, qu'on peut légitimement soupçonner d'avoir été fortement échauffée, quoiqu'en traversant l'air elle se refroidisse, ne doit pas naturellement rendre l'atmosphere plus froide qu'elle n'étoit (1).

D'après l'observation précédente il conste, que l'air est plus froid dans le tems que la pluie d'orage tombe, ce qui ne devroit pas avoir lieu, si le nuage , qui se résout en pluie, éprouvoit de violentes fermentations. Bien loin de diminuer la chaleur de l'air, les gouttes d'eau qui tombent, devroient l'augmenter en partageant l'excès de leur chaleur avec le milieu qu'elles traversent, & la liqueur du thermometre l'indiqueroit : les observations météréologiques cependant, indiquent le contraire. Ainsi, on ne peut point répondre à notre raisonnement ,entierement appuyé sur des faits certains, que les gouttes de pluie ne peuvent pas êtres chaudes en tombant , parcequ'elles communiquent tout

----

(1) Leçons de Physique, tome IV, page 306.

leur feu à la partie de l'atmofphere qu'elles parcourent dans leur chûte ; car , fi cela étoit , cet air devroit être plus chaud qu'avant la pluie , ce que les obfervations thermométriques prouvent n'être pas en aucune maniere.

Quant à la difficulté que propofe l'illuftre phyficien déjà cité , quoique ni cet auteur ni perfonne n'ait encore tenté de la réfoudre , nous allons effayer ici d'en venir à bout d'une maniere claire & précife , puifque l'occafion s'en préfente , & c'eft par-là que nous terminerons ce mémoire. Cet effet, vient de ce que les gouttes de pluie n'ayant pas été échauffées en fortant de la nuée, comme nous l'avons prouvé, mais venant d'un endroit plus élevé, où la chaleur eft moindre , puifque la chaleur diftribuée dans l'atmofphere, eft en raifon inverfe dans fon éloignement de la terre , il eft clair que la pluie en traverfant l'air a du , bien loin de lui communiquer des degrés de chaleur, en recevoir. Cette déperdition n'a pu fe faire fans diminuer réellement la chaleur de l'air & fans rendre cette diminution fenfible par l'abaiffement de la liqueur du thermometre. Je ne crois pas qu'il foit poffible de donner une explication plus claire , plus fimple & plus certaine de ce phénomene, dont un grand phyſicien a dit : *C'eſt une vraie difficulté qui mérite qu'on y réfléchiſſe.*

Je penſe qu'il eſt inutile d'ajouter ici d'autres raiſons, pour démontrer que le tonnerre n'eſt point un phénomene chymique, & que dans l'hypotheſe des fermentations, il eſt impoſſible de concevoir les effets ſurprenans que le tonnerre préſente tous les jours ; dans cette hypotheſe, il eſt impoſſible d'expliquer comment, une barre de fer de pluſieurs pouces d'épaiſſeur & de plus de deux cents pieds de long peut être pénétrée par la foudre & donner enſuite, par ſon extrémité inférieure, des étincelles d'une nature abſolument électrique.

Si on deſiroit des autorités ſur cette matiere, nous pourrions en fournir pluſieurs : « Il fut un tems & un grand nombre de nos auditeurs doit s'en ſouvenir », dit M. Pringle, dans un diſcours, ſur un ſujet bien différent de celui-ci, prononcé dans l'aſſemblée annuelle de la Société Royale de Londres, « il fut un tems où l'on croyoit avoir ſuffiſamment expliqué le tonnerre & les éclairs, en les donnant comme l'effet d'un mêlange de vapeurs ſulfureuſes & nitreuſes, qui ſe mêloient avec l'air ; on doute aujourd'hui de l'exiſtence de ces vapeurs dans l'atmoſphere, & nous ſavons, d'ailleurs certainement, que c'eſt le fluide électrique ſeul qui produit ce météore. »

Un auteur, en parlant de la pouſſiere fécondante d'une eſpece de lycopodium, du pin & de quelques autres plantes, dont la terre eſt quelquefois toute couverte, & que des perſonnes peu éclairées ont regardées comme un effet des pluies de ſoufre, dit plaiſamment qu'ils ont vu de même dans la matiere du tonnerre le nitre, le ſoufre ; ſi leur imagination y eût trouvé la poudre de charbon, le ciel eût été un magaſin de poudre à canon, & ils euſſent completté leur artillerie ſyſtématique.

CHAPITRE III.

Explication des effets les plus merveilleux de la Foudre par l'Electricité.

LES phénomenes divers que la foudre produit ſi ſouvent, préſentent quelquefois des ſingularités ſurprenantes, qui paroiſſent abſolument inexplicables, quelque ſyſtême qu'on admette. Dans un ouvrage particulier, ſur la foudre, que je ne tarderai pas de donner au public, on en verra un grand nombre d'exemples, tous plus curieux les uns que les autres; & les explications dont ils feront accompagnés , montreront avec quelle merveilleufe facilité les principes de l'électricité fe prêtent à des faits peu communs. Par tout ce qui fera établi, on fera convaincu , qu'il n'eft aucun fait, quelque difficile qu'il paroiffe, qui ne réfulte évidemment de cette caufe , une des plus puiffantes qui exiftent. Nous nous contenterons de rapporter ici un feul exemple, celui de la fufion de la lame dans le fourreau, & de l'argent dans la bourfe, fans que le fourreau ou la bourfe aient été endommagés en aucune maniere. Perfonne , avant nous , n'avoit tenté d'expliquer ce fait, par les principes de l'électricité. Nous en donnâmes, il y a quelques années, une explication, qu'on peut voir dans les obfervations de phyfique & d'hiftoire naturelle (Novembre 1775 , page 401.) Plufieurs phyficiens l'ont adoptée , & nous la redonnons ici avec quelques additions, parcequ'elle eft très-propre à prouver , d'une maniere auffi claire que péremptoire, que les vrais principes de l'électricité jouent le plus grand rôle poffible dans la production des effets les plus merveilleux de la foudre. Si ce phénomene eft expliqué, il n'en eft aucun qui puiffe fe refufer à l'être;

mais , je fuis obligé d'en prévenir , pour comprendre l'efpece de démonftration qu'on va lire , il eft néceffaire de connoître les loix que le fluide électrique fuit dans fa marche.

La fufion de la lame de l'épée dans le fourreau , par la Foudre , eft un effet de l'Electricité du Tonnerre.

Les loix de la nature font générales , conftantes & invariables, puifqu'elles font l'ouvrage d'une fageffe infinie : les phénomenes nombreux qui éclatent de toutes parts dans ce vafte univers, quelques diverfifiés qu'ils nous paroiffent, font les effets des mêmes caufes , & encore ne font-ils produits qu'avec la moindre quantité d'action poffible : c'eft donc fans raifon , qu'on a fouvent cru qu'il y avoit des exceptions aux loix immuables de la phyfique , dans le cours ordinaire des chofes. Ce fentiment n'a pu être enfanté que par l'ignorance ou la pareffe : il en coûte moins d'avoir recours à cet expédient trompeur, que d'avouer fon impéritie , ou de s'occuper de recherches toujours fatigantes , & de rappeller à un même principe des effets qui paroiffent oppofés, fans l'être effectivement : le fujet que je vais difcuter fournira une preuve frappante de cette vérité ; & comme ce phénomene eſt un des plus difficiles, l'explication que j'en donnerai, conformément aux vrais principes de l'électricité, démontrera qu'il n'en eſt aucun qui s'y refufe. Je ne choifirai ici que cet exemple, réfervant la difcuſſion des autres phénomenes à un ouvrage plus étendu que je publierai dans quelque tems.

On eſt aſſuré, depuis une fuite immémoriale de fiecles, que la foudre fond quelquefois la lame de l'épée, fans endommager le fourreau ; plufieurs anciens en ont fait mention, entr'autres Lucrece, Pline & Seneque. Ce dernier (1) dit : que le tonnerre fond l'argent dans la bourfe, fans confumer celle-ci ; qu'il fond la lame de l'épée fans produire aucun effet fur le fourreau, qu'il liquéfie encore le fer d'un javelot fans gâter le bois, *loculis integris ac illæfis conflatur argentum, manente vaginâ, gladius liquefcit, & inviolato ligno circa pila ferrum omne diſtilat.* Muret, dans fes notes fur cet ouvrage, dit (page 860, n°. 5) : Que peu de mois avant la mort du cardinal Hypolite de Ferrare, la foudre étant tombée fur le palais de

____

(1) Dans fes Queſtions Naturelles, liv. II, chap. XXXI, pag. 854, année 1613.

ce prélat, elle pénétra jufques dans fon propre appartement : *mihi hoc contigit ut* . . . . . *fulmen in palatium ipfius decidens, ad mea ufque cubicula pervenerit. Ibi gladii qui ad lectum unius è famulis meis pendebat, mucronem ipfum ita colliquefecit, ut in globulum converterit, vaginâ prorfus illæsâ.* Voilà un témoin oculaire de ce fait, & qu'on ne peut recufer à caufe de fa fcience & de fa bonne-foi univerfellement reconnues. Cardan fait auffi mention de ce phénomene : *fulmen illæsâ quandoque crumenâ pecunias colliquat.* (*de Subtilit. liber fecundus.*) Rofinus Lentilius, dans fes additions aux obfervations de la feconde année de la premiere décurie des Ephémérides d'Allemagne, parle également d'un boucher de Waldbourg, dont la foudre brûla les habits du côté droit, & fondit en même tems une piece d'argent renfermée dans fa bourfe, fans que celle-ci fût endommagée. Il n'y a peut-être pas d'année où on ne puiffe être témoin de faits de cette efpece. Le 13 Avril 1781, la foudre étant tombée aux environs de Langari, près de Caftres, fur trois cavaliers, en tua un & les trois chevaux. On obferva que le tranchant de la lame du couteau de chaffe, que portoit l'une des deux autres perfonnes, dont nous venons de parler, & qui fut dangereufement bleffée,

fut

fut fondu dans le fourreau : la chaîne & une partie de l'armure qui étoit d'acier, ont été aussi mises en fusion. Ces faits sont de la derniere notoriété, & je les tiens des parens de ces messieurs.

Les anciens ne nous ont rien fourni de satisfaisant sur l'explication de ce prodige naturel : ils imaginoient, selon le besoin & les circonstances, différentes especes de foudres qui pénétroient, ou consumoient les divers corps, suivant que les molécules qui la composoient, étoient plus ou moins subtiles : jamais ils n'étoient embarrassés, lorsqu'il s'agissoit de multiplier les causes, & de les faire agir différemment : leurs principes, comme la matiere premiere qu'ils avoient imaginée, étoient susceptibles de toutes les formes possibles, sans être asservis à aucune : *formæ cujuscumque capax nullius tenax.*

Jusqu'au regne de l'électricité, les modernes n'ont pas été plus heureux : on peut voir dans tous les livres de physique, que les pores du fourreau étant fort grands, laissent passer plus facilement les exhalaisons enflammées du tonnerre, qui n'attaquent que la lame dont les pores sont étroits. Si quelquefois, ajoute-t-on, le fourreau est réduit en cendres, c'est que les molécules de la foudre se sont trouvées plus grosses, & ne pouvant le pénétrer avec facilité, elles l'auront brûlé. En lifant cette prétendue explication, on ne peut s'empêcher de dire, que tout cela n'eſt que des mots vuides de fens, *meræ voces, prætereàque nihil* .... Ce langage, dont un péripatéticien pourroit à peine être content, & qui fouvent a été tenu par des philofophes modernes, décele bien plutôt l'ignorance qu'il ne fert à la pallier. Les exhalaifons de la foudre font quelquefois fines & déliées, quelquefois fes parties font groffieres, relativement au befoin; rien affurément de plus commode : elles confumeront des corps, ou elles les laifferont intacts, felon le fouhait du phyficien : encore un pas de plus, & nous avions une fympathie, une antipathie, une antipériſtafe , une qualité oculte, une forme fubſtantielle & toutes ces belles quiddités dont l'empire n'a été détruit qu'après tant d'efforts du génie.

Depuis que les phénomenes électriques ont été découverts & approfondis, on a tenté d'expliquer par cette voie, cette efpece de merveille : les phyficiens, dit-on, la produifent tous les jours, par le fecours de l'électricité artificielle : pour cet effet, il faut ferrer fortement deux plaques de verre, entre lefquelles une feuille d'or a été interpofée, & décharger la bouteille de Leyde avec l'excitateur placé convenablement ; on verra alors une partie de la feuille d'or fondue , & même incruſtée dans le verre , ſans que celui-ci ſoit caſſé ou altéré à l'extérieur : cette expérience nous préſente , ajoute-t-on , la fuſion d'un métal , tandis que le corps environnant n'eſt aucunement endommagé : telle eſt l'explication que les phyſiciens électriſans ont donnée juſqu'ici ; mais on peut légitimement en conteſter la bonté.

Expliquer un phénomene par un autre ſemblable, n'eſt-ce pas plutôt multiplier la difficulté, que de la réſoudre ? Ne peut-on pas demander la raiſon du dernier phénomene comme celle du premier ? Ne peut-on pas répliquer, qu'il faut différens degrés de feu pour fondre un verre épais & une feuille d'or très - mince , que le moindre ſouffle emporte, & que l'étincelle électrique, ſuffiſante pour opérer la fuſion de cette légere feuille métallique, n'a pas aſſez d'activité & d'énergie pour fondre le verre , eu égard à la foibleſſe de l'électricité artificielle ? Au contraire, la flamme de la foudre, qui a aſſez de force pour fondre la lame de l'épée, n'en manquera certainement pas pour produire cet effet ſur le fourreau, matiere bien plus combuſtible que l'acier : d'ailleurs, ne remarque-t-on pas quelques traces d'une

H 2

légere fusion ou altération, dans les parties de la lame de verre, où l'or se trouve même incrusté ; conséquemment l'exemple est mal choisi : bien plus, quelquefois le fourreau a été consumé sans que la lame ait été fondue, & la bourse a été brûlée, l'argent ayant été trouvé intact ; phénomene dont l'explication n'a point encore été tentée par les philosophes électriciens : nouvelle preuve, mais preuve péremptoire, que cette explication est inadmissible, qu'elle est insuffisante, qu'elle est même opposée à ce qui arrive quelquefois.

Avant que d'exposer les causes de ce phénomene, je ferai observer que, quelque étonnant qu'il paroisse d'abord, & quoiqu'on l'ait cru mal-à-propos unique dans son espece, il est semblable, qu'on y fasse attention, à plusieurs de ceux qui arrivent tous les jours, & qu'il n'en differe qu'accidentellement : je n'en rapporterai qu'un petit nombre pour prouver cette assertion.

A Lurs, petite ville de la haute-Provence, le tonnerre étant tombé, le 17 Août 1770, dans l'église, sur un de mes amis & de mes compatriotes (M Jacquet de Lyon,) endommagea, en trois endroits, deux clefs qui étoient dans la poche de son habit, & on y apperçut des marques de fusion : la

chaleur de ces clefs étoit telle que, plus
de trois quarts d'heures après la chûte de
la foudre, on ne pouvoit les tenir dans la
main, cette chaleur ne brûloit pas la peau
à l'inftant du tact, mais elle reffembloit à
celle d'un fer expofé aux rayons du foleil
au plus fort de l'été; auffi la poche ne fut-
elle aucunement brûlée : une des boucles
de foulier, de cette malheureufe perfonne,
fut un peu fondue à la furface inférieure,
précifément dans les parties où elle preffe le
plus le foulier qui a été intact, ainfi que la fuperficie fupérieure de la boucle : on apperçut encore des marques de fufion à une
boucle de rideau, tiré devant un des autels
de cette églife, fans que le fil avec lequel
il étoit coufu, fût brûlé.

Le tonnerre étant tombé à Clermont en
Beauvoifis, fur le château, le plomb des vitres coula en plufieurs endroits, fans que le
feu prît au bois des chaffis (1). Kundman
rapporte, que la foudre fondit une aiguille
de cuivre qui fervoit à retenir les cheveux
d'une fille, fans que les cheveux qui l'en-
vironnoient fuffent aucunement endommagés (2). Morton nous apprend, que dix

____

(1) Mémoires de l'Académie des Sciences, 1764 , page 458.
(2) *Rariora nat. & artis*, §. 2, art. 24.

payſans ayant été frappés par le tonnerre ; l'un d'eux avoit un ſac , où étoit contenue une tabatiere d'acier , qui avoit été percée en deux ou trois endroits. Les bords de cette boëte avoient été fondus & formoient de petites veſſies (1). Quelqu'un ayant mis dans un hanap d'étain des écus d'argent , enveloppés dans un linge , le tonnerre tombant enſuite deſſus , fondit le vaſe d'étain & les écus , ſans brûler le linge ; mais on le trouva réduit en pouſſiere (2).

La foudre , en plus de vingt endroits que je pourrois citer en détail , ſi je ne craignois d'être trop long , la foudre a très-ſouvent fondu des fils de fer , ſans calciner la pierre , ou ſans enflammer le bois qu'ils traver-ſoient , &c. , &c. , &c. Ces phénomenes ſont entiérement ſemblables à celui de la fuſion de l'argent & de la lame de l'épée , ſans conſumer ni la bourſe , ni le fourreau. Notre obſervation doit faire diſparoître une partie du merveilleux & montrer que ce phénomene eſt plus commun qu'on ne penſe.

Après avoir prouvé que ce phénomene

---

(1) *Nat. Hiſt. Northamp.*, *cap.* 5 , *pag.* 345. --- *Philoſ. Tranſ.*, n°. 236. --- Biblioth. raiſonn. , 1747 , part. 2. pag. 51
(2) Muſchenbroëck , tome III , page 419.

n'avoit point encore été expliqué par les anciens ni par les modernes, je vais en développer la véritable caufe , conféquemment aux principes de l'électricité les plus certains , & notre explication paroîtra d'autant plus plaufible , qu'on fera plus au fait des expériences électriques, & qu'on les aura plus approfondies.

Je crois qu'il eft inutile de rappeller ici, encore moins de prouver, que le tonnerre eft un phénomene électrique , & par conféquent, que les phénomenes qui dépendent de ce météore, font des réfultats d'électricité : cette affertion eft auffi bien prouvée qu'un dogme de phyfique puiffe l'être : une fuite d'expériences brillantes & d'obfervations victorieufes, ont porté cette vérité au plus haut période de certitude , & l'ignorance & la mauvaife foi n'ofent plus la contefter.

PRINCIPES D'ÉLECTRICITÉ.

Premier principe. Il eft démontré en phyfique, que l'expérience de Leyde ou la commotion, ne fe fait fentir qu'aux êtres qui forment la chaîne, & que ceux qui font hors d'elle , quoiqu'ils la touchent, n'éprouvent rien , lorfqu'ils n'en font pas partie.

Pour le prouver, fuppofons le tableau

magique ou la bouteille de Leyde chargée ; que vingt perſonnes ſe tenant toutes par la main, forment une chaîne non interrompue, & que la premiere touche le fond de la bouteille ; dès que la derniere perſonne de cette ligne touchera le crochet de la fiole, tout le monde ſe ſentira frappé d'un violent coup ; mais ſi, la chaîne étant formée, une perſonne touchoit d'une main & même de deux, le bras, par exemple, d'une de celles qui ſont arrangées, ainſi que nous l'avons dit, cette perſonne ſurnuméraire n'éprouveroit aucune commotion, ni toutes celles qui ſeroient placées de cette derniere façon ; qu'on ne perde pas de vue ce principe, auſſi néceſſaire pour l'intelligence de ce mémoire, qu'il eſt certain en lui-même.

Second principe. Si un corps quelconque eſt ſoumis à l'action du fluide électrique dans l'expérience de Leyde, la commotion ne ſe fait reſſentir qu'aux parties de ce corps qui forment le circuit électrique : voici la preuve de cette propoſition.

Que deux barres de fer ſoient placées dans la même direction ; qu'il y ait cependant une diſtance entre leurs deux extrémités les plus proches ; que dans cet intervalle il y ait une troiſieme verge de fer, qui ſoit perpendiculaire aux deux autres, & faſſe avec elles quatre angles droits ; il eſt certain, qu'il n'y a que la partie qui correſpond à la ſurface des extrémités des deux premieres barres, qui éprouve l'effet de la commotion. Subſtituez le poignet à cette troiſieme barre, & vous ne ſentirez la commotion qu'à la main & non aux autres parties du corps qui en ſont éloignées.

Troiſieme principe. La matiere électrique ſe porte de préférence aux corps métalliques, plutôt qu'à ceux qui ne le ſont pas, lorſque les uns & les autres ſont dans la ſphere de ſon activité. *Preuve.* Préſentez à un conducteur chargé d'électricité, à une barre de fer, un tronçon, non pointu, de lame d'épée & un fourreau d'épée ; que le premier ſoit à une diſtance plus grande du conducteur & le ſecond à une diſtance moindre ; l'étincelle électrique, malgré cette différence, s'élancera ſur le tronçon métallique & point du tout ſur le fourreau, l'expérience décide hautement en faveur de cette vérité.

Qatrieme principe. Les métaux ſont encore les meilleurs conducteurs que l'on connoiſſe. Une barre de fer, pour tranſmettre l'électricité, vaut mieux que du bois, une pierre, du chanvre, &c. Il n'y a point de doute ſur cet article.

Cinquieme principe. Le feu électrique, lorsqu'il est réuni en abondance, ou lorsqu'il a acquis une grande énergie, comme, par exemple, dans la bouteille de Leyde, fond les métaux, même dans nos laboratoires, & avec le simple secours de l'électricité artificielle, ainsi que nous l'avons déjà dit.

Sixieme principe. Les diverses fusions, produites par l'explosion de l'électricité, sont comme tous les effets, proportionnelles à leurs causes : ainsi, l'étincelle métallique, qui fond une légere feuille d'or entre deux verres, ne pourra point opérer ce changement sur une guinée, & la foudre, qui a fondu quelquefois de petits fils de fer, ne les a point endommagés lorsqu'ils avoient plus d'épaisseur.

Je demande qu'on m'accorde l'hypothese suivante, qui est très-possible & très-naturelle : que la foudre, après être tombée & après avoir parcouru divers corps, qui ont formé sa route ou une espece de chaîne, que la foudre arrive enfin près de quelque personne qui porte une épée, dont la pointe soit à une petite distance d'une masse de fer, ou d'un corps quelconque bon conducteur.

EXPLICATION.

Des principes inconteſtables, que nous avons établis, en ſuivant le flambeau de l'expérience, il réſulte néceſſairement que la matiere électrique, étant parvenue près de la poignée de l'épée, s'y portera préférablement, & de là à la lame, plutôt qu'aux autres corps voiſins, & à la perſonne même par le *troiſieme* & le *quatrieme principe*. Mais la lame de l'épée eſt dans la chaîne électrique, & le fourreau n'y eſt pas ; conſéquemment par le *premier* & le *ſecond principe*, la lame & non le fourreau, éprouvera l'effet de la commotion. Or, l'effet ordinaire de la commotion étant, par le *cinquieme principe*, de fondre les métaux, la foudre qui, par elle-même, a une forte énergie & qui eſt accumulée ſur la lame de l'épée, la fondra donc ; & par le *ſixieme principe*, la fuſion ne s'étendra pas quelquefois ſur la poignée, qui a beaucoup plus d'épaiſſeur que la lame. Donc, quelquefois la lame de l'épée ſeule ſera fondue dans le fourreau, la poignée reſtant dans toute ſon intégrité. Enfin, le fluide électrique, après avoir fondu cette lame dans le fourreau, de ce culot métallique s'élancera dans le corps voiſin, que nous avons suppofé près de la pointe de l'épée ; il fe diffipera en continuant fa route & fe perdra dans la maffe de la terre fans faire de ravage.

Pour applanir toutes les difficultés qui pourroient fe préfenter dans l'efprit de quelques perfonnes, & confirmer cette explication, nous ajouerons encore quelques mots. On conçoit bien que la lame de l'épée peut être fondue ; mais il paroît plus difficile, que le fourreau ne foit pas confumé en même-tems. Voici comment on peut diffiper ce doute.

Si le fourreau devoit être brûlé, ce feroit par le moyen de la commotion ou explofion qui a fondu la lame, & à laquelle il participeroit également : or, il doit être exempt de combuftion, puifqu'il ne compofe pas la chaîne électrique & qu'il eft entiérement hors d'elle. Pour le démontrer, fuppofons qu'on faffe l'expérience de Leyde fur deux perfonnes qui tiennent, chacune par une main, une extrémité d'une même lame d'épée, de telle forte, que le milieu de la chaîne foit formé par l'épée, & que cette lame longue, par exemple, de trois pieds, enfile un fourreau, percé de deux pieds de longueur feulement. Si on décharge la bouteille de Leyde, je dis que ce fourreau, étant hors de la chaîne, ne recevra aucunement la commotion. On peut porter les choses jufqu'à l'évidence, en variant l'expérience de cette maniere : tout étant difpofé, ainfi que nous l'avons prefcrit, qu'on ôte feulement le fourreau, & que l'épée étant toujours tenue à fes deux extrémités par les deux premieres perfonnes, trois autres perfonnes empoignent, avec leurs deux mains, la longueur de la lame, de forte que ces mains forment une efpece de fourreau plus court que la lame ; il eft de la derniere certitude, que les deux premieres perfonnes feulement reffentiront la commotion lorfqu'on déchargera la bouteille, & les mains qui repréfentent le fourreau, ne reffentiront rien, le fluide électrique n'agiffant point fur elles, parcequ'elles font hors de la chaîne. Donc le fourreau ne doit point être brûlé, puifque la matiere électrique du tonnerre n'exerce point d'action fur lui, mais feulement fur toutes les parties de la chaîne électrique.

Le fluide électrique du tonnerre, étant entré par une extrémité de la lame, en fortira par l'autre, fans endommager le corps environnant, ou le fourreau, qui eft hors de la chaîne, & qui de plus, eft beaucoup moins conducteur. En fortant, il fe portera fur le corps qui fera le plus voifin de fon iffue, ou fur celui qui aura le plus de vertu conductrice, ou fur celui qui réunira ces deux qualités.

Dans l'hypothefe faite plus haut, j'ai demandé que la pointe de l'épée fût à une petite diftance d'une maffe de fer, ou d'un corps quelconque bon conducteur, parceque l'obfervation paroît prouver, que la foudre qui tombe fur un conducteur mince, fur un petit fil de fer, à la vérité, le fond affez facilement, foit qu'il foit contigu avec d'autres bons conducteurs, foit qu'il en foit féparé, mais elle ne liquéfie point un conducteur d'une maffe & d'une épaiffeur confidérable, (par exemple, la lame d'une épée,) lorfque celui-ci fera contigu à un corps de même nature que lui. Cet effet n'arrive que dans le cas où il n'y a ni continuité, ni contiguité; alors, le fluide électrique, à caufe de la quantité furabondante de fa matiere, s'accumule autour de ce corps, forme une atmofphere du feu le plus actif qu'on connoiffe, & dont l'énergie eft en raifon du nombre des parties amoncelées; ce qui ne peut manquer d'opérer une fufion, comme il confte par le *cinquieme principe.*

Malgré le défaut de contiguité, la matiere

électrique continue sa route, en faisant éclater une étincelle dans l'intervalle ; car ce n'est jamais que dans des circonstances semblables que l'étincelle brille, & c'est toujours en s'élançant d'un corps dans un autre, qui est distant du premier, qu'on voit le fluide électrique sous la forme d'une lame de feu, ainsi que le savent tous ceux qui ont seulement vu faire des expériences sur cette matiere.

Le phénomene qui nous a occupés jusqu'à présent, peut éprouver des variations dans diverses circonstances, & toutes les combinaisons, dont il peut être susceptible, se réduisent nécessairement à quatre seulement; 1°. la foudre peut fondre la lame, sans produire aucune altération sur le fourreau; 2°. la foudre peut consumer le fourreau, sans fondre la lame ; 3°. elle peut opérer une fusion sur la lame de l'épée, & brûler en même-tems le fourreau ; 4°. enfin, elle ne produira aucun effet sur l'un ni sur l'autre, ou l'altération dont elle sera cause, sera très-peu de chose.

Le premier fait, qui est le plus difficile, a été expliqué jusqu'ici, d'une maniere, je crois, satisfaisante & d'après des principes clairs & incontestables.

Le second peut être ainsi conçu : si quel-

quefois le fourreau a été brûlé, fans que
la lame ait fouffert aucun dommage, cet
effet vient de ce que le degré d'électricité
communiquée, a été trop foible pour fondre
le métal. Dans des tems propres à l'électricité, ou lorfque la bouteille de Leyde n'eſt
pas affez chargée, on ne réuffit pas à fondre la feuille d'or, renfermée entre deux plaques de verre ; il faut pour cela une forte
électricité ; ainſi lorfque ce ruiffeau de matiere électrique qui tombe fur l'épée, eſt trop
foible pour opérer la fufion du métal, la
lame n'éprouvera aucun changement, & ſi
le bout de l'épée fe trouve trop éloigné de
tout autre conducteur, l'étincelle ne s'élancera pas de - là fur quelqu'autre corps,
puifqu'il n'y en a pas par l'hypothefe,
d'affez proche, relativement à fon énergie
actuelle.

La vertu électrique qui ne tend qu'à fe
communiquer, fe répandra fur le petit tuyau
de fer qui termine la pointe du fourreau,
& ne trouvant point d'autre corps ambiant
à une jufte diftance, fe répliera en quelque
forte en attaquant le fourreau qui, alors
deviendra partie de la chaîne, pour fe communiquer enfuite au corps de l'homme ;
mais quoique cette quantité donnée de matiere électrique, foit infuffifante pour fondre

la lame, elle pourra cependant produire un effet plus petit, qui eſt de brûler le fourreau par le *ſixieme principe*; & de même de l'exploſion d'une bouteille de Leyde qui ne peut fondre l'excitateur, produit cependant la fuſion d'une légere feuille d'or. Si l'on jette dans un feu qui ne ſoit pas trop ardent, une épée dans ſon fourreau, la flamme qu'on ſuppoſe foible & peu active, conſumera le fourreau & laiſſera la lame dans ſon entier.

Troiſiemement, lorſque le fourreau a été brûlé & la lame fondue, on expliquera, proportion gardée, ce phénomene comme le premier & le ſecond cas, que nous venons d'examiner, & dont il fait partie; ainſi rien de difficile.

Quatriemement, enfin, ſi la flamme électrique de la foudre a moins d'activité que dans les circonſtances précédentes, elle ne fera qu'échauffer le métal, ſans conſumer même l'enveloppe ou le fourreau. Nous avons vu plus haut, que des clefs trouvées dans la poche d'une homme foudroyé, étoient brûlantes, quoiqu'elles ne fuſſent cependant point fondues dans la plus grande partie de leurs dimenſions, l'étoffe de l'habit n'étant aucunement brûlée ni échauffée; ce fait ſe conçoit facilement par ce qui arrive tous les jours, & il réfulte de ce que le métal qui a plus de denfité , reçoit plus de degrés de chaleur, & les conferve plus long-tems. Sur un métal expofé aux ardeurs du foleil en été , mettez une gaze ou une légere étoffe, & vous verrez une différence bien notable dans l'intenfité de chaleur communiquée aux deux corps.

Ainfi, plus les loix de la nature & les principes de la faine phyfique feront étudiés & approfondis , mieux on connoîtra les véritables refforts de tant de phénomenes merveilleux qui brillent de toutes parts à nos yeux ; & quelque multipliés & quelque divers qu'ils foient, on les rapportera aux mêmes caufes. La nouvelle explication que nous avons donnée d'un phénomene des plus difficiles , en fournit un exemple , mais elle ne peut plaire qu'à ceux qui poffedent bien toute la théorie électrique ; & il n'eft pas poffible que ceux qui n'en ont aucune idée ou qui n'en ont qu'une légere teinture , ce qui eft à peu près la même chofe, puiffent la goûter. Ne comprenant point cette explication , ils s'étendront avec complaifance fur la ténuité plus ou moins grande des molécules de la foudre & des pores de l'acier & du bois, &c. Ce jargon menfonger n'en impofera pas moins à ceux qui le proferent , qu'à ceux qui l'entendent : pourquoi le langage de l'erreur eft-il prefque toujours préféré à celui de la vérité ?

Si on defiroit de voir produire , dans nos cabinets, par le moyen de l'électricité, le phénomene dont nous parlons, voici la maniere qu'il faut employer ; elle confifte à faire paffer dans un tuyau de carton , par exemple, un fil d'or qui foit plus grand & dépaffe le tuyau par fes deux bouts. En faifant l'expérience de Leyde avec une ou plufieurs jarres, on verra le fil métallique fondu, fans que le carton foit brûlé. Ou plus fimplement , il fuffit de mettre une feuille d'or entre deux cartes, placées dans une petite preffe , l'or fera fondu, fans que la carte foit brûlée.

Dans le traité particulier fur la foudre, que nous nous propofons de publier, on verra, ainfi que nous l'avons dit, l'explication de plufieurs autres phénomenes également intéreffans, ce qui prouvera de plus en plus l'identité du tonnerre avec l'électricité; ici nous avons dû nous borner à des confidérations générales & à un petit nombre d'exemples.

CHAPITRE IV.

De la Foudre afcendante.

ON fait depuis long-tems que la foudre tombe du fein des nuages fur la terre; mais il y a peu de tems qu'on ignoroit encore que le tonnerre s'éleve fouvent dans l'atmofphere. Le premier qui a prouvé dans ce fiecle, par plufieurs obfervations exactes que le tonnerre s'éleve, eft le marquis de Maffei, dans fa lettre du 10 Septembre 1713, il communiqua à M. Vallifnieri, profeffeur dans l'univerfité de Padoue, l'obfervation qu'il avoit faite au château de Fofdinovo, fitué fur une montagne, c'étoit un tems d'orage, & il vit la foudre naître, fe former & s'étendre fous la figure d'un feu extrêmement vif, blanchâtre & azuré, fuivi d'un bruit éclatant, &c.

En 1719, on imprima in-4°., à Venife un recueil d'opufcules de Maffei. La lettre dont nous venons de parler s'y trouve à la page 330, avec le titre *della formazione dei fulmini.* Il confte par le journal de Venife (1) auquel travailloit M. Apoftolo

____

(1) Tome XXXII, art. 7.

Zeno que la découverte de Maffei fut fort bien accueillie, même dans ce tems.

Enfin en 1747, M. Maffei fit imprimer à Vérone son traité de la formation de la foudre dans lequel il rassembla, sous la forme de lettres adressées à divers savans Italiens & étrangers, tout ce qui pouvoit appuyer son opinion & où il réfute toutes les objections qu'il étoit possible de faire. Il étoit même si hautement convaincu de la vérité de son sentiment que dans sa quatrieme lettre, il avance que la foudre s'éleve toujours de la terre & que jamais elle ne tombe ni ne peut tomber sur aucune partie de ce globe. Toutes les fois qu'il a eu occasion d'examiner les endroits où on disoit que le tonnerre étoit tombé, il a vu, ajoute-t-il, par les effets & les vestiges qui subsistoient, que la foudre avoit frappé de bas en haut, par exemple, dans le coup de tonnerre dont on vit des traces à l'amphithéâtre de Vérone, dans celui qui éclata à Ferrare, en 1721, & pendant l'été de 1731, dans le territoire de Casalone, &c. &c.

L'abbé Jerome Lioni de Cénéda qui avoit été un des contradicteurs de ce sentiment, dans sa lettre au Burgos, (1) avoue qu'ayant

____

(1) Journal de Venise, tome XXXII, article 8, §. 42.

été témoin d'un fait décisif, il a été forcé de l'admettre. Dans un orage des plus furieux, il vit tout à coup une flamme très-vive qui s'éleva rapidement de la terre à la hauteur de deux coudées & disparut dans un inftant avec un bruit épouvantable *fubitò accendi flammam vividiffimam confpicio, duos paulò minùs cubitos fuprà terram tenui tractu afcendentem, & citiùs quam narro evanefcentem, relicto terribiliffimo fragore &c.*

George Fréderic Richter, embraffa auffi le fentiment de Maffei dans un petit livre qu'il fit paroître en 1725, à Leipfic fous ce titre *de natalibus fulminum tractatus phyficus*. Cet ouvrage divifé en trois parties eft terminé par un appendix dans lequel on rapporte entre autres une lettre écrite par Juftinien Pagliarini de Fotigno, le 5 Mars 1721. On y lit que, dans la cave des bénédictins de cette ville, lorfqu'on tranfvafoit, dans un tonneau, du vin qu'on avoit fait bouillir, une légere flamme brilla autour de l'entonnoir, & à peine l'opération fut elle achevée qu'un bruit effroyable, femblable à celui des bombes ou du tonnerre, fe fit entendre. Ce cellier fut rempli de feu, le fond du tonneau fe trouva percé d'un trou de trois pouces, les douves, &c. brifées, &, malgré les cercles de fer qui les retenoient, elles furent lancées avec violence contre les murs.

Deux obfervantins, profefſeurs de philoſophie, virent à Luques, en 1724, la foudre
ſous la forme d'un petit globe de feu qui ſe
forma, s'éleva enſuite rapidement, & ils entendirent peu après le bruit d'une exploſion. A
Erbero, dans le Véronois, un prêtre nommé
Piccoli fit la même obſervation. L'abbé Mors,
dans ſon traité ſur les coquillages & les autres
corps marins qu'on trouve ſur les montagnes,
publié à Veniſe en 1740, ſoutient la même
doctrine, que la foudre ne deſcend pas des
nuées, mais qu'elle ſe forme dans les endroits
où les exhalaiſons exiſtent, ſe choquent &
s'enflamment. Ce même auteur fit encore
imprimer dans la même ville, en 1750, une
lettre en forme de diſſertation ſur la deſcente
de la foudre des nuées ; elle eſt toute entiere
pour approuver l'opinion du marquis Maffei,
& contient beaucoup de recherches curieuſes
ſur cet objet.

Le médecin Bacheton, dans le tome ſecond
des commentaires de l'Académie de Boulogne
1745, rapporte les obſervations qu'il a faites
dans cette ville de quelques phénomenes qui
conſtatent l'opinion de la foudre qui s'éleve
de la terre, & l'hiſtorien de l'Académie dit à
cette occaſion : *fulmen de quo agimus, Maffeio
ſe accommodare viſum eſt.*

Le général Marſilli a aſſuré à M. Maffei,

que dans le territoire de Berne en Suiffe, il y a une vallée où l'on entend fouvent tonner, & qu'on y avoit fréquemment obfervé que la flamme de la foudre s'éleve de bas en haut. MM. Corradi & Vafelli, ont auffi fait de femblables obfervations; le P. Fortunati de Brefcia, à qui nous fommes redevables d'un grand nombre d'ouvrages, Albertoni de Baffano & un grand nombre d'autres favans qu'il feroit trop long de citer ici, ont adopté l'origine mafféienne de la foudre.

M. de Vignoles de l'Académie de Berlin, étoit auffi très-intimement convaincu que la foudre ne tomboit point, & que tout ce qu'on racontoit la-deffus étoit impofture, crédulité, ou l'effet de quelqu'autre caufe naturelle. Voyez dans les éloges des académiciens de Berlin par M. Formey, ce qui en eft dit dans celui de M. Reinbek (1).

Le célebre M. Seguier de Nifmes, cité par M. Mafféi, étant à une maifon de campagne à une lieue de cette ville, vit en 1725, environ fur les 10 heures du foir, dans un tems d'orage & à peu de diftance de lui dans un champ, la foudre s'élever de la terre fous la forme d'une flamme d'une toife de largeur à peu-près, qui fembloit toucher à

____

(1) Eloges des Académiciens. tome II page 99.

terre & s'élever en haut. Ce phénomene dif_
parut bientôt & il entendit un grand coup
de tonnerre. Le lendemain il visita les lieux
où il avoit vu cette flamme & il n'apperçut
sur les arbres aucune trace du tonnerre. C'est
ce fait qu'il avoit raconté à son illustre ami,
le marquis de Maffei ; mais ce n'est pas le seul
dont il a été témoin.

Je tiens du même M. Seguier, ce savant
profond dans tous les genres de connoissan-
ces, que, lorsqu'il étoit à Vérone, il prenoit
souvent plaisir de porter ses regards pendant
les orages & sur-tout tandis que le tonnerre
grondoit, sur la vaste plaine qui s'étend de
Vérone à Mantoue. Il avoit toute la commo-
dité possible de l'observer d'une tour de la
maison Maffei qui la dominoit & où il avoit
pratiqué un petit observatoire. J'ai souvent vu
dans cette plaine, m'a-t-il dit, sortir de la
terre des fusées d'un feu vif & éblouissant
qui s'élevoient avec une rapidité étonnante
de bas en haut en ligne droite. Ces traces
de feu, brillantes comme les éclairs, disparois-
soient dans quelques instans & elles étoient
à ce qu'il croit toujours accompagnées du
bruit du tonnerre, mais il ne l'entendoit pas à
chaque trait de lumiere qui sortoit de la terre,
peut-être à cause de l'éloignement. Je n'ai
jamais vu, m'écrivoit-il dans une de ses let-

tres, defcendre des nuées le moindre trait de feu, & je n'y ai obfervé dans l'air que les lignes ondoyantes de feu & en zig-zag que l'on apperçoit fouvent quand il tonne. Ces obfervations, m'ajoutoit-il, ne furent faites qu'après l'impreffion du traité de Maffei, en 1747, & me confirmerent dans l'opinion que j'avois contractée en raifonnant avec lui fur l'origine de la foudre.

Le fentiment de Maffei, quoiqu'appuyé par le témoignage de plufieurs auteurs dignes de foi, & ce qui valoit encore mieux par un grand nombre de preuves auffi certaines que décifives, fut cependant traité d'idée folle & finguliere, vingt-ans avant que de paffer pour une vérité : tel eft le fort de la plupart des découvertes d'être fouvent l'objet des farcafmes de l'ignorance, du préjugé ou de la mauvaife foi.

Eh ! pourquoi la foudre ne s'éleveroit-elle pas de la terre, auroient pu dire les fectateurs de la doctrine du marquis Scipion Maffei ? Eft-ce que les mêmes caufes formatrices, qui concourent à produire la foudre dans les airs, n'exifteroient pas dans les entrailles de la terre, ou ne s'y réuniroient-elles pas pour former par leurs combinaifons ce météore redoutable ? Eft-ce que ces amas de bitume, de foufre, de nitre, qui jouerent fi long-tems un grand rôle dans cette phyſique précaire & ſurannée dont on voit encore mille débris dans de prétendus ouvrages modernes, ne feroient pas dans le ſein de notre globe, ou ne s'y formeroient-ils pas des mêlanges capables de produire cet effet ? Certainement il étoit plus ſimple que les effervefcences euſſent lieu dans la terre où leurs principes divers exiſtoient & pouvoient par leur réunion ſe combiner de mille manieres, que dans le vague des airs où elles ne ſe trouvoient que par le pouvoir créateur de l'imagination exaltée de quelques romanciers philoſophes ; mais l'idée de Maffei ne ſe préſentoit qu'avec l'appareil de la ſimplicité, auſſi fut-elle rejettée ; c'eſt le deſtin des vérités.

Les phyſiciens électrifans n'ont que trop mérité, preſque juſqu'à ce jour, les reproches que nous venons de faire à ceux qui les avoient précédés dans la carriere de cette ſcience. Ne devoient-ils pas penſer que le globe terraquée étoit ainſi que les nuages un foyer fécond & perpétuel de la matiere électrique ; que, celle-ci étant dans certaines occaſions amoncelée dans la région moyenne, on ne pouvoit s'empêcher de croire qu'elle devoit être quelquefois accumulée dans une partie de la terre ; & alors pour rétablir l'équilibre, il falloit qu'elle s'échapât dans l'atmoſphere,

ainfi qu'elle en defcendoit dans des circonftances oppofées. Cette idée étoit on ne peut
plus naturelle, & cependant, telle eft la
trempe de l'efprit humain, elle a été long-
tems inconnue, & elle le feroit encore fi
des obfervations auffi multipliées que conftantes, ne nous euffent, pour ainfi dire,
forcés à ne pas méconnoître ce commerce
réciproque qu'il y a entre la terre & les
cieux. Oui, la foudre fouvent defcend avec
fracas fur la terre; la terreur & l'effroi la
précédent, & elle marque fes traces par mille
ravages, mais auffi quelquefois elle s'éleve
du fein de la terre & s'élance dans la région
des orages. Achevons de démontrer cette
vérité par un fuite d'obfervations faites par
d'autres favans dont le témoignage foit
irréfragable.

Dans les mémoires de l'Académie des Sciences de Paris, (1) on rapporte que l'illuftre
M. Bouguer, qui avoit habité pendant quelque
tems un pays de montagnes, a affuré, qu'il
avoit vu nombre de fois fortir du feu de ces
montagnes, lorfque certains nuages étoient
portés par le vent ou contr'elles.

M. l'abbé Chappe d'Auteroche, qui en
1761, alla par ordre du roi obferver le paf-

______

(1) Mémoires de l'Académie, 1755, pag. 281.

fage de Venus à Tobolsk en Sibérie, nous a fait, part dans fon voyage imprimé, de fes expériences fur l'électricité naturelle qu'il a été à portée de multiplier, les orages étant très-fréquens dans cette partie du nord. Cet académicien n'a jamais obfervé une électricité fi forte que dans ces contrées, prefque toujours couvertes de frimats, & il a reconnu conftamment dans les obfervations qu'il a faites en Sibérie, que la foudre s'étoit portée de bas en haut. Si l'on examinoit, ajoute-t-il, les orages avec attention & avec des yeux dégagés de préjugés, on verroit fouvent la foudre s'élancer de la terre, ainfi qu'il étoit facile de l'obferver à Tobolsk. Il eft vraifemblable qu'elle s'éleve fouvent en filence par des conducteurs qui nous font invifibles, & qu'elle n'éclate qu'après être parvenue à une certaine hauteur.

L'abbé Chappe, fut encore témoin du même phénomene à Paris, dans l'orage du 7 Juillet 1766 ; & dans l'orage du 6 Août 1767, à 9 heures du foir, cet académicien vit la foudre s'élever de bas en haut. Le même jour à 10 heures du foir, il apperçut égale-ment, étant avec M. Caffini le fils & M. de Prunelai à la fenêtre du petit cabinet d'ob-fervation à l'eft de l'obfervatoire, un coup de foudre s'élever du côté de Châtillon fous la forme d'une fufée dont la groffeur & la vivacité diminuoient à mefure qu'elle s'élevoit. L'orage augmentant enfuite à dix-heures & demi, ces trois favans étant toujours au même endroit, ils apperçurent encore un coup de foudre qui s'éleva dans la direction du mât, fitué fur la terraffe de l'obfervatoire ; nous l'apperçûmes, dit-il, avec une telle évidence que nous criames tous, *ah ! le voilà.* M. l'abbé Chappe, le lendemain, monta au haut du mât & vit très-diftinctement des marques certaines de la route du tonnerre le long de ce mât (1).

En 1769, cet illuftre académicien qu'on peut regarder comme un vrai martyr de l'aftronomie, brigua encore la commiffion glorieufe d'aller au bout de l'autre hémifphere faire une feconde obfervation de Venus fur le difque du foleil, ne craignant nullement d'affronter les feux du midi, après avoir bravé les glaces du nord. Il eut auffi, comme il le rapporte dans fon voyage en Californie, que M. Caffini le fils a publié depuis peu, l'avantage d'être témoin plufieurs fois de ce même phénomene.

» Ce fut aux environs de *Quérétaro,* que

____

(1) Mémoires de l'Académie des Sciences, 1767, page 344.

j'eus, dit M. l'abbé Chappe (1), la satisfaction de voir & de me convaincre à différentes fois de la vérification d'un phénomene que j'avois plus souvent soupçonné qu'observé en France, celui de la foudre qui s'éleve de la terre, au lieu de partir du nuage selon l'opinion commune ».

» Le 3 Mai 1769, me trouvant proche de Molino, petit hameau éloigné d'environ trente-six lieues de Mexico, j'apperçus vers le sud un gros nuage noir, élevé à une médiocre hauteur au-dessus de l'horizon : tout le reste de l'hémisphere paroissoit enflammé autour de nous. Ce nuage étoit soutenu par trois especes de colonnes à égale distance l'une de l'autre, dont la base touchoit presque l'horizon : tant qu'il resta dans cet état, des éclairs vifs & fréquens paroissoient en trois endroits du nuage au-dessus de ces colonnes ; & en même tems des traits de lumiere électrique partoient, comme dans une aurore boréale, des points de l'horizon qui répondoient au-dessous. Bientôt après le nuage s'affaissa; ce fut alors que nous vîmes la foudre s'élever à tout moment de la terre, sous la forme de fusées & aller éclater vers le haut du nuage. Je craignois d'autant moins de me faire

____

(2) Voyage en Californie, page 34.

illusion à moi-même, que, dans cette observation, toutes les personnes de ma suite, l'interprête, les soldats de l'escorte, qui n'étoient prévenus d'aucun esprit de système, furent les premiers à remarquer ce phénomene. Une seule fois la foudre nous parut partir du nuage. Deux jours après nous vîmes encore à peu-près le même spectacle & nous fîmes également la remarque de la foudre, qui s'élevoit de la terre assez lentement pour qu'on put distinguer son origine & sa direction ».

M. Lavoisier, le 27 Juin 1772, observa encore à Paris, rue Vivienne, chez le marquis de Collabeau, des traces d'un coup de foudre qui s'étoit élevé de la terre. Les observations de cet habile académicien, furent communiquées à l'Académie Royale des Sciences.

L'illustre M. de Lalande, nous fournit encore une preuve de ce sentiment dans le journal des savans (1); la lanterne ou fanal de Ville-Franche, dans le comté de Nice, a été frappée de la foudre; on a vu des torrens de feu électrique partir de la terre & s'élancer vers le sommet où l'électricité du nuage se portoit. La casemate qui contenoit des poudres a pris feu; plusieurs personnes

____

(1) Journal des Savans, Novembre 1775, page 766.

ont

ont été tuées & le bâtiment percé de toutes parts.

Le célebre P. Beccaria, dont le nom fera en honneur dans les faſtes de la phyſique tant que cette belle ſcience ſera cultivée , rapporte qu'on a vu quelquefois des éclats de tonnerre ſortir des cavités ſouterraines & des puits (1).

Le pere Cotte , de l'oratoire , phyſicien & obſervateur exaĉt , a vu pluſieurs fois des courans de feu s'élever de la terre. Dans le journal des ſavans (2) , il dit que, le 15 Août 1776 , il y eut à Montmorenci un orage accompagné de grêle & de tonnerre , & que le ciel étant tout en feu, on put jouir, pendant une partie de la nuit , du plus beau ſpeĉtacle dont il ſoit poſſible d'être témoin. Je fus à portée, continue-t-il, de remarquer & de faire remarquer à beaucoup d'autres perſon‑ nes , les deux courans de feu qui ſortoient l'un de la terre & l'autre du nuage pour for‑ mer les éclairs qui ſe ſuccédoient ſans inter‑ ruption. Le pere Cotte, dès 1768 , avoit fait part d'une pareille obſervation à l'Académie des Sciences , dont il eſt correſpondant. En 1769 , il lui en communiqua encore de ſem‑

_____

(1) Lettere dell' Elettriciſmo , page 228.
(2) Journal des Savans, Janvier 1777 , page 34.

blables qui fe trouvent confignées dans l'hiftoire de l'Académie, pag. 20, à l'occafion de l'orage du 7 Juillet de cette année. On marque qu'il a encore obfervé plufieurs fois que l'éclair, ou pour parler plus jufte, le trait de feu qui le caufe, partoit fouvent en même tems de la terre & du nuage. C'eft-ce que j'ai vérifié fi fouvent, m'écrivoit-il, que je ne puis douter que pareil phénomene, n'ait lieu toutes les fois que la nuée à tonnerre s'approche affez de la terre pour que les deux courans puiffent fe rencontrer.

J'ai fait auffi moi-même, dans différentes circonftances plufieurs, obfervations de ce genre, qui font autant de preuves directes du fentiment, que la foudre s'éleve de la terre. Le 28 Octobre 1772, environ fur les cinq heures & quart du matin, à un quart de lieue de Brignai, diocefe de Lyon, je fus affailli par un orage affreux, qui dura plus d'une heure & demi. J'eus alors l'occafion de remarquer plufieurs courans de feu qui s'élevoient de la terre & étoient fuivis d'un bruit femblable à celui du tonnerre, mais fec & prefque point redoublé. Dans ce tems je me trouvai fur la grande route avec un compagnon de voyage & un domeftique; une petite chaîne de montagnes étoit à un de nos côtés & de l'autre une efpece de

vallée. Je pus d'autant mieux obferver la direction de la foudre qui partoit d'en bas que le
tems, qui d'abord avoit été clair, devint
enfuite d'une profonde obfcurité & que ces
traits de feu fe fuccéderent plufieurs fois.
L'orage continuant, le vent augmenta, la
pluie & la grêle tomberent avec abondance
& environ demi-heure après avoir commencé
à remarquer des fufées de feu s'élancer de la
terre vers les nuages, je vis tomber la foudre
avec un bruit effroyable, tel que je n'en ai
jamais entendu de plus fort, quoique j'aie
été plufieurs fois témoin de divers orages,
accompagnés de tonnerres épouvantables.
J'apperçus auffi pendant ce même tems des
gouttes de pluie & des grains de grêle lumineux, comme nous le verrons en fon lieu.
Cette efpece de tempête a été regardée comme
une des plus furieufes qu'on eut encore vues
dans cette contrée ; elle couvrit une grande
étendue de pays de fes funeftes effets, après
y avoir porté le ravage & l'effroi.

A Gazoul, bourg fitué à deux lieues de
Beziers, le 30 Juin 1773, environ fur les
fix heures du foir, la foudre tua un homme.
Pendant cet orage qui dura quelque tems,
je vis trois courans de feu bien marqués s'élever fucceffivement de la terre vers les nuages
& faire entendre une explofion affez forte.

En 1774, le 21 d'Août, fur les cinq heures & demi du foir, dans un voyage que j'avois entrepris pour faire une collection de corallines fur les côtes de l'Ocean & dans quelques Ifles voifines, je me trouvai alors à quelques lieues de Touloufe & à environ deux lieues de Grenade, dans un tems des plus orageux. La faifon avoit été jufqu'à cette époque très-chaude, une longue féchereffe avoit régné depuis long-tems, & les eaux des différentes rivieres, & fur-tout de la Garonne, étoient très-baffes. Une forte & abondante pluie, précédée de tous les fignes avant-coureurs d'une tempête, furprit plus de quarante perfonnes avec lefquelles j'étois & nous vîmes très-diftinctement la foudre s'élever de la terre & éclater à une certaine hauteur avec un bruit très-violent, mais peu redoublé; la figure de la flamme nous parut avoir peu de largeur & ferpenter avec une grande rapidité.

J'étois à Narbonne, le 4 Août 1775, &, à 4 heures & demi du foir environ, je vis fe former un orage qui étoit directement fur la ville de Beziers, & aux environs. J'apperçus plufieurs traits de feu s'élever de la terre vers les nuages, & le tonnerre tua pendant ce tems un homme à Caftelnau, maifon de campagne, entre Beziers & Narbonne, qui eft fituée près de l'étang de

Vendres, étang formé par les eaux de la
mer.

Un des orages les plus furieux que j'ai
obfervés, eft celui qui arriva le 25 Août 1775,
fur les 7 heures du foir, il s'étendit à plufieurs
lieues avec la même force. Un vent impétueux, une pluie par torrens, des éclairs
fucceffifs, des tonnerres redoublés fembloient
confpirer à porter par-tout la terreur & la
confternation. Des arbres brifés ou déracinés,
des cheminées renverfées, des murs abatus,
des toîts enlevés de côtés & d'autres, &c.
furent les triftes effets de ce terrible ouragan,
à jamais mémorable dans cette province par
la tempête qui fut excitée fur l'étang de
Thau, où plufieurs perfonnes qui s'étoient
embarquées à Cette, avant l'orage, périrent
malheureufement : cet étang qui reçoit fes
eaux de la mer, eft infiniment plus dangereux
que la mer dans les mauvais tems.

Vers les fept heures & quart, je vis pendant
près d'une demi-heure un grand nombre
d'éclairs fucceffifs qui s'élevoient de terre &
fe portoient avec rapidité du côté des nuages ;
leur direction étoit bien marquée, l'obfcurité
permettoit de fuivre la trace qu'ils tenoient
dans les airs, & leur multiplication fucceffive
pendant un tems confidérable donnoit mille
occafions de remarquer ce phénomene fans

avoir à craindre aucune erreur ni aucune illusion. D'ailleurs, comme dans le tems des orages, j'ai tout le sang froid, tout le calme & la tranquillité que bien des personnes desireroient & que j'observe, toutes les fois que je le peux, les tempêtes, les éclairs, la foudre & le tonnerre avec cette espece de plaisir qu'ont ordinairement ceux qui aiment les divers spectacles que la nature nous présente, & qui sont curieux de connoître les phénomenes intéressans qu'elle produit sans cesse, j'ai été dans l'état nécessaire pour bien voir, non avec les yeux de la crainte, mais avec ceux d'une ferme assurance. J'ai vu aussi dans ce tems plusieurs éclairs partir non-seulement de la terre, mais de la mer même, comme je le rapporterai dans un instant.

Environ à sept heures & trois quarts, la foudre frappa un côté des cazernes de la ville de Beziers ; quelques soldats qui étoient dans une chambre directement de ce côté, furent renversés, une forte odeur de soufre se fit sentir à eux ; une femme fut aveuglée pendant quelques jours, des casseroles furent jettées à quelque distance. M'étant presqu'aussi-tôt transporté sur le lieu même, il m'a paru que tous les effets de la foudre dans cet endroit, indiquoient qu'elle s'étoit élevée de la terre.

Les cazernes font fur une petite colline , & le côté, où je remarquai des traces de ce funeste météore, forme une partie des murs de la ville, vers la riviere, entre laquelle & ce bâtiment font divers champs desquels la foudre a pu s'élever. A peu-près dans le milieu de l'intervalle de la fenêtre du premier étage à celle qui lui est supérieure, il y avoit un trou que le tonnerre forma en enlevant du mortier & quelques pierres ; la foudre perça ensuite le mur perpendiculairement jusqu'à la tablette de la fenêtre du second étage, où elle fuivit un des barreaux de fer qui y font insérés ; une partie de cette pierre fut brisée & emportée au loin. A l'extrémité supérieure de ce barreau elle brisa encore la pierre où il étoit scellé, & une partie en fut enlevée, comme à la tablette inférieure. Une certaine quantité de mortier & quelques pierres furent enlevées au-deffus de la fenêtre du second étage, jusqu'au toît dont plusieurs tuiles furent brisées & portées à une certaine distance, fur-tout celles qui placées en recouvrement les unes fur les autres, formoient une faillie & un couronnement à l'endroit correspondant. C'est devant la fenêtre même du premier étage, placée au-deffous du premier trou fait dans le mur, qu'étoit cette femme qui perdit quelque tems la vue & fut renverfée,

K 4

ainſi que d'autres perſonnes & quelques pieces de batterie de cuiſine. La fenêtre vitrée étoit fermée, & cette femme pouſſoit dans cet inſtant le volet intérieur, afin de ne pas voir les éclairs qui ſe ſuccédoient rapidement depuis quelque tems, &c.

Le 2 Novembre de cette même année dans l'orage qu'il y eut ſur le ſoir, je vis auſſi pluſieurs trainées de feu en zig-zag, s'élever dans l'air avec un bruit ſec, mais moins fort que lorſque le tonnerre, aſſez long-tems après, tomba vers l'heure de minuit ſur une maiſon qui n'eſt guere éloignée de celle que j'habite que d'environ cent pas. Je remarquai dans les veſtiges que la foudre avoit laiſſés, pluſieurs phénomeres dont je parlerai ailleurs. Deux de mes amis qui ont demeurés long-tems dans les vallées conquiſes du Dauphiné, actuellement ſoumiſes au Roi de Sardaigne, m'ont aſſuré avoir vus quelquefois dans ces contrées la foudre s'élever de la terre, & s'élancer vers le ciel ; ce phénomene n'eſt point rare dans les montagnes.

Les tonnerres étant aſſez fréquens dans la partie du Languedoc que j'habite depuis quel-ques années, & la foudre y faiſant ſouvent des ravages, y tuant preſque chaque année pluſieurs perſonnes, par exemple, l'année 1776 au mois de Juillet, quatre perſonnes dans le feul bourg de Puiſſérié, à deux lieues de Beziers, &c, &c; j'ai été à portée d'obferver pluſieurs orages, & je ne me rappelle pas d'en avoir vu un feul qui fut conſidérable, fans appercevoir la foudre s'élever de la terre. Ce n'eſt que dans les petits orages que je ne l'ai pas vue fe porter en haut. D'après un grand nombre d'obfervations, je regarde cette regle comme aſſez générale; que dans les grands orages, la foudre commence au moins par s'élever pluſieurs fois de la terre, quoiqu'elle tombe enfuite; & que dans les petits orages elle tombe plus fouvent du fein des nuées, vers lefquelles elle s'éleve moins fouvent dans ces circonſtances. J'ai encore remarqué, que le bruit qui accompagne l'exploſion de la foudre eſt prefque toujours moins fort, lorfque le tonnerre s'élance vers les nuées, que lorfqu'il en defcend; l'éclat du fon eſt beaucoup plus conſidérable dans ce dernier cas : c'eſt une feconde obfervation générale qui eſt fondée fur un grand nombre de faits, que j'ai eu lieu d'examiner.

Quelque peu 'vraifemblable, qu'ait peut-être d'abord paru notre opinion à pluſieurs perfonnes, cependant c'eſt, ainſi qu'on l'a vu, une vérité démontrée qui eſt enfin généralement connue. Nous croyons donc que c'eſt

ici le cas d'appliquer ce qu'a dit si ingénieu-
fement M. de Fontenelle. » En phyfique ,
dès-qu'une chofe peut-être de deux façons,
elle eft ordinairement de celle qui eft la plus
contraire aux apparences. Il eft poffible que
la terre tourne autour. du foleil, ou le foleil
autour de la terre , & c'eft ce dernier qui
paroît aux yeux de tout le monde , ce fera
donc le premier qui fera le vrai. La rofée
peut également tomber d'une certaine région
de l'air, ou s'élever de la terre comme une
vapeur jufqu'à cette région : tout le monde
juge qu'elle tombe , c'eft un don du ciel ,
dit-on, il en favorife la terre, &c. Il n'en
eft rien, la rofée s'éleve de la terre , du
moins ce qu'on appelle proprement *rofée* ,
ces gouttes d'eau imperceptibles chacune à
part, mais qui fe peuvent aifément ramaffer,
que l'on trouve le matin jufqu'à une certaine
heure fur les plantes, fur le linge, &c. » De-
même peut-on ajouter, la foudre peut tomber fur la terre, ou s'en élever. Prefque tout
le monde penfe qu'elle s'élance toujours des
nuées fur la terre ; elle s'éleve donc plus
fouvent de la terre.

Je fuis perfuadé que le grand nombre de
preuves que nous avons rapportées ; non-feulement portera la conviction dans tous les
efprits, mais déterminera encore la plupart

des phyficiens à confidérer avec des yeux attentifs les orages ; qu'ils y appercevront la foudre s'élever très-fouvent de la terre, & que les obfervations fe multipliant ainfi de tous côtés, on ne verra plus de contra-dicteurs de ce fentiment. Des recherches que j'ai faites à ce fujet, ne me permettent pas de douter, que fur cent perfonnes qui croient que le tonnerre tombe toujours des nuages, il n'y en a pas deux qui l'aient vu réellement en defcendre une feule fois, ce n'eft que fur la foi des préjugés & de la crédulité publique qu'on s'appuie ordinairement, parce qu'il en coute moins de fe laiffer entraîner aveuglé-ment par le torrent de la multitude, que d'examiner attentivement, de confidérer avec foin & d'obferver avec exactitude les phé-nomenes de la nature.

Les principes, le raifonnement & la théorie font d'accord avec les obfervations. On doit fe rappeller de ce que nous avons dit plus haut, que la matiere électrique pouvant être accumulée dans le fein de la terre, par dif-férentes caufes, comme elle eft quelquefois amoncelée dans les nuages, elle doit dans le premier cas, ainfi que dans le fecond, s'échap-per de l'endroit où elle eft plus abondante, vers celui où elle l'eft moins, afin de rétablir l'équilibre : c'eft une loi générale d'hydroftatique à laquelle tous les fluides font foumis, & fur-tout le fluide électrique, qui comme l'expérience le démontre, des corps électrifés s'élance fous la figure d'aigrettes ou d'étincelles, fur les corps qui contiennent moins de fluide électrique.

On voit que je fuppofe, démontré ainfi que nous l'avons fait plus haut, que le tonnerre eft un phénomene électrique, & qu'il n'eft plus permis même à l'ignorance la plus craffe de foutenir le contraire. Les pointes élevées dont on a tiré des étincelles, la mort malheureufe du profeffeur Richman arrivée à Pétersbourg, & occafionnée par une décharge de l'appareil électrifé fubitement par le tonnerre &c., les cerfs-volans électriques de M. de Romas, de Francklin, du P. Beccaria, qui ont donné fur-tout dans les tems orageux du feu électrique en une étonnante quantité, &c. font des preuves, non moins inconteftables que décifives, de cette vérité. Ces efpeces de prodiges, n'ont pas été réfervés à un petit nombre de favans; tous les jours on les voit renouvellés. Tout recemment à Paris, (le 19 de Juillet 1776,) M. le Duc de Chaulnes, ayant invité plufieurs phyficiens à affifter à quelques expériences d'électricité, je fus de ce nombre & je tirai ainfi que plufieurs autres, des étincelles de la boule de cuivre fufpendue au bout de la ficelle de fon cerf-volant électrique (1). Les conducteurs ifolés font à préfent plus multipliés que jamais, & la plupart des phyficiens en ont tiré très-fouvent des étincelles électriques. On peut fe rappeller des différentes obfervations que nous avons fait connoître jufqu'à préfent.

Les faits précédens, font ceux que je rapporterai en 1776, lorfque je crus qu'il étoit à propos de rappeller l'attention fur ce fujet qui m'avoit toujours paru très-intéreffant , mais qui ne fembloit pas avoir joui jufqu'alors du degré de certitude qu'il mérite. Le Mémoire que je fis imprimer à cette époque , eut un fuccès qui paffa mes efpérances, (2) & j'ai eu depuis, la douce fatisfaction de voir

(1) Je lifois ceci à l'affemblée publique , de l'Académie des Sciences de Montpellier , qui fuivit cette époque.

(2) Voici ce qu'en dirent , dans le tems, les auteurs du Journal Encyclopédique : (11 Mai 1778, page 105 & fuiv.) « Nous avons déjà donné une idée de ce Mémoire, lu & vivement applaudi dans une féance publique de la Société Royale de Montpellier , tenue devant les trois ordres des états généraux de la province du Languedoc ; mais l'importance de la matiere qui en fait le fujet , l'accueil diftingué qu'il en a reçu des plus célebres Académies , ainfi que des phyficiens les plus recommandables par leur génie & par leur favoir , notamment de M. le comte de Buffon, dont le fuffrage feul juftifie tous les autres & pourroit même en tenir lieu , nous déterminent » à développer ici ce que nous nous étions d'abord contentés d'indiquer.

qu'il avoit été affez généralement adopté. Le nombre d'obfervations analogues à celles que j'avois raffemblées, s'eft beaucoup accru par la communication que m'en ont faite plufieurs phyficiens.

Les deux faits fuivans rélatifs à l'électricité naturelle, & au tonnerre qui s'éleve de terre, m'ont été communiqués par M. Fougeroux de Bondaroy, de l'Académie des Sciences. » Feu M. Duhamel de Denainvilliers, mon oncle, m'a fouvent dit, qu'étant à un quart de lieue de fon château, fur un des côteaux de fon domaine, entre lefquels coule une petite riviere, il vit s'élever de terre à environ trois ou quatre cent toifes de lui, de l'autre côté de la riviere, une traînée de feu, qu'il ne put mieux comparer dans le premier moment qu'à celle d'une groffe fufée volante qu'on nomme *marquife*; & ce fut la premiere idée qu'il en prit, mais qu'il fallut bientôt changer en entendant un violent coup de tonnerre. Il n'y avoit qu'un petit nuage fur le lieu d'où s'étoit élevé le jet de flamme. Un voifin de Denainvilliers, digne de foi, nous a dit qu'étant au bas de ce même côteau, non loin de la riviere, marchant par un tems fort orageux, il vit fur la route un petit tourbillon de pouffiere, & que l'ayant remué avec fon pied, il fentit une étincelle d'électricité, & qu'il fouffrit plufieurs jours d'une brulure au-deffus du talon ». (1)

M. Ferris rapporte deux exemples de foudre afcendante. Dans un defes voyages il vit, pendant que le tonnerre grondoit, une flamme qui s'élevoit de terre. Un autre obfervateur, dans un tems où le ciel commençoit à fe couvrir, apperçut le long d'un bois une bordure de fraifiers, *fur laquelle s'élevoient de petites flammes en pointes inégales à la hauteur commune d'environ un demi-pied.* » Cependant le tems fe couvroit au-deffus du bois, fur-tout, & notre voyageur s'éloignoit à la diftance de plus d'un quart de lieue. Il fe retourna encore, & découvrit une flamme qui defcendoit fort près de leur fommet. A quelques pas plus loin, il entendoit derriere lui des coups multipliés de tonnerre ». (2)

M. Le Gentil, de l'Académie des Sciences, affure dans fon ouvrage, qu'il a vu une fois à l'Ifle de France, *l'éclair fortir de terre* dans un orage, en Février 1771. » Nous étions plufieurs affis fort tranquillement dans la galerie, en face du jardin, admirant la pluie tomber, & nous ne penfions à rien moins

---

(1) Lettre de ce favant du 6 Juin 1779.
(2) Obfervations fur la Phyfique, l'Hiftoire Naturelle, &c. 1783, page 198.

qu'au tonnerre qui ne s'étoit point annoncé; lorſque nous vimes à 15 ou 20 pas de nous, derriere le pignon de la maiſon, une lumiere qui ne venoit point du nuage , mais qui parut ſubitement , comme ſi on eût mis le feu à un canon , qui auroit été devant nous à la même diſtance, de 15 à 20 pas. Dans le même inſtant nous avons entendu un coup pareil à celui d'une décharge de pluſieurs gros canons , accompagné d'un tintement conſidérable , ſemblable à celui que font pluſieurs bombes, qui ſortent à la fois de leurs mortiers; voir l'éclair & entendre le coup , çà été tout une même ſenſation. Les deux coups qui ſurvinrent ſuivirent l'éclair de quelques ſecondes. (1) Le pere Feyjo , fait auſſi mention de quantité d'exemples d'éclairs ſortis de terre dans les orages.

M. Poivre , ancien intendant des Iſles de France & de Bourbon, m'a aſſuré qu'il avoit vu dans la premiere de ces Iſles , au mois d'Avril 1768, un coup de tonnerre fort & ſec qui s'éleva de la manioquerie de l'établiſſement des forges , dans le quartier des Plamplemouſes : ce coup tua une Négreſſe.

Dans l'orage extraordinaire arrivé le 12

____

(1) Voyage dans les mers de l'Inde , &c. tome II , page 659.

Août

Août 1771, à Chantilli & aux environs, la foudre s'éleva de terre; ce fait m'a été confirmé par son alteffe féréniffime, monfeigneur le prince de Condé. Non-feulement cet illuftre prince vit la foudre s'élever, mais encore reffentit une forte commotion électrique, ainfi que plufieurs autres princes & feigneurs qui l'accompagnoient.

Le tonnerre tomba, il y a quelques années à Paris, dans les champs Elifées, & un des arbres fut foudroyé. M. Marchais, en examinant les traces de la foudre, obferva que le fol étoit percé tout autour de plufieurs trous, de deux à trois lignes de diametre en trois ou quatre endroits. L'écorce étoit levée de bas en haut; les feuilles de l'arbre étoient jaunes & grillées par-deffous, & elles s'étoient retirées comme le fait une feuille de parchemin que l'on préfente à la chaleur, le côté qui eft au feu, devient convexe & les extrémités fe tortillent en fe roulant. Le deffus des feuilles étoit refté verd.

Dans un orage qui arriva, le 28 Juin 1778, à Marfillargues, à quelques lieues de Montpellier, après plufieurs coups de tonnerre redoublés, M. Mourgues, vit très diftinctement une colonne de feu qui s'éleva verticalement de la terre, & fe divifa enfuite en deux branches horizontales, fous la forme d'un T majuscule avec des ondulations. L'obfervateur au même inftant fut environné de feu, & entendit un bruit comme un craquement effroyable. Demi-heure après il apperçut, à trente toifes de diftance du lieu où il étoit, lors de l'explofion de la foudre, que le plus grand ormeau d'une avenue, avoit été endommagé par la foudre en plufieurs endroits, depuis le pied jufqu'à la cime. Des lanieres entieres d'écorce, d'Aubier, de bois reftoient fufpendues au haut de l'arbre. Le gazon qui étoit près du pied de l'arbre, & quelques débris de racines fuperficielles, avoient été foulevées de bas en haut, les feuilles de cet arbre étoient en grande partie repliées; dans leur furface fupérieure, elles étoient concaves, & de couleur naturelle, tandis que la fuperficie inférieure étoit convexe, rouffe, crifpée & comme brûlée. A douze cent toifes environ de cet ormeau, on vit le même phénomene fur un gros faule, brifé en grande partie par la foudre, les feuilles étoient convexes & comme brûlées par-deffous, concaves & encore vertes par-deffus. A cent toifes nord-oueft du premier endroit, la foudre parut encore s'être élancée de la terre, & avoir brifé un autre faule très-gros; les traces qu'on y apperçut marquoient auffi une direction de bas en haut,

mais en spirale. Ce saule étoit le plus haut
de ceux qui étoient aux environs , & au
pied de sa tige le gazon étoit enlevé. Deux
autres grands saules placés à droite & à gauche
de ce dernier , présenterent à peu-près les
mêmes phénomenes : deux petits saules intermédiaires n'ayant aucunement été endom-
magés.

J'ai vu aussi un phénomene de ce genre ,
sur un arbre frappé de la foudre ascendante ,
dans le territoire d'Alignan du Vent , à trois
lieues de Beziers. La plupart des feuilles
seulement jusqu'au tiers de la hauteur de
l'arbre étoient jaunâtres , & seches en-dessous;
la surface supérieure avoit conservé la couleur ordinaire , & toutes ces feuilles étoient
convexes en-dessous. Un côté de l'arbre avoit
été altéré de cette maniere , & le côté opposé n'avoit point été endommagé. Les feuilles des branches d'en haut , ne l'étoient point
du tout ; il y avoit quelques lanieres d'écorce
& d'aubier qui étoient enlevées en partie ,
& divisées à leur extrémité supérieure en
petits filets , comme des franges ligneuses.
Ces divers effets prouvent que le coup de
foudre étoit parti de la terre. A quelques pieds
de distance , étoit un trou d'un pied & demi
de diametre environ , d'où la foudre paroif-
soit s'être élancée sur l'arbre à trois pieds

environ de hauteur. De-là l'écorce avoit été enlevée, ou fendue. Les phénomenes rapportés dans ces trois événemens, me paroiſſent très-curieux & déciſifs, en faveur du ſentiment qui admet la foudre aſcendante.

Je tiens encore de M. Taſtu, docteur en philoſophie, avocat au Conſeil ſouverain de Perpignan, & témoin oculaire que la foudre s'éleva d'un cloaque du pont d'Enveſtit, à Perpignan, cloaque où ſe rendent toutes les immondices d'un quartier de la ville. Cette foudre qui alla frapper une maiſon ſituée dans la rue du gouvernement, en abbatit une partie du mur.

M. de Puymaurin, fils, de l'Académie des Sciences de Toulouſe, m'a cité le fait ſuivant. En 1783, à la Miral ou Pujade, près de Toulouſe, la foudre s'éleva d'un tas de fumier vis-à-vis la porte de la maiſon de campagne de madame la marquiſe de Montſegur, traverſa le chemin qui les ſépare, entra dans la cour, & ſe jetta ſur les granges où elle mit le feu. La perte fut ſi conſidérable qu'on l'a évaluée, à 25 ou 30 mille francs. Cet événement détermina à y élever l'année ſuivante un paratonnerre.

Pluſieurs témoins oculaires m'ont aſſuré, que, le 25 Juin 1785, du côté de Joncels, bourg ſitué dans les hautes montagnes du diocefe de Beziers, fur les fept-heures du foir, on vit très-diftinctement une foudre afcendante, & qu'on entendit enfuite un coup de tonnerre très-confidérable : pendant ce tems on ne remarqua aucun nuage fur l'horizon.

M. Buiffart, membre de plufieurs Académies, rapporte un exemple de foudre afcendante, arrivé, le 24 Février 1774, entre huit & neuf heures du matin, à la tour & au clocher de Rouvroi, village diftant de quatre lieues de la ville d'Arras. Les preuves que ce favant donne de l'afcendance de cette foudre, font 1°. Le foulevement de tout le pavé fous le clocher. 2°. La deftruction de trois ou quatre pierres de la tour dans un endroit particulier, à caufe de l'angle en retour, formé par une lame ou arête de plomb, le long de la jambe de force. Cette jambe, fi le tonnerre fut venu du haut, auroit été endommagée au côté oppofé. 3°. Au moment du coup de foudre, le foulevement d'une perfonne fous le clocher entre la tour & la nef, & l'enlevement du coq placé à la pointe du clocher (1).

Le 21 Juin, on vit à Sallon, une foudre

____

(1) Obfervations fur la Phyfique, l'Hiftoire Naturelle, 1783, tome II, page 279.

afcendante : on en apperçut plufieurs autres ailleurs, le même jour. » Dans plufieurs villages où j'ai paffé, dit M. le chevalier de Lamanon, (1) on m'a montré une grande quantité d'arbres écorcés par le tonnerre. J'ai remarqué que la partie de l'écorce ou du bois enlevé, étoit prefque toujours large au pied de l'arbre & étroite au fommet. Il femble que le feu du tonnerre a rencontré des obftacles, & qu'il n'avoit plus la même vigueur, à mefure qu'il attaquoit la partie de l'arbre la plus élevée. Je penfe que toutes ces foudres ont été afcendantes : auffi ai-je fouvent apperçu des trous dans la terre au pied des arbres écorcés. J'ai encore obfervé que les terrains fecs, ont moins été frappés de la foudre que les terrains humides; ce qui m'engage encore à croire que la plus grande partie des foudres de' cette année ont été afcendantes ».

Le 27 Avril 1787, fur les cinq heures du foir, pendant un violent orage, accompagné de tonnerre, de pluie & d'une grêle, qui porta le ravage dans toutes les campagnes des environs de Vérone, M. Saverio Larofola, vit fortir un coup de foudre du mi-

______

(1) Obfervations fur la Phyfique, l'Hiftoire Naturelle, 1784, page 13.

lieu de la cour de fa maifon de campagne, diſtante de la ville de deux milles. Peu de jours auparavant on avoit mis dans ce lieu du fumier parfaitement confommé, lequel n'y avoit été mis que pendant quelques momens pour le tranſporter enſuite. C'eſt de cet endroit où il en étoit reſté une partie dans le centre, qu'on vit » tout-à-coup fortir une flamme qui fe répandit promptement, non-feulement dans tout l'eſpace que le fumier avoit occupé, mais qui s'éleva encore vers la pluie, alors très-abondante. Cette partie de la cour étoit celle où les troupeaux avoient coutume de s'arrêter, & où, de tems à autre, on dépofoit le fumier qui fe tiroit de l'étable. La flamme monta à cinq ou fix pieds de terre, éclata violemment, heureuſement près de l'angle de la cour le plus éloigné de la maifon. Le bruit fut femblable à celui d'un coup de tonnerre, la maifon trembla. Deux jeunes perfonnes (M. & Mlle. Larofola) reſſentirent une violente commotion dans tous leurs membres, & fur-tout dans la poitrine ; fon frere & elle, firent craindre pour leur vie. Dans la cour, un gros pilaſtre de la porte qui menoit aux champs, fut entiérement détruit, mais la maifon n'éprouva aucun mal. Cet événement eut encore des fuites, le même champ où l'on avoit répandu le fumier, offrit des traces évidentes d'une pareille inflammation. Cinq mûriers furent entr'autres traités d'une maniere singuliere. Je les ai visités les uns après les autres, dit M. Antonio-Mario Lorgna, dans sa lettre au chevalier Volta, (1) & considérés avec la plus grande attention. L'écorce en partant de terre, (ce qui mérite attention), étoit enlevée, comme si on les eût dépouillés adroitement avec un couteau, au moins jusqu'à trois pieds de haut : ils ne présentoient qu'un tronc nud, & quelques commencemens de fente dans les branches ; les feuilles au sommet de l'arbre avoient des marques de feu. Au pied d'un mûrier, on appercevoit un trou qui s'enfoncoit profondement sous les racines. » Ce mûrier étoit éloigné d'un mille de la cour.

Tant de faits observés en divers tems, en des lieux si éloignés, & par un si grand nombre de personnes instruites & versées dans les sciences, ne laissent aucun doute sur la certitude la plus complette de la foudre ascendante, que les savans les plus illustres ont parus adopter, depuis l'impression de mon premier Mémoire sur ce sujet. M. le

____

(1) Observations sur la Physique, l'Histoire Naturelle, &c. Novembre 1782.

prince de Gallitzin, envoyé extraordinaire de fa majefté impériale de toutes les Ruffies, dans fa lettre fur quelques objets d'électricité dit : auffi paroît-il inconteftable à préfent, que la foudre fort très-fouvent de la terre. Je m'en fuis parfaitement convaincu, en examinant avec attention plufieurs objets frappés de la foudre (1).

M. le comte de Buffon, m'écrivoit, le 12 Avril 1781 : L'obfervation du tonnerre afcendant eft digne de tout éloge, & je la regarde comme une des plus grandes découvertes de la phyfique moderne. Je ne puis donc, que vous faire mon compliment de l'avoir portée au point de la démonftration..... Perfonne n'a pouffé plus loin que vous, M., les recherches fur cet objet intéreffant. Dans fa lettre, du 8 Mars 1778, il avoit dit, que dans le Mémoire que j'ai fait imprimer à ce fujet, je mettois hors de tout doute, le fait de la foudre afcendante, qui eft en effet, felon lui, plus fréquent que celui de la foudre defcendante.

M. Gueneau de Montbeillard eft du même avis. M. d'Alembert, penfa de la même maniere, dès qu'il eut vu mon premier Mémoire.

____

(1) Lettre fur quelques objets d'Electricité, à la Haye, 1778, page 8.

M. Vanfwinden profeffeur de phyfique à Amfterdam, a écrit ceci : » l'exiftence de la foudre afcendante, me paroît auffi certaine que celle de la foudre defcendante, & je vois avec plaifir qu'on commence à admettre généralement un fait dont on ne fauroit douter ». Il y a très-fréquemment en Sibérie fur l'Ural, & dans les montagnes de Wercho-turie, de violentes exploſions; ces exploſions, dit M. le baron de Dietrich, favant naturalifte, ne feroient elles pas des foudres qui s'élevent de terre ?

L'illuftre M. Bernouilli, actuellement aftro-nome royal à Berlin, m'écrivoit, le 27 Mars 1781 : *on a dans ce pays des exemples de la foudre s'élevant de terre.* M. Vivenzio, célebre phyficien de Naples, penfe de la même maniere.

Nous pourrions citer encore ici le témoignage de plufieurs autres favans, fi le grand nombre de faits & d'obfervations que nous avons rapportés, n'emportoient la plus ample conviction. C'eft ce qui a fait dire à M. Buif-fart, en parlant de cette doctrine : elle a été généralement adoptée en phyfique, fur-tout, depuis que l'on a reconnu par des preuves non équivoques, que la foudre eft tantôt afcendante & tantôt defcendante. Cette vérité eft portée au plus haut degré d'évidence dans l'excellent Mémoire de M. Bertholon (1).

Ce n'est pas seulement de la terre, mais du sein des eaux mêmes que la foudre s'éleve. Je l'ai vue plusieurs fois s'élever sous la forme de traits de feu serpentans dans l'atmosphere & éclater ensuite avec bruit. La proximité de la mer à laquelle j'ai long-tems demeuré, la situation de mon cabinet me présentant, on ne peut mieux, pour perspective, une belle plage, ne permettoit aucune erreur. Très-souvent j'ai apperçu des courans de feu s'élever de la mer vers les nuées, lorsque l'orage est de ce côté de l'horizon, & cela particulierement, le 25 Août 1775, comme je l'ai dit ci-dessus. Peut-être cela n'arrive-t-il que dans les parages qui sont près du rivage, les eaux de la mer ayant vers les bords très-peu de profondeur. J'ignore si à une certaine distance & bien avant dans la mer, il y a des foudres marines qui montent vers les nuées ou qui en descendent. L'analogie porte d'autant plus à le croire qu'il y a des trombes & des typhons qui dépendent de la même cause, je veux dire de l'électricité. Quoiqu'il en soit

____

(1) Observations sur la Physique, l'Histoire Naturelle, &c. 1777, tome II, pag. 179 & suiv.

la foudre alors eſt moins dangereuſe , elle ſe contente , ce ſemble , d'imprimer la terreur & l'effroi aux ſpectateurs qui la conſiderent , ſa trace eſt fugitive comme l'éclair qui l'a précédée , & elle ne détonne que pour avertir qu'elle n'eſt plus.

Un de mes amis qui a reſté long-tems dans l'Inde , M. Poivre , ancien intendant de l'iſle de France & de Bourbon , m'a aſſuré qu'à Manille , il avoit ſouvent vu des colonnes de feu s'élever , ſur-tout , du milieu du lac où eſt une petite Iſle de nouvelle formation.

Ne ſeroit-ce pas une foudre aſcendante , que cette flamme qui en 1740 , au mois de Décembre , s'éleva pendant une nuit de la ſurface du lac de Quilotoa , au Pérou ?

Il paroît que les anciens connoiſſoient la foudre qui s'éleve de terre. Les Etruſques diſtinguoient deux ſortes de foudres , les unes céleſtes , les autres terreſtres : les premieres tomboient des nuées obliquement & en ſerpentant , les autres s'élevoient de la terre en ligne droite , *Etruria* , dit Pline , *erumpere terrâ quoque fulmina arbitratur* , &c (1).

Seneque ayant dit que la ſcience des fou-

---

(1) *Hiſt. Nat. Plin.* , *lib. II* , *cap.* 33.

dres fe divife en trois parties , dont la premiere confifte à les obferver, la feconde
à les interprêter , & la troifieme à les con-
jurer; *nunc ad fulmina revertamur , quorum
ars in tria dividitur : quemadmodum explore-
mus, quemadmodum interpretemur, quemadmodum exoremus* (1) , Muret , dans fes notes
ajoute : *mirum cur non & pro quarto addide-
rit artem fulminum eliciendorum fivè evocando-
rum , de quâ eft apud Ovidium libro tertio faf-
torum, & apud Plinium capite quinquagefimo
quarto libro fecundo & alios , fed illam for-
taffis , tanquam nimis periculofam abjecerant.*

CHAPITRE V.

Des Paratonnerres.

APRÈS avoir connu la nature de la foudre , fes principaux phénomenes & leurs
caufes, il eft à propos de rechercher, s'il
y a des moyens de fe préferver de ce terrible météore, & quels font ceux qui font
les plus efficaces. Il n'y a pas long-tems encore, que le projet de diffiper la foudre ,

____

(1) *Queft. Natur.*, *lib. II, cap.* 33.

de la maîtrifer en quelque forte, & de prévenir fes coups redoutables & fes ravages
défaftreux, étoit regardé comme la plus
étrange des chymeres auxquelles l'efprit de
l'homme eût pu donner naiffance. Il eft vrai,
que c'eft bien la plus hardie des entrepri-
fes, que la race audacieufe de Japet ait pu
concevoir.

C'eft au nouveau monde, c'eft à l'heureufe Penfilvanie, que cette fublime idée
doit fon origne; mais c'eft auffi la France
qui, la premiere, l'a accueillie, qui a tenté
les premiers effais, & prouvé inconteftable-
ment, par des obfervations auffi fûres qu'étonnantes, que l'ingénieux Francklin avoit de-
viné le fecret de la nature. Nous avons vu
avec quel fuccès les Dalibard, les Delor, les
Buffon, les Lemonnier, les Berthier, &c.,
firent les premieres expériences dont nous
parlons, & qui forment la plus brillante époque que la phyfique ait jamais vue.

Examinons ici comment l'idée des paratonnerres a pu fe préfenter à l'efprit. Dès
qu'on fut affuré, que le fluide électrique &
celui qui forme la foudre n'étoient qu'un
même fluide, que l'un & l'autre produifoient les mêmes effets & avoient des propriétés communes, il dut être facile à tout
phyficien inftruit, de trouver un moyen

préfervateur de la foudre. De cette découverte à la premiere, il n'y avoit qu'un pas à faire, mais c'étoit un pas de géant, & il étoit réfervé au célebre Francklin de le faire. C'eft, pour le dire en paffant, un des rapports frappans qu'il y a entre cette découverte & celle des aëroftats de l'immortel Montgolfier.

ARTICLE PREMIER.

Des principes fur lefquels l'efficacité des Para-
tonnerres eft fondée.

L'EXPÉRIENCE, ayant prouvé que les métaux étoient d'excellens conducteurs du fluide électrique, & que les pointes métalliques foutiroient de loin ce fluide ; il étoit de toute évidence que les nuages orageux étant furchargés d'électricité, on les dépouilleroit de cette furabondance, lorfqu'on leur préfenteroit de grandes barres de fer pointues non ifolées. Ces barres, par leur pointe, devoient néceffairement foutirer de loin l'excès du fluide électrique des nuées, & le tranfmettre à la terre à laquelle elles communiquoient. Conféquemment un nuage orageux, ainſi dépouillé de ſa ſurabondance de matiere électrique, ne pourroit plus être en état d'étinceller, c'eſt-à-dire, de foudroyer la barre, ni l'édifice ſur lequel on l'auroit élevé. Ce ſimple raiſonnement étoit ſuffiſant pour convaincre tous ceux qui connoiſſoient le pouvoir des pointes, la vertu conductrice des métaux & le ſuccès de l'expérience de Marly-la-Ville. Car la conſéquence qui en réſultoit ſur l'efficacité des paratonnerres étoit d'une néceſſité abſolue.

Des trois vérités dont nous venons de parler & ſur leſquelles l'efficacité des paratonnerres eſt fondée, l'une l'expérience de Marly-la-Ville a déjà été prouvée ; il reſte donc à démontrer les deux autres.

1°. Les métaux ſont d'excellens conducteurs. Rélativement à l'objet préſent, il ſuffira de dire qu'un corps eſt conducteur, lorſqu'il reçoit facilement le fluide électrique qui lui eſt communiqué, & qu'il le tranſmet avec la même facilité. D'où il réſulte, qu'il eſt néceſſaire d'iſoler ce corps, ſi on veut qu'il conſerve l'électricité qu'il reçoit. Iſoler un corps, c'eſt le placer ſur un corps électrique par nature, tel que du verre, de la ſoie ou des matieres réſineuſes. Tous les corps ſont électriques, mais de différentes

manieres,

manieres, les uns font nommés idio-électriques, les autres anélectriques. Les premiers font ceux qui, étant frottés ou chauffés, donnent des fignes d'électricité, tels que font les attractions, les répulfions : les feconds n'acquierent aucune vertu femblable par le frottement ou la chaleur, mais reçoivent feulement l'électricité des premiers & la tranfmettent. Si ces deux efpeces de fubftances font dans un état actuel d'électrifation, on enleve facilement toute l'électricité à celles qu'on nomme anélectriques dès qu'on les touche. On ne peut au contraire en dépouiller les fubftances idio-électriques par un fimple contact ; il faut les toucher en plufieurs points de leur furface, pour leur ôter l'électricité dont elles jouiffent. Afin qu'on ne foit pas embarraffé par les différentes dénominations, qui ont été données par plufieurs phyficiens, nous dirons que les corps idio-électriques ont été auffi nommés électriques par nature & non conducteurs, & que les corps anélectriques ont été appellés électriques par communication & conducteurs. Quoiqu'il en foit de ces dénominations, il eft certain que les métaux font d'excellens conducteurs.

Nous trouvons des preuves de cette vérité dans la conftruction même de toutes les machines électriques. Le conducteur de métal, qui eſt près du plateau de glace, reçoit très-bien le fluide électrique accumulé ſur la ſurface du verre; il la tranſmet facilement, malgré la grande étendue qu'on pourroit lui donner; & ſi ce conducteur n'étoit iſolé par des colonnes de verre qui le ſupportent, le fluide électrique qu'il a reçu par communication ſeroit bientôt conduit & tranſmis à la terre, dans laquelle il ſe diſſiperoit. Pour achever de convaincre ceux qui ne le ſeroient pas encore, il ſuffiroit de placer ſur le conducteur une chaîne ou une verge de fer perpendiculaire qui touchât par un bout le conducteur, & la terre par ſon autre extrémité. Tout iſolement ceſſant, le fluide électrique du conducteur ſe communiqueroit au réſervoir commun, au globe de la terre, & on n'appercevroit aucun ſigne d'électricité dans le conducteur.

Les grands conducteurs atmoſphériques, ces barres de fer iſolées que nous avons vues dreſſées, pour recevoir le fluide électrique des nuées orageuſes, ſont encore une nouvelle preuve de la vertu conductrice des métaux & en particulier du fer. Ces conducteurs qui, par leur extrémité d'en haut, reçoivent l'électricité atmoſphérique, la tranſmettent par toute leur longueur & la conduifent jufqu'à leur extrémité inférieure, d'où elle s'échappe fur l'excitateur qu'on lui préfente, ou fur les objets qui en font à une certaine proximité. Dans cet état, fi on fait communiquer le conducteur atmofphérique par une verge de fer qui touche à la terre, & détruife par là même tout ifolement, les fignes d'électricité difparoîtront ordinairement, ce qui eft une preuve que les barres de fer, v. g., font conductrices. Et, comme les mêmes effets fe remarquent avec des barres faites d'autres métaux, il faut en conclure indifpenfablement, que les métaux font conducteurs du fluide électrique. D'un autre côté, fi on compare les métaux & l'eau avec toutes les autres fubftances qui ne font pas idio-électriques, on trouvera qu'ils ont une vertu de beaucoup fupérieure. On ne peut donc fe difpenfer de regarder les métaux comme d'excellens conducteurs du fluide électrique : vérité que nous nous étions propofé d'établir.

Les métaux conduifent encore très-parfaitement le fluide électrique, lorfqu'il eft tellement condenfé qu'il forme la foudre même. Quelques faits ferviront à établir ce dogme de la phyfique moderne.

Dans le printems de l'année 1750, le tonnerre tomba fur le clocher de l'églife

Hollandoife de la nouvelle York , dans lequel , à environ vingt-cinq pieds au-deffous
de la cloche , eft un horloge d'où part un
fil d'archal qui monte au marteau de cette
cloche , après avoir traverfé deux planchers , percés chacun d'un trou de trois
lignes de diametre pour le paffage de ce fil
de fer. La foudre ayant frappé le marteau
de la cloche , defcendit le long de ce fil
métallique jufqu'à l'horloge , & fondit en
chemin différens morceaux de ce fil , depuis trois jufqu'à neuf pouces de longueur ,
en pénétrant aux environs d'un tiers de fa
fubftance. M. Jean Baudoin , dans fa lettre à
M. Francklin du 2 Mars 1752 , dit « que le
tonnerre étant arrivé à quelques pieds du
bout d'en bas , il avoit fondu entiérement
le fil d'archal en plufieurs endroits ; de forte
qu'il en avoit répandu par terre divers morceaux que l'on nous fit voir , auffi bien que
les mouchetures réfultantes de la fufion de la
partie fupérieure. Etant parvenu au bout du fil
d'archal , il s'élança fur le gond d'une porte ,
endommagea la porte & fe diffipa. Il n'avoit
pas caufé le moindre dommage en traverfant les trous du plancher ; ce qui montre
évidemment que le fil d'archal eft un bon
conducteur de la foudre , auffi bien que
de l'électricité , pourvu qu'il foit de groffeur

fuffifante ; & peut-être que fi dans cette circonftance il avoit été prolongé jufqu'à la
terre , il y auroit conduit la foudre fans
caufer aucun dommage au bâtiment. » On
remplaça le fil d'archal qui avoit été fondu ,
par une petite chaîne de cuivre ; mais dans
l'été de 1763 (ce qu'on apprit dans la fuite),
la foudre étant encore tombée fur ce même
clocher , defcendit encore du marteau de la
cloche , le long de la chaîne , comme elle
avoit fait précédemment , alla gagner le
même gond , endommagea encore la même
porte , traverfa les mêmes trous du même
plancher , fans lui caufer aucun dommage , non plus qu'au bâtiment , dans toute
l'étendue de la chaîne ; mais celle-ci fut détruite & en partie brifée en morceaux de
deux ou trois chaînons fondus & attachés enfemble , & en partie emportée ou réduite en fumée & en vapeurs. Le
clocher ayant été réparé fut armé d'un conducteur de fer , qui regnoit depuis la girouette jufqu'à terre , & qui préferva l'édifice , lorfqu'en 1765 le tonnerre tomba
pour la troifieme fois fur le même clocher,
& fe laiffa conduire innocemment par la
verge (1).

***

(1) Œuvres de Francklin, tome I, page 168.

La foudre tomba , vers le milieu de l'année 1754, fur le clocher de l'églife de Newbury, dans la nouvelle Angleterre, & il y fit des ravages. Ce clocher qui étoit de bois , avoit cent quarante pieds d'élevation jufqu'à la girouette; à la moitié environ de la hauteur , on avoit fufpendu la cloche où étoit attaché un marteau de fer pour frapper les heures. A l'extrémité du manche de celui-ci, on avoit fixé un fil d'archal , gros comme une aiguille à tricoter , qui defcendoit par un très-petit trou fait à deux planchers jufqu'à l'horloge , placé vingt pieds au-deffous de la cloche. La foudre , après avoir mis en pieces la moitié fupérieure de ce clocher , dont les débris furent jettés fur la place , paffa entre le marteau & l'horloge , felon toute la longueur du fil d'archal , fans produire le moindre dommage. Les feuls effets qu'on remarqua dans ce trajet , furent un petit aggrandiffement du trou des deux planchers par lefquels le fil de fer paffoit , & une trace noire empreinte fur le plâtre le long d'un plafond , fous lequel le fil de fer étoit dirigé. Cette tache , de trois ou quatre pouces de largeur , étoit plus obfcure dans le milieu. Le fil d'archal qui conduifit ainfi la foudre fut fondu & diffipé , & on n'en trouva qu'un bout de deux pouces qui pendoit au manche du marteau, & un autre de même longueur, qui tenoit au pendule de l'horloge. Mais depuis l'extrémité de ce dernier jufqu'à la terre, le bâtiment fut crevaffé & exceffivement endommagé. Des pierres furent même arrachées du mur de fondation & jettées à la diftance de vingt ou trente pieds. M. Francklin qui, peu de tems après cet événement, examina les effets de ce tonnerre, obferve fort judicieufement, dans fa lettre à M. Dalibard ; 1°. que la quantité de fluide électrique qui a eu lieu dans ce coup de foudre a été très-grande, ainfi que le prouvent les ravages produits fur la pyramide, de plus de foixante & dix pieds de hauteur qui formoit la moitié fupérieure du clocher, & ceux de fa partie inférieure ; 2°. que la foudre a quitté le bois pour paffer dans le fil de fer, qui eft un meilleur conducteur, & que l'efpace qui répondoit à la longueur du métal eft le feul qui a été préfervé ; 3°. que le pendule de l'horloge, étant de la groffeur d'une plume d'oie, a tranfmis la foudre fans être endommagé, & que le fil de fer a très-bien préfervé une partie de l'édifice en conduifant la foudre, quoiqu'il ait été fondu à caufe de fa petiteffe. D'où on ne peut s'empêcher de conclure que, fi avant l'orage un petit fil d'archal femblable eût été tendu ; depuis la girouette jufqu'à la terre, ce coup de foudre n'eût caufé aucun dommage au clocher entier, quoique ce petit fil de fer eût été détruit en totalité.

II°. Il nous refte à prouver la réalité du *pouvoir des pointes*. Par cette expreffion on entend la double vertu que les pointes ont de foutirer le fluide électrique des corps électrifés auxquels on les préfente, & de diffiper ou lancer le fluide électrique des fubftances électrifées auxquelles elles font unies. Commençons par démontrer la premiere propriété, celle de lancer le fluide électrique.

Suppofons qu'on mette en jeu une machine électrique, que fon conducteur foit électrifé par excès, & qu'on en tire dans cet état de fortes étincelles ; il eft certain par l'expérience, que fi on place fur le conducteur une pointe de métal, en continuant l'électrifation, on verra à l'extrémité de celle-ci, fur-tout dans l'obfcurité, une belle aigrette lumineufe qui diffipera le fluide élec-trique & le lancera au loin. Car fi on ef-faye de tirer des étincelles, on remarquera qu'il n'y en aura aucunes, ou que du moins elles feront confidérablement affoiblies, ce qui prouve la vertu que les pointes ont de laiffer échapper avec abondance le fluide électrique des corps fur lefquels elles font placées. S'il n'y avoit aucune diffipation de ce fluide, on pourroit tirer comme auparavant des étincelles du conducteur. C'eft pour cette raifon qu'on a foin, afin d'éviter toutes les afpérités & tous les angles du conducteur, de les polir parfaitement & d'arrondir leurs extrémités & même celles de toutes les parties de la machine. C'eft encore pour cela qu'on ne fe fert plus de chaînes, mais de tiges de communication, terminées par des boules à leurs deux extrémités.

Non-feulement les pointes donnent une iffue facile au fluide électrique, mais encore elles le lancent au loin. Car qu'une perfonne fe place fur un ifoloir, à une diftance du conducteur affez grande, pour que, la machine étant en action, le fluide de l'atmofphere électrique ne fe communique pas à elle. L'expérience prouve que, fi on met une pointe fur ce conducteur, la perfonne fera électrifée non-feulement à la diftance où elle eft, mais encore à un éloignement qui fera plus grand : effet qui démontre le pouvoir que les pointes ont de lancer au loin le fluide électrique, puifque dans ces deux expériences tout eft égal, excepté la pointe qui, dans le fecond cas, eft placée fur le conducteur.

Les pointes ont encore le pouvoir de foutirer, c'eft-à-dire, de tirer en filence & abondamment le fluide électrique des corps électrifés auxquels on les préfente. Il y a apparence que la propriété que les pointes ont de lancer le fluide électrique, conduifit à celle de le foutirer. Peut-être auffi que ces deux vertus, quoique liées en quelque forte entr'elles, ont été découvertes féparément. Ce qui le prouveroit, c'eft que M. Francklin dit expreffément : *Celui qui me fit connoître le premier le pouvoir des pointes, pour lancer le feu électrique, ce fut mon ingénieux ami M. Thomas Hopkinfon.* Quoiqu'il en foit, l'expérience démontre la réalité de cette vertu.

Si un conducteur de machine électrique eft bien électrifé, & que dans cet état on en tire de fortes étincelles, il eft conftant qu'on en tirera plus de femblables ; fi on continue l'expérience, en préfentant au conducteur une pointe qui en foit à une certaine diftance, on obfervera une difparition totale de tout figne électrique ou au moins un très-grand affoibliffement ; de telle forte que le conducteur, quoique électrifé, ne pourra plus fulminer ni étinceller, non-feulement à la même diftance, mais même à une diftance confidérablement plus petite

que la premiere. Cet effet démontre le pouvoir que les pointes ont de foutirer abondamment le fluide électrique. C'eſt pour
cette raiſon qu'on doit abattre tous les angles, ſupprimer les pointes des corps qui
environnent une machine électrique.

Rendons encore plus ſenſible cette vérité
par l'expérience ſuivante. Qu'une perſonne
monte ſur un iſoloir, à une diſtance du
conducteur électriſé qui ſoit telle, qu'elle
ne reçoive point le fluide électrique. Si cette
perſonne prend en ſa main une pointe de
métal, elle ſera auſſi-tôt électriſée, effet
qu'on n'obſervera pas ſi, au lieu de cette
pointe, elle ſe ſert d'une petite tige de
métal dont l'extrémité ſoit terminée par une
boule. Si la perſonne reprend la pointe,
elle ſera encore électriſée à un éloignement
notablement plus grand que le premier, &
on en ſera parfaitement convaincu, parcequ'on pourra en tirer des étincelles avec
l'excitateur ainſi que dans le premier cas.

M. Francklin prouve le pouvoir des pointes par les expériences ſuivantes. Qu'un
boulet de fer, de trois ou quatre pouces
de diametre, ſoit iſolé, & qu'on place à
côté du boulet une petite boule de liege
ſuſpendue par un fil de ſoie, lorſqu'on électriſera le boulet, le liege ſera repouſſé à la

diſtance de quatre ou cinq pouces, plus ou moins, ſuivant la quantité d'électricité produite. Si on préſente alors au boulet une pointe métallique, aiguë, à ſix ou huit pouces de diſtance, la répulſion eſt auſſi-tôt détruite & le liege vole vers le boulet. Afin qu'un corps mouſſe faſſe naître le même effet, il eſt néceſſaire de l'approcher à un pouce de diſtance & de tirer une étincelle.

Voici ce qui prouve, dit-il, que le fluide électrique eſt tiré par la pointe. « Si vous ôtez de ſon manche le gros bout du poinçon, & que vous l'attachiez à un bâton de cire à cacheter, vous aurez beau préſenter le poinçon à la même diſtance, ou l'approcher encore de plus près, le même effet n'en réſultera point ; mais gliſſez le doigt juſqu'à ce que vous touchiez la tête du poinçon, le liege volera auſſi-tôt vers le boulet. — Si vous préſentez cette pointe dans l'obſcurité, vous y verrez paroître quelquefois à un pied & plus de diſtance, une lumiere ſemblable à un feu follet, ou à un ver luiſant. Moins la pointe eſt aiguë, plus il faut l'approcher pour voir la lumiere ; & à quelque diſtance que vous apperceviez la lumiere, vous pouvez tirer le feu électrique, & détruire la répulſion. — Si une

boule de liege ainſi ſuſpendue, eſt repouſ-
ſée par le tube, & qu’on lui préſente tout-
à-coup une pointe, même à une diſtance
conſidérable, on ſera étonné de voir avec
quelle rapidité le liege revole vers le tube.
Des pointes de bois feroient à-peu-près le
même effet que celle de fer, pourvu que le
bois ne fût pas ſec; car un bois parfaitement ſec n’eſt pas plus conduĉteur d’électricité que la cire à cacheter. Pour montrer que les pointes ſont auſſi propres à
lancer qu’à tirer le feu éléĉtrique, couchez
une longue aiguille pointue ſur le boulet,
& vous ne pourrez aſſez éléĉtriſer le boulet pour lui faire repouſſer la boule de
liege (1); ou bien faites tenir à l’extrémité d’un canon de fuſil ſuſpendu, ou d’une
verge de fer, une aiguille qui pointe en
avant comme une eſpece de petite bayon-
nette, & tant qu’elle y reſtera, le canon
de fuſil ou la verge, ne ſauroit, malgré
l’application conſtante du tube à l’autre extrémité, être éléĉtriſé au point de donner
une étincelle, parceque le feu s’échappe

---

(1) Telle eſt l’expérience de M. Hopkinſon, qui la fit
dans l’attente de tirer plus & de plus fortes étincelles de la
pointe, comme d’une ſorte de foyer, & qui fut ſurpris de
n’en tirer que de foibles ou point du tout.

continuellement à la sourdine par la pointe. Dans l'obscurité vous pouvez lui voir produire le même phénomene que dans le cas dont nous venons de parler » (1).

Dans l'article suivant nous ferons connoître plusieurs observations curieuses , qui démontrent le pouvoir des pointes en grand, c'est-à-dire, des conducteurs terminés en pointes & élevés au-dessus des édifices , pour soutirer le fluide électrique répandu dans l'air , même dans les tems orageux , où on voit, près de ces appareils, des nuages qui portent la foudre. L'ordre des matieres exige que nous y renvoyions, afin d'éviter des répétitions.

Après avoir rapporté tout ce qu'a fait Francklin pour établir le pouvoir des pointes, l'impartialité & la justice dont nous faisons profession , nous obligent de parler d'une expérience curieuse, de M. Jallabert, sur ce sujet. Ce physicien en fit part à M. l'abbé Nollet dans un des ses voyages à Paris, & ce dernier l'a rapportée dans ses *Recherches sur l'Electricité*, où on en voit même la figure; cet ouvrage a été imprimé assez long-tems avant que , à Philadelphie, on se fut occupé du pouvoir des pointes.

____

(1) Œuvres de Francklin , tome I, page 4.

« On met en équilibre fur un pivot , une petite verge de bois, qui peut avoir quinze ou feize pouces de longueur, pointue par un bout, & armée par l'autre d'une petite boule de bois , d'un pouce de diametre ou environ ; on met cet inftrument ainfi préparé à portée d'un homme qu'on électrife, & qui tient en fa main un morceau de bois tourné, gros & arrondi par un bout, comme une demi-boule d'un pouce de diametre & pointue par l'extrémité. Si cet homme préfente ce morceau de bois par le gros bout à la boule A, qui eft à une des extrémités de l'aiguille, le plus fouvent cette boule eft repouffée ; il l'attire au contraire prefque toujours, s'il préfente le morceau de bois par la pointe. On voit tout le contraire , fi l'on fait l'expérience par l'autre côté de l'aiguille, le morceau de bois électrifé & préfenté par le gros bout, l'attire, & fi c'eft la pointe du morceau de bois que l'on préfente, il eft fort ordinaire que la partie B foit repouffée » (1).

Les trois vérités que nous nous étions propofé d'établir ayant été folidement prouvées, on ne peut fe difpenfer d'admettre la conféquence qui en découle néceffairement ,

____

(1) Recherches fur l'Electricité, pages 312 & 313.

favoir l'efficacité des paratonnerres qui eft étroitement liée avec le pouvoir des pointes, la vertu conduftrice des métaux & le fuccès de l'expérience de Marly.

Il n'y a pas bien loin du pouvoir de faire defcendre le feu du ciel, en le foutirant des nuées orageufes, par le moyen des barres de fer ifolées, à celui d'en préferver nos édifices; néanmoins quelque tems fe paffa avant qu'on eût fongé à déduire cette derniere vérité de la premiere. Ce n'eft pas le feul exemple de ce genre que l'hiftoire des fciences nous fourniffe.

Quoique on pût regarder comme fuffifantes les preuves apportées jufqu'ici, de l'efficacité des paratonnerres, cependant cette matiere étant infiniment intéreffante, nous rapporterons quelques faits péremptoires qui la démontrent de la maniere la moins équivoque. Un paratonnerre n'eft effentiellement qu'une barre de fer, pointue par fon extrémité fupérieure, placée fur le faîte d'un édifice, prolongée fans interruption fur toute la hauteur du bâtiment, & enfoncée par fon bout inférieur dans l'eau d'un puits ou dans la terre humide. Or, un appareil de ce genre préferve les édifices des ravages de la foudre, ainfi que l'expérience le prouve ; & fon efficacité eft fi

grande ,

grande, qu'il a même ce pouvoir lorsqu'il eſt incomplet & défectueux. Examinons ces deux vérités & entrons dans le détail des preuves.

ARTICLE II.

Des avantages des Paratonnerres avec Pointes.

LES paratonnerres bien faits & armés de pointes ont une triple vertu, rélativement au pouvoir de préſerver les édifices de la foudre; 1°. ils repouſſent les nuages orageux ; 2°. ils ſoutirent inſenſiblement la matiere électrique des nuages & empêchent ſon accumulation, du moins à un haut degré ; 3°. ſi les pointes étoient détruites, les conducteurs tranſmettroient avec la même facilité la foudre juſques dans la terre, en préſervant les édifices qui en ſeroient armés des plus petits ravages.

§. PREMIER.

Les Pointes des Paratonnerres repouffent les nuages orageux.

On ne fauroit douter que les pointes des paratonnerres ne repouffent réellement les nuages qui portent la foudre, lorfqu'on confulte l'expérience & l'obfervation ; c'eft fur cette double bafe qu'eft appuyée cette vérité. Prouvons d'abord, d'après le flambeau de l'expérience, que les pointes ont le pouvoir de repouffer les corps électri-fés. Prenez, dit un excellent phyficien, de grandes balances de cuivre, dont le fléau foit au moins long de deux pieds & dont les cordons foient de foie, fufpendez-les par une ficelle attachée au plafond, de forte que le fond des baffins puiffe être à un pied du plancher ; les baffins tourneront circulairement par le détortillement de la ficelle ; plantez le poinçon fur le plancher, de maniere que les baffins puiffent paffer au-deffus de fa tête, en décrivant leur cercle ; électrifez alors un baffin en lui communi-quant une étincelle du fil d'archal de la fiole chargée ; comme les balances tour-nent toujours, vous verrez ce baffin s'avan-

cer plus près du plancher, & s'abaisser
davantage lorsqu'il vient sur le poinçon ; &
s'il est placé à une distance convenable, le
bassin étincellera & déchargera son feu sur
cet instrument. Mais si on attache une aiguille sur l'extrémité du poinçon, la pointe
en haut, le bassin, au lieu de s'approcher de
l'instrument & d'étinceller en le frappant ,
déchargera son feu en silence à travers la
pointe, & s'élevera plus haut que le poinçon, & même si l'aiguille est placée sur le
plancher auprès du poinçon, la pointe en
haut, l'extrémité de l'instrument, quoique
beaucoup plus élevée que l'aiguille, n'atti-
rera point le bassin, & ne recevra point
son feu, car l'aiguille le prendra & le dif-
sipera avant qu'il vienne assez près pour
agir sur le poinçon (1). Cette vérité peut
encore se prouver en suspendant du coton
cardé au-dessous du conducteur ; une pointe ,
lorsqu'on la présentera, repoussera le coton électrisé qui représente un nuage électrisé.

L'observation prouve encore la même
vérité, car si on considere des nuages orageux, lorsque le vent les pousse dans la

______

(1) Expériences & Observations sur l'Electricité, tome I,
page 242, in-12, & tome I , page 61, in-4°.

direction d'un paratonnerre, on verra bientôt qu'ils en font écartés, lorfqu'ils commencent à en approcher affez près pour com-
mencer à être dans fa fphere d'activité. C'eft
une obfervation conftante que j'ai faite
fouvent, & que j'ai fait remarquer à plufieurs perfonnes. Elles ont toutes apperçues,
que les nuages orageux, portés par des
vents fur la direction du paratonnerre, s'en
écartoient fenfiblement lorfqu'ils en étoient à
une certaine diftance, & qu'après avoir outre-
paffé l'appareil, ils revenoient à la même direction, dans un point autant éloigné du
paratonnerre en deçà, que celui où ils
avoient d'abord abandonné leur premiere
détermination.

§. I I.

Les Pointes des Paratonnerres foutirent en
filence le fluide électrique des nuages.

Il n'eft pas moins conftant, que les
pointes foutirent en filence le fluide électrique de l'atmofphere & des nuées orageufes. Cette vérité vient d'être démontrée
par plufieurs expériences que nous avons
rapportées & qui paroîtront concluantes à
tous ceux qui les liront avec attention. On

y a vu principalement celle d'une perfonne qui, tantôt ifolée, tantôt non ifolée, préfente une pointe de métal à quelque diftance du conducteur d'une machine électrique en action.

Mais l'obfervation directe démontre également que les pointes des paratonnerres foutirent infenfiblement les nuées orageufes & les déchargent de leur furabondance de fluide électrique.

On fait qu'à Sémur en Auxois, plufieurs paratonnerres ont été élevés par les foins de MM. Gueneau de Montbeillard, de Muffi, d'Aumont & Regnier. Ce dernier m'a écrit, qu'au mois d'Août 1781, pendant un orage, plufieurs perfonnes virent le conducteur de M. d'Aumont *tout en feu*, c'eft-à-dire, couronné de belles aigrettes électriques.

M. Coffon, Curé de Rochefort, très-verfé dans la phyfique, m'a marqué que le 4 Décembre 1785, à neuf heures & demi du foir, le vent étant à l'oueft & accompagné d'éclairs, de tonnerres affez forts & d'un peu de pluie ; il vit à la pointe du paratonnerre des aigrettes électriques très-brillantes. « Ce qui dura tout le tems que le nuage demeura à paffer. Ce même nuage qui auparavant jettoit beaucoup d'éclairs &

avoit fait plufieurs explofions fortes , devint tranquille & ne donna plus que quelques éclairs affez foibles. Comme le vent pouffoit la pluie contre le paratonnerre , les petites gouttes d'eau éparfes & ifolées les unes des autres parurent toutes lumineufes comme des diamans , à-peu-près dans toute la longueur de la pointe dorée & même un peu au deffous. » Cette obfervation eft très-curieufe & montre directement, que le paratonnerre a déchargé en filence le nuage orageux d'une grande partie de la furabondance de fon fluide électrique, & a par cet effet empêché qu'il ne fût nuifible.

« A peine les conducteurs de Nymphenbourg (maifon électorale) étoient-ils placés ; m'écrivoit M. l'abbé Toaldo dans fa lettre du 29 Juin 1782, que l'électeur y a obfervé le premier , dans un orage, des feux fur les pointes perpendiculaires de deux conducteurs. Il a fait appeller pour témoin toute la cour, dans laquelle il y avoit des hérétiques en électricité , comme fon alteffe les appelloit, & ils fe font convertis en voyant ce phénomene ».

Un autre phénomene très-curieux a été obfervé deux fois à Nymphenbourg, depuis qu'il y a des conducteurs. Dans le tems d'un orage , on vit s'avancer vers le château des nuées orageuses qui lancoient des éclairs terribles. Mais dès-que ces nuées avoient passé au-dessus des conducteurs, elles devenoient toutes *comme des charbons éteints, aucune n'éclairoit plus, ayant fait passer tout leur feu dans les pointes.* Beaucoup de personnes en ont été témoins, ainsi que M. l'abbé Toaldo.

Dans notre ouvrage intitulé : *Nouvelles Preuves de l'efficacité des paratonnerres,* on lit que, durant une tempête terrible, les paratonnerres de Londres furent lumineux, & principalement les pointes de ceux qui font fur le palais de la reine. On voyoit *le fluide électrique fe jouer & voltiger de la plus belle maniere.* Ce fluide fut fi bien tranfmis, qu'il n'y eut malgré la violence de l'orage aucune maifon de cette capitale qui fouffrit le moindre dommage (1).

Defireroit-on encore une preuve plus fenfible & plus décifive, s'il eft poffible, que celles qu'on vient de rapporter, je donnerois la fuivante. J'ai vu chez M. Delor, habile phyficien de Paris, le deffein de la coupe d'un vaiffeau Anglois dont le grand mât avoit eté armé d'une pointe pour le dépouil-

______

(1) Nouvelles preuves de l'efficacité des Paratonnerres, in-4°., avec figures, pages 18 & 19.

lement des nuages orageux, de laquelle pointe pendoit une chaîne de tringles de fer qui defcendoit le long des haubans, jufques dans la mer : On avoit pratiqué dans la réunion de ces tringles, une petite féparation de 3 à 4 lignes. Ce vaiffeau ayant été furpris par un orage confidérable dans fa route, n'en fut point endommagé, quoique le conducteur du paratonnerre fût interrompu ; & tout l'équipage obferva pendant trois heures l'écoulement du feu électrique dans l'intervalle de cette fciffure.

Le pouvoir des pointes étant auffi bien établi, on n'héfitera point d'admettre cette vérité qui en réfulte, que les fommets des montagnes, les pointes des rochers, celles des branches & des feuilles dont les forêts font hériffées, foutirent habituellement l'électricité de l'air, & la renvoient dans des circonftances oppofées. Tout cela prouve démonftrativement que l'électro-vegeto-metre dont nous avons fait la découverte, agit par fon influence fur les plantes, même dans les tems où on ne voit rien fenfiblement. Il en eft, pour le dire en paffant, de ce dernier appareil comme d'une bouteille de Leyde, déchargée à la maniere ordinaire, dans laquelle on n'apperçoit aucune quantité de matiere électrique, quoiqu'il y en ait cependant une qui eft rendue vifible par le moyen du petit électro-metre fenfible.

M. Hichtemberg, rapporte le fait fuivant qui eft un des plus remarquables qu'on puiffe citer relativement à l'efficacité des paratonnerre. En Carinthie, à la campagne du comte Orfini de Rofemberg, chambellan de l'Empereur, fur une montagne, fe trouve un clocher de tout tems frappé par la foudre, & même fi fouvent, que pendant l'été le fervice divin ne fe faifoit pas dans l'églife, parce que plufieurs perfonnes y avoient été tuées. L'an 1730, il fut tout anéanti par la foudre, fuivant l'expreffion d'un phyficien qui rapporte ce fait. On le rebâtit à neuf, mais fon fort, à l'anéantiffement près, fut encore plus fatal. La foudre le frappa quatre ou cinq fois par an, & dans un même orage la foudre y tomba dix fois, & en 1778, cinq fois. Le cinquieme coup fut fi violent, que le clocher commença à s'affaiffer, de façon qu'on fut obligé de le faire démolir. On en conftruifit un troifieme, qui fut muni d'un conducteur pointu ; & depuis, tout fut tranquille.

§. III.

Les Paratonnerres, même sans pointes, transmettent parfaitement la Foudre jusqu'à la terre, sans danger.

Il n'est pas étonnant, d'après tout ce que nous avons dit, que les paratonnerres armés de pointes ne transmettent la matiere électrique de la foudre, jusques dans le réservoir commun, sans aucun inconvénient, même le plus léger, parce que les pointes soutirent insensiblement le fluide électrique & le transmettent en silence jusques dans le globe de la terre ; ce sont plutôt des aigrettes électriques que des étincelles fulminantes que les pointes reçoivent. Mais il doit paroître surprenant que lorsqu'un paratonnerre est privé de pointes, que son extrémité supérieure est terminée par une boule, ou, ce qui revient au même, par une pointe mousse ; il doit paroître surprenant que la foudre qui l'attaque avec toute sa force, ne puisse point l'endommager non plus que l'édifice qui en est protégé. Néanmoins l'expérience & l'observation démontrent cette grande & importante vérité de la maniere la plus rigoureuse, ainsi qu'on va le voir par les faits suivans.

L'obſervatoire public de la ville de Padoue, ayant été ſouvent frappé de la foudre à cauſe de ſa ſituation, on ſe détermina en 1772, à y élever un paratonnerre. Le 11 Mai 1777, M. l'abbé Toaldo, eut occaſion de faire une obſervation remarquable qui prouve l'utilité des conducteurs. Après deux heures d'un tonnerre éloigné qui annonçoit un orage du côté du midi, la nuée creva ſur Padoue, aux premieres gouttes de pluie il partit un éclair que M. l'abbé Toaldo ne vit point, mais il ſentit une commotion électrique très-vive qui lui fit dire que le tonnerre étoit dans l'obſervatoire ou ſur le conducteur. La pluie extraordinaire qui ſe précipita tout de ſuite après cet éclair ſembloit avoir ouvert les cataractes du ciel : auſſi, quelques minutes après, un grand éclair annonça un tonnerre qui tomba avec fracas ſur une maiſon de la ville. Quant à celui de l'obſervatoire, quoique voiſin, le bruit qu'on entendit fut plus petit qu'un coup de fuſil ordinaire ſourd, briſé, & traîné pendant deux ou trois ſecondes. Ce qui prouve que ce paratonnerre ſans pointes a en effet préſervé le clocher, c'eſt qu'au moment de l'exploſion on vit la flamme partir ſur l'obſervatoire en forme de globe. De plus dans la treſſe des trois fils de fer, qui formoient la chaîne du conducteur, il y avoit une ouverture au premier anneau au-deſſus du bras le plus élevé, & du gros tibe de verre par lequel paſſe la chaîne ; & on vit encore des marques noires dans pluſieurs endroits & ſpécialement à celui où les fils partoient du premier nœud ; cette eſpece de noir de fumée noirciſſoit les mains, & indiquoit conſéquemment que le feu électrique avoit ſuivi la route tortueuſe des fils de fer (1).

Les détails ſuivans, tirés d'une des lettres que M. l'abbé Toaldo m'a écrites, ſont très-intéreſſans & en même tems fort propres à convaincre les plus incrédules de l'efficacité des conducteurs. « Pour ce qui eſt des conducteurs, tous les jours on en éleve, dit le ſavant que nous venons de nommer. L'influence extraordinaire des foudres qui ſont tombées en 1783, a perſuadé, plus que toutes les théories. A la ville & à la campagne les maiſons ſont communément armées de conducteurs. Je ſuis occupé actuellement à la conſtruction de trois ou quatre paraton-nerres dans cette ville (Padoue). Voici quel en eſt l'effet.

» Depuis l'érection de ces conducteurs,

---

(1) *Relazione del fulmino*, &c. *Toaldo.*

aucun lieu armé n'a été endommagé de la foudre, & ceux qui y étoient les plus sujets font exempts de ses ravages, particuliérement la tour de Saint-Marc à Venise, sur laquelle en plein jour en tems d'orage, tout le monde vit tomber un globe de feu. Elle n'en reçut aucun dommage, parce que le conducteur sans pointe le transmit (1). On peut en dire de même de la tour de la ville de Vicence, de la tour de cette université, de celle des réligieuses de Saint-Benoit, de celle de l'observatoire à Padoue, qui étoient autrefois fort sujettes à la foudre. Elles en font à présent exemptes ; tandis que les autres clochers désarmés étoient frappés de la foudre à chaque orage, que souvent les sonneurs étoient tués, & que toujours il y avoit des ravages plus ou moins grands ».

Le paratonnerre que j'ai élevé sur le clocher de l'église de Saint-Juft de Lyon, nous a préfenté une des plus brillantes preuves qu'on puisse desirer de la grande efficacité des paratonnerres, même désarmés de leur pointe en laquelle réside cependant tant de vertus. Le desir de voir la foudre tomber sur notre conducteur, & montrer ainsi à tous

____

(1) M. l'abbé Toaldo ne met pas de pointes sur les clochers armés de conducteurs.

les yeux la grande efficacité de cet appareil, fût caufe que je différai affez long-tems de le completter en l'armant de fa pointe, efpérant que dans cet état, la foudre qui l'avoit auparavant vifité affez fouvent pourroit y revenir, car il y a toujours des caufes locales qui déterminent les fréquentes chutes de la foudre. Le 3 Septembre 1780, après un orage accompagné de vent, de pluie & de tonnerres fréquens, un grand nombre de perfonnes vit la foudre, fous la figure d'un trait de feu ferpentant, venir frapper l'extrémité du paratonnerre défarmée. Celui-ci le conduifit en filence jufques dans la terre, fans qu'on apperçut dans toute la route du conducteur le plus petit dommage. Cette obfervation, fi intéreffante, prouve l'efficacité des paratonnerres contre lefquels la fureur du plus terrible des météores eft impuiffante. Ce phénomene peut être regardé avec raifon, ainfi que je le difois dans un de mes ouvrages (1), comme l'épreuve la plus brillante de la bonté de ce conducteur qui, fi l'on peut parler ainfi, a réfifté à toute l'artillerie célefte. Ici la phyfique a fait en grand

______

(1) Nouvelles Preuves de l'efficacité des paratonnerres, in-4°., avec figures. Paris, chez Croulbois & Periffe ; Lyon, chez Jacquenod.

cette épreuve néceffaire, que tous les gouvernemens prefcrivent pour toutes ces bouches à feu, pour ces foudres de guerres.
La pointe fut enfuite placée pour completter
le paratonnerre. On trouvera encore dans
le même ouvrage un autre phénomene femblable, arrivé au fond du Golfe Adriatique,
au clocher des cordeliers de *S. Francefco
della vigna*, un des plus beaux clochers de
Venife; il eft également très-intéreffant.

Nous allons rapporter le fait fuivant qui
eft très-intéreffant, d'après M. J. Daquin,
qui l'a vu & examiné avec beaucoup d'attention (1). Dans l'été de 1781, plufieurs
perfonnes étoient montées au haut d'une
tour de la ville de Chamberi, pour jouir du
fpectacle des éclairs qui ferpentoient & brilloient de toutes parts dans les airs, aux
approches d'un violent orage. Le nuage qui
paroiffoit le contenir, étoit fort bas & très-
peu éloigné du faîte des maifons. Un éclair
& un coup de tonnerre des plus effrayans
fe fuivirent fubitement, & ceux qui étoient
au fommet de la tour virent dans le même
inftant, un globe de feu, qui, defcendant
avec une rapidité étonnante, vint frapper

____

(1) Effai Météorologique fur la véritable influence des
Aftres, page 270.

la tour, les étourdit fans leur faire aucun mal, enfila un tuyau de fer-blanc (1) qui fervoit de gouttiere au toît de la tour, fuivit cette gouttiere qui aboutiffoit près d'une porte au rez-de-chauffée, & alla fondre la tête d'un clou, le feul qu'il y eut fur la furface de la porte qui avoifinoit ce tuyau. La foudre paffa de-là, à travers cette porte, fans lui caufer d'autres fractures qu'un petit éclat de bois, qu'elle fit fauter, & remplit l'arriere boutique d'un cordonnier, à laquelle la porte fervoit d'entrée, d'une fumée très-épaiffe, avec une odeur de foufre fi forte, que les ouvriers qui étoient fur le devant de la boutique, s'appercevant de la fumée & de cette odeur, crurent que le feu étoit chez eux, & faillirent à être fuffoqués, lorfqu'ils vinrent dans l'arriere boutique, pour y découvrir la caufe de leur frayeur.

On peut voir dans notre Mémoire fur de *nouvelles preuves de l'efficacité des paraton-nerres*, d'autres faits qui démontrent l'efficacité des conducteurs naturels. Nous y avons prouvé que les maffes de quelques laves, que les colonnes Bafaltiques, & les montagnes Volcaniques, difperfées en divers

----

(1) Dans la réalité, c'étoit un veritable conducteur ou paratonnerre incomplet & fans pointe.

endroits

endroits étoient des efpeces de paratonnerres, que la nature a placés pour nous protéger contre les éruptions trop fréquentes de la foudre : auffi ces diverfes matieres contien- nent-elles des matieres métalliques , telles que le fer.

La foudre étant fouvent tombée fur la tour ou clocher de la cathédrale de la ville de Sienne, clocher qui eft un des plus élevés & un des plus beaux de l'Italie , on fe dé- termina à le mettre enfin fous la fauve-garde d'un paratonnerre , ce qui fut exécuté en 1776. Le 18 Avril de l'année fuivante, vers les 5 heures & demi du foir environ, dans un orage accompagné de pluie & de ton- nerres des plus effrayans, la foudre parcourut la hauteur de cette tour, fans s'écarter un inftant de la direction du conducteur, & fans caufer le moindre dommage. Pour avoir une idée plus diftincte de ce phénomene , il eft à propos de décrire en abrégé la conf- truction de cet appareil. La pointe étoit placée au plus haut de l'édifice & le conduc- teur defcendoit intérieurement le long d'un des angles de cette tour jufqu'à l'horloge dans un efpace d'environ cent braffes , de-là il paffe au-deffous dans la place où font les poids de l'horloge ; il fe retourne enfuite & fort par une petite fenêtre qui eft au nord-eft, après il fe prolonge à l'extérieur du bâtiment dans une longueur de quarante braffes, defcend à la hauteur de fix braffes au-deffus du niveau de la rue, d'où il rentre dans l'intérieur de la muraille, pour aboutir enfin fous terre, loin des fondemens du clocher, à un canal rempli d'eau. Au moment où le coup de tonnerre fe fit entendre, on vit un courant de feu en forme de ferpenteau s'élancer fur la pointe du conducteur, qui, comme on l'a préfumé avec raifon, avoit été émouffée, & n'étoit plus pointue, qui fuivit toute l'étendue du conducteur, malgré fes fréquens détours & fe perdit enfuite dans l'ouverture qui mene au conduit fouterrain (1).

Un fait bien curieux, & qui prouve merveilleufement la grande efficacité des para-tonnerres eft le fuivant que nous devons à M. Forfter dans fes obfervations fur l'hiftoire naturelle faites dans fon voyage autour du monde. Les Ifles de la mer du Sud, font expofées à des orages accompagnés d'éclairs & de tonnerres; & il eut occafion de s'en affurer par lui-même dans divers endroits de ces Ifles & dans différentes faifons, pendant

---

(1) *Notizie del mondo*; Lettre de M. Domin. Barlatoni, profeffeur de phyfique dans l'Univerfité de Sienne, à M. Sigifmond Fineti, du 20 Avril 1777.

fa navigation fur l'Ocean. On étoit obligé d'attacher la chaîne électrique de tems en tems, pour prévenir les terribles effets de la foudre. Un jour que M. Forfter fe trouvoit dans l'Ifle d'Otahiti, on envoya un matelot attacher cette chaîne au grand mât; mais, cet homme eut à peine rempli fa commiffion qu'un autre matelot qui nettoyoit cette chaîne avant de la fixer près des haubans, reçut une fecouffe électrique, & l'on vit le feu du ciel defcendre le long de ce conducteur, fans le moindre accident.

Voilà une preuve décifive de l'avantage des conducteurs. La foudre eft tranfmife par la chaîne; on la voit defcendre du ciel dans la mer : une fecouffe en avertit encore le fecond matelot qui alloit la fixer, & aucun accident n'arrive. Si la chaîne n'eût pas été placée à tems le long du mât, le vaiffeau auroit certainement été foudroyé. Quant à la fecouffe électrique elle a du réfulter des efpeces d'interruption que forment les anneaux d'une chaîne qui n'étant pas fixée n'eft pas tendue.

Le capitaine Cook, dans un de fes voyages autour du monde, rapporte une autre obfervation qui eft également très-décifive. « Nous éprouvâmes, dit-il, fur les neuf heures, une horrible tempête, accompagnée d'éclairs & de pluie, pendant laquelle un navire Hollandois, dit l'*Indien Occidental*, eut ſon grand mât briſé & emporté de deſſus le tillac, (1) le grand perroquet & le grand hunier furent mis en pieces. Il y avoit une eſpece de dard ou fuſeau de fer au ſommet du grand perroquet, qui dirigea probablement le coup, ce vaiſſeau n'étoit éloigné des nôtres, que de la portée de deux cables, & il y a toute apparence que nous aurions ſubi le même ſort, ſans une chaîne électrique que nous avions attachée au haut de nos vaiſſeaux, & qui conduiſit la foudre ſur les côtés, mais quoique nous ayons échappé au ravage de la foudre, nous éprouvâmes une exploſion ſemblable à un tremblement de terre, & la chaîne parut en même tems comme une traînée de feu (2). La ſentinelle, occupée à la charger, éprouva une ſecouſſe qui lui fit tomber ſon mouſquet d'entre les mains, & briſa même la baguette. Je ne peux donc trop recommander de pareilles chaînes pour chaque vaiſſeau ; quelle que ſoit ſa deſtination ; j'eſpere que le malheureux deſtin du

---

(1) Les étayes, les haubans, &c., furent également mis en pieces.

(2) Il ne paroît pourtant pas que les petites cordes de chanvre, qui uniſſoient les chaînons les uns aux autres, aient été endommagées.

Hollandois, fervira, à ceux qui liront cette rélation, d'avertiffement contre ces pointes de fer, qu'on fixe au bout du mât ».

M. Henley, remarque judicieufement que ce conducteur n'ayant que $\frac{3}{32}$ de pouce de diametre étoit trop mince pour cet objet; tandis qu'il auroit dû avoir au moins un pouce d'épaiffeur. Le docteur Solander, nous a appris que la pointe qui appartenoit originairement au conducteur avoit été volée; que celle de deffus laquelle la foudre tomba, étoit d'un travail inférieur & moins aiguë. Sans ces deux défauts, celui d'une pointe obtufe & celui d'une chaîne trop mince, le coup auroit été entiérement prévenu.

» Si au lieu de ces chaînes, remarque le même favant, on inféroit des plaques de cuivre, épaiffes de $\frac{3}{32}$ de pouce, fur deux pouces de diametre, & bien arrondies à leurs bords dans une rainure pratiquée tout le long du grand hunier, du grand perroquet, & dans une partie du grand mât, il feroit facile d'établir une communication entre le mât & le bas côté de l'un des tillacs, par le moyen d'une plaque ou d'une verge de métal applatie à chaque extrémité ; après quoi on continueroit le conducteur depuis cette verge jufqu'au bas de la quille, fi on le ju‑ geoit néceffaire. En tenant ainfi un conducteur toujours prêt & bien en ordre, il eſt à préſumer qu'on y trouveroit de grands avantages ſur les chaînes dont on uſe à préſent. Il faudroit bien prendre garde que les pieces du conducteur ſe touchaſſent toutes d'auſſi près qu'il feroit poſſible, & de fixer à ſon ſommet une petite verge de cuivre très-pointue; deux cerceaux de même métal placés, l'un au bout du grand mât, l'autre au haut du grand perroquet, tiendroient les différentes plaques parfaitement aſſujetties. » On peut fixer ces cerceaux dans des rainures pratiquées autour du mât, & du grand perroquet, ou bien on attachera fermement les plaques à la ſurface de ces parties (1).

§. I V.

Les Paratonnerres ont mis à l'abri des édifices que la Foudre avoit auparavant foudroyés.

Pour démontrer la vérité que nous nous propoſons d'établir dans ce paragraphe, il ſuffit d'ajouter ici, à tout ce que nous avons vu juſqu'à préſent, que pluſieurs des édifices

---

(1) Recueil d'Expériences ſur l'Electricité, par M. Henley. ⌐-- Obſervations ſur la Phyſique, l'Hiſtoire Naturelle, &c., 1775, page 232.

fur lefquels on a établi des paratonnerres avoient été aup aravant plus ou moins fouvent frappés de la foudre, & que, depuis que ces appareils ont été élevés, ces édifices en ont été préfervés.

Le clocher de l'églife des chanoines de Saint-Juft de Lyon, avoit éprouvé plufieurs fois des coups de tonnerre; depuis que nous l'avons armé d'un paratonnerre, la foudre n'y eft pas tombée.

Le tonnerre étoit tombé affez fouvent à Villeurbane, fur le château de M. de Riverieu, ancien commandant de la Ville de Lyon; en 1780, j'y dreffai un appareil, & depuis cette époque il a été préfervé du tonnerre. Il en eft de même de celui que j'ai conftruit fur la maifon de M. Roccofort, échevin de la Ville de Lyon.

Nous avons vu plus haut que le clocher des cordeliers de *S. Francefco della vigna*, avoit été plufieurs fois foudroyé, & qu'il n'a éprouvé aucun dommage après la conf- truction d'un paratonnerre.

La foudre fit beaucoup de ravages dans toute l'Italie en 1783. A Genes, où on a élevé ainfi que dans fes environs un grand nombre de paratonnerres, elle n'en fit pref- qu'aucun, & felon la remarque de M. Lan- driani, elle ne frappa que deux ou trois maifons affez éloignées des conducteurs.

A Saint-Damien, la foudre avoit coutume de tomber fur des clochers ou des églifes ; depuis qu'on les a armés de paratonnerres ils ont été préfervés de ces funeftes événemens.

M. Arnolfini, a remarqué que la foudre ne tomba point dans l'été de 1783 à Luques, où il a introduit le premier l'ufage des paratonnerres, quoiqu'elle fit de grands ravages pendant ce tems dans toute l'Italie. Aux environs de Bologne, v. g., elle tomba très-fouvent & tua quatre perfonnes. Néanmoins, elle refpecta le palais & Saint-Marin, deux édifices de Luques armés de conducteurs, quoique, avant cette époque, ils euffent fouvent été foudroyés.

M. Schintz, fecrétaire de l'Académie de Zurich, ville dans laquelle il y a beaucoup de paratonerres, a également obfervé que malgré la quantité extraordinaire d'orages qu'il y eut environ dans le tems dont nous avons parlé, aucune maifon n'avoit fouffert le plus petit dommage.

La maifon de campagne du comte de Mnifzeck, à Demblin, avoit été ravagée par la foudre pendant plufieurs années ; ce qui détermina à y élever un appareil préfervateur. Néanmoins, quoique la foudre tomba cinq fois , elle n'occafionna pas le moindre dommage.

M. l'abbé Hemmer, écrivoit en 1783, à M. le chevalier Landriani , que l'églife Luthérienne de Bornheim & celle de Nierftein , qui avoient été très-fouvent fort endommagées par la foudre , depuis qu'elles ont été munies de paratonnerres en ont été entiérement préfervées , même dans les orages les plus terribles.

M. Greppi , affure que les maifons de Hambourg , n'ont jamais éprouvé le plus petit ravage de la foudre depuis que les appareils dont nous parlons y ont été établis ; c'eft ce qui engage beaucoup de perfonnes de ce pays à en élever , foit à la ville , foit à la campagne (1).

Le château royal de Turin , appellé la *Valentina* , qui avoit fouvent été frappé du tonnerre , en a été à l'abri depuis qu'il a été armé de paratonnerres par le P. Beccaria.

M. l'abbé Zava , a fait armer d'un conducteur fa maifon de campagne qui eft près de Ceneda , & que la foudre vifitoit réguliérement plus d'une fois par an. Depuis l'érection de cet appareil , il n'en a plus

____

(1) Differtation de M. Landriani , 1784 , page 288 & fuiv.

éprouvé ; & ce qui montre que le conducteur a été un véritable préservatif, c'eſt qu'on a trouvé la pointe fondue & émouſſée.

Après toutes ces preuves on ne pourra pas conteſter l'efficacité de ces appareils de la phyſique moderne qu'on nomme paratonnerres. Comment diſputeroit-on aux phyſiciens le pouvoir de préſerver de la foudre nos frêles demeures, puiſqu'ils peuvent la faire deſcendre à volonté, la diriger ſur tel & tel objet, ainſi qu'il eſt prouvé par les expériences faites avec les cerfs-volans, ou avec les grands conducteurs ; l'un eſt bien moins difficile que l'autre. C'eſt donc avec raiſon que M. Roucher dans ſon poëme des mois a dit en parlant de cet appareil, ou de cette verge électrique.

Et par elle à nos pieds conduit ſans violence
Le tonnerre captif, vient mourir en ſilence.

Le clocher de Saint-Marc à Veniſe, fournit encore une preuve de l'utilité des paratonnerres. Il a été très-ſouvent foudroyé, & les dépenſes multipliées que la république avoit faites, la déterminerent enfin à le faire armer d'un paratonnerre par M. l'abbé Toaldo. Ce clocher qui fut élevé en 888, ſelon Sanſovino & Temanza, étoit expoſé plus que tout autre aux ravages de la foudre, à caufe de fa grande élévation, de fa fituation ifolée & de la grande quantité de fer qui entre dans fa conftruction : auffi confte-t-il que depuis quatre fiecles il a éprouvé neuf coups de foudre qui y ont fait des ravages plus ou moins grands. Le premier & le fecond furent fi terribles que le feu le confuma , & que dans celui-ci , le clocher des freres mineurs conventuels fut auffi frappé au même inftant, & que fept cloches furent fondues. Pour abréger, il fuffira de dire que dans le feptieme arrivé le 23 Avril 1745 , il y eut 37 fractures qui menaçoient la tour d'une ruine entiere, & que les réparations coûte-rent plus de huit mille ducats. Rien n'étoit donc plus néceffaire que d'élever un para-tonnerre fur cet édifice, & il fut achevé le 18 Mai 1776. Quoique la hauteur de la tour de Saint-Marc, foit de plus de 320 pieds de France, cependant elle n'a jamais été frappée de la foudre depuis cette époque.

Le 27 Mars 1782, à trois heures & demi après midi, le tonnerre tomba à Philadel-phie , fur l'hôtel de l'ambaffadeur de France. Prefque toutes les maifons de la ville étoient garnies de paratonnerres , & on avoit né-gligé d'en élever un fur l'édifice dont nous venons de parler. La foudre fit plufieurs ra-vages, dans tous les endroits où elle ne trouva ni fils de fer, ni dorure, ni autres métaux, elle frappa dangereufement un officier qui mourut quelques jours après. On fent bien qu'on ne tarda pas après cet événement de conftruire un paratonnerre fur cet hôtel. Ce fait eft de la derriere certitude, car je le tiens de M. Laforeft, témoin oculaire & attaché à l'ambaffade, il m'a encore été confirmé par plufieurs autres perfonnes & entr'autres par l'illuftre Francklin, qui m'a affuré que fur quatre mille huit cents maifons qu'il y avoit à Philadelphie avant la guerre, il y avoit au moins dans ce nombre plus de quatre cents paratonnerres.

§. V.

De la vertu des Paratonnerres défectueux.

L'efficacité des paratonnerres eft fi certaine que dans les cas où le bâtiment fur lequel on auroit placé un inftrument de ce genre défectueux, il feroit néanmoins préfervé de la foudre qu'on fuppoferoit y tomber. Plufieurs preuves atteftent cette vérité.

Les premiers paratonnerres qu'on éleva en Amérique, & dans quelques autres endroits n'étoient pas faits avec les foins qu'on apporte à préfent dans leur conftruction. Ils ne con-

fiftoient ordinairement qu'en une fimple tige
de fer attachée à une cheminée , terminée
en bas par un long fil de fer , enfoncé de
deux ou trois pieds environ, dans la terre
fouvent feche. L'extrémité fupérieure de l'appareil n'avoit jamais eu de pointe aiguë, ou
en avoit une qui n'ayant pas été bien dorée ,
s'étoit émouffée ; fouvent il n'y avoit pas
de continuité exacte dans toute la longueur
du conducteur, qui étoit fait avec des chaînes , ou entrecoupé par des anneaux qui
ne fe touchoient pas réciproquement , &c.
Néanmoins ces paratonnerres avec ces divers
défauts ont été très-utiles & d'une grande
efficacité pour mettre à l'abri des ravages de
la foudre les édifices qui en étoient armés ,
ainfi que les faits fuivans vont le démontrer.

M. Raven , fut un des premiers qui fit élever
à Charles- Town , un appareil pour garantir fa
maifon déjà foudroyée par le tonnerre. La conftruction en étoit fort fimple. Il avoit fait fixer à
l'extérieur de fa cheminée, une groffe verge
de fer de plufieurs pieds de longueur, dont
l'extrémité fupérieure qui s'élevoit au-deffus
de la cheminée portoit plufieurs pointes. Un
petit fil de laiton , formoit enfuite la communication du bas de cette premiere verge
avec le fommet d'une feconde verge , qui
entroit dans la terre. Au rez-de-chauffée on

avoit pofé debout un fufil contre le mur de derriere de la cheminée, à-peu-près, vis-à-vis de l'endroit par où le fil de laiton defcendoit en-dehors. La foudre qui tomba fur les pointes n'endommagea point la verge, mais détruifit le fil de fer dans toute fon étendue jufqu'à l'endroit qui répondoit au canon de fufil. Ce fut précifemment là que le tonnerre perça le mur pour atteindre au canon de fufil, conducteur d'une grande folidité. Il paroît qu'il defcendit le long de ce canon, puifqu'il n'y eut que la croffe de la monture qui fût endommagée; quelques briques de l'âtre de la cheminée furent brifées & leurs fragmens difperfés. La portion du fil de laiton au-deffous du trou fait dans le mur ne fut point altérée. On obfervera que ce fil de laiton dont la folidité n'étant pas pro-portiónnée à la grande quantité de fluide électrique qui le traverfa, ne put la con-duire avec fûreté pour lui-même, quoiqu'il la conduifit avec fûreté pour la muraille.

M. William Weft, ayant élevé à Phila-delphie fur fa maifon un paratonnerre, eut la fatisfaction de voir qu'elle avoit été pré-fervée, même dans l'été de 1760, pendant lequel quatre édifices de cette ville & un vaiffeau dans le port, furent frappés & endom-magés par la foudre : un de ces édifices en fut même atteint deux fois dans le même orage. On ne peut douter que l'appareil dreſſé n'eût ſon effet, puiſque outre que la famille & les voiſins de M. Weſt, furent étourdis d'une terrible exploſion, dans l'inſtant où on vit & entendit l'éclair & le tonnerre, on apperçut la foudre en l'air s'élancer directement ſur la pointe de la verge, & qu'on vit l'éclair s'étendre ſur le pavé (1) à une petite diſtance du conducteur : on obſerva enſuite que la pointe avoit des marques de fuſion. Cette verge de fer s'élevoit d'environ neuf pieds & demi au-deſſus d'une rangée de cheminée à laquelle elle étoit fixée ſolidement. » Elle avoit plus d'un demi pouce de diametre à ſon gros bout, & alloit toujours en diminuant juſqu'à ſon extrémité ſupérieure. Le conducteur du bas de la verge juſqu'à la terre, diſoit M. Kinnerſley, étoit formé de petites baguettes de fer de cloutier quarrées, n'ayant gueres plus d'un quart de pouce d'épaiſſeur, & aſſemblées par de petits anneaux de chaînettes ; il s'étendoit depuis la couverture de bardeau de cedre à la gouttiere, & de-là le long des murs de la maiſon qui a quatre étages, au

____

(1) La terre au-deſſous du pavé étoit ſans doute trop ſeche.

pavé de la rue Wafter-Street, étant attaché
à la muraille par de petits crochets de fer
de diftance en diftance. Le bout inférieur
étoit arrêté par un anneau au fommet d'un
poteau de fer enfoncé de quatre ou cinq
pieds dans la terre. La verge de fer en queftion avoit à fon fommet un trou de deux
pouces environ de profondeur, dans lequel
étoit inféré un fil de laiton de deux lignes
environ d'épaiffeur, qui avoit environ dix
pouces de long lorfqu'il fut mis en place,
& qui fe terminoit alors en une pointe très-
aiguë; mais nous avons trouvé fa pointe
tout-à-fait émouffée, & fa longueur actuellement réduite à fept pouces & demi, tout
au plus. Il paroît qu'il manque quelque peu
du métal, ce qui me fait foupçonner que la
partie la plus déliée du fil de laiton a été
confumée & réduite en fumée. Mais d'autres
parties, où le fil de laiton étoit un peu plus
épais, ayant feulement été fondues par la foudre avoient coulé dans le moment qu'elles
étoient en fonte, & avoient formé une
efpece de calotte raboteufe & irréguliere,
plus baffe d'un côté que de l'autre autour
du haut de ce qui reftoit de la verge du laiton
en s'y incorporant intimément ».

M. Maine ayant établi fur fa maifon à
Indian-Land un paratonnerre, obferva des
effets

effets dont il a donné la defcription, & qui font analogues aux précédens. La partie fupérieure de cet appareil étoit garnie d'une rangée de pointes d'un gros fil de laiton argenté & bien aiguifé. L'écrou qui les portoit étoit viffé au fommet d'une verge de fer de plus de fix lignes de diametre ; mais celle-ci étoit compofée de plufieurs pieces affemblées en forme de chaînettes, au moyen des crochets formés par leurs extrémités contournées. Cette efpece de chaîne étoit fixée à la cheminée avec des gaches de fer, & les pointes ne dominoient que de fix ou fept pouces le haut de la cheminée ; ce qui rendoit défectueux cet appareil.

La foudre étant tombée avec une violente explofion fur la cheminée, coupa la verge au-deffous de l'écrou qu'on ne retrouva point, & le haut de ce qui reftoit fut recouvert d'une efpece de foudure qui annonce encore une fufion des parties fupérieures. La foudre qui defcendit le long de la verge fit fauter toutes les brides de fer qui fervoient à la fixer, & décrocha les jointures fans altérer la verge, fi ce n'eft dans l'intérieur de chaque crochet ou anneau de la chaîne ; la furface de ceux-ci étoit fondue & recouverte de métal fondu. La cheminée n'éprouva de dommage que dans le contour des fondemens dont plufieurs briques furent enlevées. On obferva des trous confidérables dans la terre autour des fondations, & principalement dans un contour de huit à neuf pouces de la verge. Le tonnerre produifit auffi quelques autres effets peu confidérables, tels que les fuivans ; il dépava l'âtre de la cheminée, applatit une théiere de cuivre, dont le fond fut percé de trois trous de fix lignes de diametre ; les chenets, deux pots de terre, & un chat qui fe trouvoient dans l'âtre de la cheminée n'éprouverent aucun ravage, quoique l'âtre fut dépavé en grande partie, & que des vafes de porcelaine dans un buffet fuffent caffés.

La foudre étant tombée en 1778 , à Padernello , paroiffe qui eft à deux lieues de Trévifo , en démantela le clocher. M. Nicolai en le faifant rétablir, y mit un conducteur dont la chaîne étoit trop mince , ainfi que le préfumoit M. l'abbé Toaldo , dans une lettre qu'il m'a écrite. La foudre le 8 Août 1780 , à onze heures du foir , effaya de rendre vifite à ce clocher dans lequel on fonnoit imprudemment les cloches ; elle y éclata avec un bruit horrible , mais fans caufer aucun dommage ni à l'édifice, ni au fonneur imprudent : on ne fentit qu'une odeur de foufre.

L'événement qui eut lieu , au mois de Juin 1781 , à la maifon d'induftrie établie à Heckingham , près Norwik , en Angleterre, ne peut point être un fujet de triomphe pour les détracteurs de l'utilité des paratonnerres , ainfi qu'il réfulte d'une lettre écrite de ce pays même, à M. Magellan par un de fes amis , favant & fort verfé dans ces matieres.

Il y avoit dans le bâtiment dont nous venons de parler huit conducteurs attachés aux cheminées, & cependant il n'a point été garanti de la foudre. Mais en établiffant ces garde-tonnerres , on n'avoit pas obfervé les principes prefcrits. Ces huit conducteurs fe terminoient par en bas en quatre bouts , & pas une feule de ces terminaifons n'avoit la communication requife avec l'eau ou la terre , pour pouvoir produire l'effet convenable. Ce qu'il y a encore de remarquable , c'eft qu'on pratiqua dans ce bâtiment une couverture de plomb , fans la faire communiquer avec aucun des conducteurs, & le tonnerre frappa le coin de cette couverture. Enfin on avoit oublié de faire les pointes des huit conducteurs en cuivre, & même de les dorer. Elles étoient néceffairement couvertes de rouille, ce qui détruit prefqu'entiérement leur effet.

CHAPITRE VI.

Des Paratonnerres ascendans.

PUISQUE du corps de preuves que nous avons préfentées, on ne peut s'empêcher de conclure que la foudre s'élance fouvent de la terre, il eft donc néceffaire d'imaginer & de conftruire un appareil pour préferver les édifices de la foudre qui s'éleve, de même qu'on en a établi fur le faîte des maifons pour les garantir du tonnerre qui part des nuées. La raifon dicte hautement que fi des caufes agiffent dans des directions diamétrales, il faut leur oppofer des obfta-cles contraires, lorfqu'on veut empêcher que leur efficacité n'ait lieu ; ce feroit une con-tradiction marquée d'en agir autrement ou de ne pas reconnoître une égale néceffité de part & d'autre. Ainfi dès qu'il eft démontré d'une maniere inconteftable, que les con-ducteurs établis fur les maifons les protegent contre l'éruption de la foudre qui tombe des nuées, & que d'ailleurs il eft prouvé, autant qu'un dogme de phyfique puiffe l'être, que la foudre s'éleve fouvent de la terre, il faut donc établir des appareils préfervateurs dans ce dernier cas comme dans le premier, puifqu'il eft des circonftances, plus communes qu'on ne le penfe communément, où les moyens ordinaires font inutiles & fans effet contre la foudre, fléau fi terrible & fi deftructeur.

Le nouvel appareil doit être fondé fur deux principes certains & confirmés par la doctrine univerfellement reçue : les métaux font d'excellens conducteurs du fluide électrique, & les pointes ont la vertu de foutirer de loin le feu électrique & de décharger le conducteur ; mais comme entre la matiere de la foudre & celle de l'électricité regne la plus parfaite identité, il eft évident que les conducteurs armés de pointes foutireront & tranfmettront la matiere fulminante. De cette façon n'étant point accumulée dans un endroit particulier, mais difperfée & diffipée, elle ne pourra point faire d'explofion. Il faut donc que notre garde-tonnerre foit métallique, & on doit y ajouter des pointes. La direction de la foudre étant de bas en haut, il eft néceffaire que les pointes foient placées dans cette direction ; alors elles foutireront le fluide électrique ou la matiere de la foudre, & l'extrémité oppofée la déchargera en filence dans l'air de l'atmofphere fous la forme d'aigrettes.

P 3.

D'après cet exposé, il paroîtroit naturel de se servir d'une barre de fer courbée en angle ou qui eût la figure d'une ligne brisée, & à une partie de laquelle on eût fait souder ou plutôt forger deux ou plusieurs supports de fer, selon la longueur de la portion à laquelle ils seroient unis, & ces supports seroient scellés dans le mur. Une extrémité de cette barre terminée en pointe dépasseroit le faîte de l'édifice, & par là laisseroit écouler le fluide électrique que la partie brisée, qui fait angle avec le mur, & dont le bout très-aigu est tourné en bas, auroit soutiré à l'instant où il se feroit échappé de la terre aux environs de cette barre.

Mais afin d'éviter tous les inconvéniens possibles qui pourroient naître d'une disposition semblable, dans les cas où la foudre tomberoit, ce conducteur n'étant pas continué jusqu'à la terre, nous proposons une barre de fer suffisamment enfoncée en terre & dans une direction perpendiculaire , parconséquent placée parallelement à un côté de l'édifice ; de telle sorte cependant que l'extrémité qui est en haut aie une saillie proportionnée au-dessus du toît. A cette barre de fer sera forgée au moins une autre petite barre de même métal , & qui fasse avec la partie supérieure de la grande barre

un angle de cent trente-cinq degrés : &
avec la partie inférieure un angle qui foit
le fupplément du premier, c'eft-à-dire de
quarante-cinq degrés : cette inclinaifon paroît
réunir plus d'avantages que toute autre. La
longueur des deux parties de la grande barre
& celle de la petite feront proportionnelles
à la hauteur de l'édifice ; on aura encore
foin de terminer l'extrémité de la petite
barre par une pointe de cuivre, dorée &
terminée par une pointe d'or, conformément
aux obfervations faites récemment, & cette
pointe qui doit être très-aiguë fera tournée
vers la terre. Si donc le tonnerre s'éleve de
la terre à une certaine diftance où il puiffe
foudroyer le bâtiment, la pointe de notre
appareil le foutirera en filence, & le conducteur préparé le tranfmettra le long de la
petite barre & de la partie fupérieure de la
grande dans l'atmofphere. Je ne doute point
qu'elle ne foit auffi tranfmife quelquefois
dans le fein de la terre par la partie fupérieure de la grande barre, ce qui fera un
double canal de dérivation très-utile.

J'ai dit qu'on feroit forger au moins une
petite barre, car j'aime beaucoup mieux
qu'il y en ait trois ou plus qui forment des
rayons divergens ou des verticilles, mot
commode des botaniftes qu'on doit leur

emprunter : alors elles foutireront la matiere fulminante de tous côtés. La grande barre verticale fera enfoncée dans la terre le plus profondément qu'on pourra, & l'extrémité inférieure communiquera, autant qu'il fera possible, avec une piece d'eau ou au moins avec la terre humide ; près du bout fupérieur, fi cela eft néceffaire, on emploiera une ou plufieurs brides pour l'affujettir.

Afin de compléter cet appareil , nous placerons quatre barres principales, femblables en tout à celles que nous venons de décrire , fur le milieu des quatre faces de l'édifice qu'on veut préferver : de cette façon il fera pour ainfi dire armé de toutes parts. Alors de quelque côté que la foudre s'éleve, elle trouvera un conducteur préparé pour la recevoir & la diffiper dans l'atmofphere. Je crois qu'il eft à propos de réunir ces quatres barres principales, & perpendiculaires par quatre barres horizontales garnies de verticilles, qui formeront une communication entr'elles, parce que fi la foudre s'élance fur une pointe elle fe diffipera par plufieurs canaux de décharge (1). Ce moyen ne peut qu'affurer de plus en plus la cer-

----

(1) On peut abfolument ne prolonger jufqu'en terre que deux ou même une feule de ces barres verticales.

titude de l'effet ; & pour la même raifon, je defirerois fort qu'on terminât par plufieurs verticilles métalliques la partie inférieure de chaque barre principale. Ces barres horizontales de communication , & ces verticilles inférieures qui font d'une grande utilité devroient être appliquées aux conducteurs ordinaires ; comme on n'y a pas encore penfé , je ne puis m'empêcher d'en recommander fortement l'ufage.

La conftruction totale de ce nouveau paratonnerre, n'eft point incompatible avec un appareil ordinaire dreffé fur le même bâtiment , & dont la pointe, plus élevée que celles des quatres barres que nous venons de décrire, foutirera la foudre contenue dans les nuages orageux , & la conduira dans le fein de la terre.

Si on veut que notre appareil fupplée au paratonnerre employé jufqu'ici, il faut donner à la pointe de chacune des quatre barres placées aux quatre côtés de l'édifice , une élevation égale à celle des conducteurs ordinaires ; dans ce cas nos conducteurs compofés feront l'office de paratonnerres tombant & de parafoudre s'élevant. Il feroit à fouhaiter qu'il y eût deux termes dans notre langue , pour exprimer la foudre qui s'éleve de la terre & celle qui part des nuages , comme nous avons ceux de Typhon & de Trombe, pour désigner un autre phénomene dans deux directions opposées. En attendant qu'on en crée, on pourra se servir de ceux de foudre ascendante & de foudre descendante.

Le paratonnerre que nous venons de décrire, est d'une grande nécessité dans ces endroits où l'on a vu la foudre s'élever, parce qu'elle peut encore s'y élever de nouveau, ce phénomene tenant souvent à des causes locales. Il peut être employé utilement & avec la plus grande facilité dans des châteaux, sur des maisons, des édifices isolés que rien n'environne; il peut & même il doit être appliqué à tous les bâtimens, puisqu'ils peuvent tous être foudroyés, & par le tonnerre qui tombe des nuées, & par celui qui s'éleve de la terre; on peut sur-tout le placer autour des murs d'une ville, &c. Il n'est pas difficile de varier la forme de cet appareil, pour l'adapter au bâtiment dont la construction seroit la plus irréguliere qu'il est possible d'imaginer : d'ailleurs il n'y a presque pas plus de difficulté à construire & à placer notre nouveau conducteur, que ceux qui ont été connus jusqu'à présent ; c'est pourquoi nous avons omis à dessein des détails inutiles, & auxquels tout le monde peut suppléer facilement.

Mais avant que de terminer cet article, n'oublions pas de parler d'une expérience qui démontre aux yeux même l'utilité & la nécessité de ce nouveau garde-tonnerre. Le docteur Lind, d'Edimbourg, pour confirmer la doctrine des paratonnerres a imaginé une petite maison d'épreuve du tonnerre qui depuis a été perfectionnée. C'est un petit bâtiment dont les quatre côtés se meuvent à charnieres sur le fond ; le toit qui est mobile les retient dans leur situation perpendiculaire. Une cartouche contenant de la poudre à canon, placée entre deux especes de boulons de métal est mise dans l'intérieur de la maison. On peut y substituer un pistolet à air inflammable qui n'exige, pour que la détonnation ait lieu, qu'une petite étincelle électrique, & l'expérience peut alors se faire avec une petite machine électrique. Si par le moyen d'une chaîne qui représente un paratonnerre, on établit une communication avec les deux surfaces de la batterie, ou simplement d'une jarre étamée à la maniere du docteur Bewis, l'explosion du petit tonnerre qui se décharge sur la maison est nulle & sans effet. Si au contraire on supprime la chaîne qui est réellement un conducteur de la foudre, la communication étant interrompue, la poudre renfermée dans la petite cartouche s'enflamme, détonne, le petit édifice ou magafin à poudre eft foudroyé, les côtés font renverfés & le toît faute en l'air. Voilà une expérience bien connue & qui prouve fenfiblement toute la folidité de la théorie moderne.

Un coup d'œil jetté fur la figure premiere, fuffira pour avoir une idée de cet appareil. *A*, repréfente la jarre électrique. *B*, *B*, la tige de communication. *C*, *C*, le fecond conducteur qui communique avec le premier. *D*, autre tige de communication terminée par une boule. *E*, extrémité du paraton- nerre : la boule *E*, peut être enlevée, alors paroît la pointe ; ce qui donne la facilité de faire deux expériences, l'une avec la pointe, l'autre avec la boule. *F*, *F*, eft la maifon de bois dont les côtés font à char- nieres. *G*, *G*, *G*, eft une chaîne qui tient lieu de paratonnerre. *H*, crochet ou anneau, lequel communique à un des boulons ou au pied du piftolet. *I*, *I*, chaîne qui com- munique à l'extérieur de la jarre. La figure feconde repréfente la même maifon, vue intérieurement & contenant un piftolet à air inflammable *A*, *A*, avec deux chaînes *B*, & *C*, qui fervent à former les commu- nications néceffaires.

J'ai fait faire une maifon femblable à celle

dont on vient de voir une courte defcription ; on y ajoute le nouveau paratonnerre
qui eſt l'objet de cet article. Je charge enſuite
par ſa ſurface extérieure une jarre étamée,
de ſorte que ſa ſuperficie interne eſt électriſée négativement, & l'extérieure poſiti-
vement, & au bas de celle-ci, communique
une tige terminée par une boule métallique,
pour repréſenter la foudre qui part de la
terre. Si le nouvel appareil eſt placé ſur un
côté de la maiſon, l'édifice eſt préſervé,
mais ſi on ôte le garde-tonnerre, la petite
maiſon eſt foudroyée, ſes côtés renverſés
& le toît jetté au loin, & avec tant de
violence qu'on eſt obligé de le retenir par
une chaîne fixée intérieurement de peur qu'il
ne bleſſe les ſpectateurs. On ne peut donc
douter en aucune façon, que le garde-tonnerre
ordinaire, ne préſerve les édifices de la foudre
deſcendante, comme celui que j'ai propoſé
garantit les maiſons de la foudre aſcendante.

Si la génération préſente a vu réaliſer une
idée qu'elle même auroit naguere regardé
comme impoſſible, celle de préſerver de la
foudre, c'eſt-à-dire, du plus terrible des météores, pourquoi déſeſpérions-nous de trouver des moyens tutélaires contre les autres
météores ? Déjà on a oſé propoſer des
moyens & des expériences pour calmer les

vagues de la mer & les tempêtes ; déjà d'illuſtres phyſiciens ont donné des vues ſur la
poſſibilité de préſerver nos campagnes de la
grêle : d'autres auſſi hardis mais plus heureux
exécuteront ce que nous ne faiſons guere
qu'entrevoir , & je ſuis perſuadé que
l'homme , cet être maintenant ſi foible , un
jour maîtriſera les élémens ; alors & ſeulement alors , on pourra dire avec vérité que
l'homme eſt le roi de l'univers , & qu'il
commande à la nature entiere.

L'appareil que nous venons de propoſer
contre la foudre aſcendante & la foudre deſcendante , eſt ce qu'il y a de plus complet
pour préſerver un grand & vaſte édifice
contre toutes les attaques du tonnerre , dans
quelque direction qu'il ſe préſente. Quatre
barres perpendiculaires peuvent être néceſſaires , lorſque le bâtiment a beaucoup
d'étendue (1) ; s'il eſt moins grand, une ou
deux ſuffiſent. Dans ce dernier cas, on les
diſpoſera ſur le comble du bâtiment , de
maniere qu'elles ſoient éloignées entr'elles
du tiers de la longueur totale de ce comble ;
elles feront coudées convenablement pour ſui-

____

(1) MM. de Buffon & Gueneau de Montbeillard ayant
lu la deſcription que je fis , il y a pluſieurs années , du paratonnerre aſcendant & deſcendant à quatre barres perpendiculaires , le firent eux-mêmes deſſiner.

vre les contours de l'édifice, & on aura
foin de diriger les deux conducteurs de ces
barres, de telle forte que l'un defcende le
long du mur de face, & l'autre fur le mur
oppofé, jufques dans la terre. Tous les deux
porteront des verticilles unis aux deux extrémités d'une tige horizontale, dont un bout
s'étendra jufqu'à l'angle oppofé de l'édifice.
De cette façon, la quantité de fer employée
pour cet appareil, fera beaucoup moindre
que lorfqu'il y a quatre barres perpendiculaires unies entr'elles par des barres horizontales formant une efpece de ceinture. Si
au contraire la longueur de la maifon eft
telle qu'elle n'exige qu'un feul conducteur
placé au milieu de la maifon, on aura foin
de le difpofer de forte qu'il ait une feule
tige au-deffus du comble, laquelle fe divife
en maniere de fourche en deux branches,
dont l'une defcendra fur une face du bâtiment, & l'autre fur la face oppofée en y
adaptant des tiges horizontales armées de
verticilles. Si les bâtimens ne font pas ifolés
on fe conforme aux circonftances locales ;
ce qui n'eft point difficile à un phyficien,
qui connoît les principes qui ont rapport
à la matiere préfente.

On pourroit objecter contre l'utilité des
verticilles inférieurs que nous recomman-

dons, que fi un nuage doit tirer une étincelle du globe terreftre, cette étincelle partira
toujours de l'extrémité fupérieure du paratonnerre, qu'il foit ou ne foit pas garni de
pointes vers le bas, parce qu'il n'y a pas
apparence, diroit-on, que le courant électrique quitte la terre humide dans laquelle
fe trouve enfoncée l'extrémité inférieure du
paratonnerre, pour fe porter à travers l'air
vers les pointes en queftion, l'électricité
fuivant toujours les meilleurs conducteurs.
Afin de donner une nouvelle force à cette
objection, fuppofons une boule de métal
ifolée & armée d'une tige femblable terminée par une pointe ; fi on l'électrife, on
obfervera bientôt que tout le fluide électrique fera diffipé par la pointe fupérieure,
à-peu-près comme s'il y en avoit une au
bas de cette même tige. Ne femble-t-il pas
qu'il en eft de même du globe de la terre,
& que le fluide électrique furabondant qui
conftitue la foudre afcendante, doit s'échapper de la même maniere du globe terraquée
par la pointe fupérieure du paratonnerre.

Les chofes fe pafferoient ainfi, certainement, fi le globe de la terre reffembloit à
une boule de cuivre, s'il étoit homogene
dans toute fon étendue, comme le métal
fuppofé ; fi l'électricité produite par des
caufes

caufes locales dans un endroit étoit la même
& au même degré dans toute l'étendue
de la maffe de la terre, ainfi qu'elle l'eft
dans la boule métallique. Mais il s'en faut
de beaucoup que ces fuppofitions foient
vraies, & conféquemment que les raifons &
la comparaifon apportées ne foient concluantes.

L'obfervation prouve, que l'orage qui
regne dans un lieu déterminé ne fe fait aucunement fentir dans d'autres endroits éloignés ; que le globe entier de la terre n'eft
pas électrifé, lorfqu'il y a un orage local, &c. ;
que notre globe terraquée eft d'une nature
très-hétérogene ; qu'on y trouve des eaux,
des mines, des pierres, des terres, &c.
de différentes fortes ; que la nature de ces
diverfes fubftances a des propriétés bien
oppofées, à ne les confidérer même que
refpectivement à l'électricité ; qu'on y trouve
des matieres minérales dans l'état métallique & d'autres dans un état de décompofition où elles ne font pas conductrices, ou
du moins dans lequel elles tranfmettent très-
peu le fluide électrique. Perfonne n'ignore,
que parmi les pierres, il y en a beaucoup
qui font d'une nature idio-électrique, électriques par nature, telles que les maffes
de quartz, de fpath, de grès, de gra-

nit, &c. ; que les terres fabloneufes, argilleufes, micacées, &c. font des non-con-
conducteurs & conféquemment propres à
ifoler. On fait de plus, que ces fubftances
font arrangées affez fouvent par lits, par
bancs ou par couches , de différentes manieres & que des maffes diverfes, plus ou
moins volumineufes, les entrecoupent quelquefois.

Ces principes inconteftables étant admis,
fuppofons, pour me rendre plus intelligible fans le fecours d'aucune figure, qu'une
maifon foit conftruite fur une maffe de granit ou fur un banc de grès , de quartz ,
ou fur un lit d'argille & de glaife, &c ;
& que, aux environs, à quelques toifes de
diftance, il y ait une maffe pyriteufe, fer-
rugineufe, &c., en un mot métallique. Si
la foudre terreftre eft produite ou tranfmife dans l'endroit pyriteux par quelque
caufe que ce foit, elle doit tendre, par les
loix de l'équilibre, à s'échapper dans l'air
& dans le haut de l'atmofphere ; mais elle
ne peut être conduite dans l'épaiffeur de la
terre, jufqu'à la pointe inférieure du paratonnerre, la maifon étant fur une maffe de
granit, de grès ou d'argille, &c., matieres qui ne font point conductrices , & qui
au contraire font idio-électriques,

Cette foudre ou cette matiere électrique surabondante qui tend à s'échapper dans l'atmofphere, ne fe portera pas non plus de préférence dans la maffe de l'air placée verticalement au-deffus, l'air n'étant pas un bon conducteur; ou fi elle s'y porte, ce fera pour chercher le meilleur conducteur qu'elle trouvera à fa proximité. La foudre ira donc frapper la maifon, quoique armée du paratonnerre defcendant, c'eft-à-dire, du paratonnerre incomplet, ainfi que nous venons de le prouver; 1°. parce qu'elle ne trouve point d'autre route; 2°. par la raifon, que les matieres qui compofent la maifon font un meilleur conducteur que la maffe entiere de l'air; 3°. parcequ'enfin, l'édifice fuppofé eft un corps non électrifé, & que l'attraction électrique regne entre les corps électrifés & ceux qui ne le font pas, les plus légers fe dirigeant vers ceux qui le font moins. La foudre afcendante frappera donc la maifon armée du paratonnerre incomplet.

Si au contraire, notre édifice eft pourvu d'un paratonnerre afcendant, avec verticilles ou pointes inférieures, tournées vers la furface de la terre, comme les pointes agiffant de plus loin que les corps qui ne font point aigus, foutirent le fluide électri-

que & le diffipent infenfiblement ; le fluide
électrique ne pourra foudroyer la maifon,
les pointes empêchant toute explofion, ainfi
que l'expérience & l'obfervation le prouvent.
En foutirant ainfi infenfiblement le fluide
électrique, & le tranfmettant enfuite par
toute la longueur du conducteur dans l'atmofphere, l'édifice entier fera préfervé par
le pouvoir des pointes inférieures.

Cette efpece de démonftration fera évidente pour tous ceux qui ne perdront pas
de vue ce que j'ai dit précédemment, que
la maifon étoit conftruite fur une maffe
graniteufe, fabloneufe ou argilleufe, &c.
& combien n'y a-t-il pas d'édifices élevés fur des fols de cette efpece, qui font
par leur nature idio-électriques & non conducteurs, aux environs defquels il y a des
fubftances pyriteufes, ferrugineufes ou contenant d'autres efpeces de minéraux, c'eft-
à-dire, des fubftances capables de tranfmettre le fluide électrique qui y fera accumulé
par différentes caufes. La comparaifon du
globe de métal, qui a été faite ci-def-
fus, eft donc entiérement inadmiffible. Il
faudroit au contraire comparer la terre à
un globe hétérogene, compofé de diverfes
fubftances conductrices & non-conductrices, &c.; faire enfuite l'expérience du pa-

ratonnerre, comme je l'ai faite, & on verroit de la maniere la plus fenfible, que la
pointe fupérieure du paratonnerre ne fuffi-
roit pas pour garantir l'édifice fur lequel il
feroit appliqué ; & que celui-ci n'en feroit
entiérement préfervé dans tous les cas, que
lorfque le paratonnerre auroit des pointes
intermédiaires tournées vers la terre.

Les verticilles intermédiaires tournés vers
la terre, feront d'autant plus propres à
produire cet effet, qu'étant de beaucoup
plus proches de la furface de la terre que
la pointe fupérieure, leur fphere d'activité
s'étendra plus loin ; qu'ils agiront plus
efficacement & fur-tout dans les circonftances où le dernier ne pourroit avoir aucune influence, foit à caufe de fon élévation, foit à caufe de la maffe du bâtiment.
Cette maffe étant fouvent, par fon étendue,
dans la route qu'on fuppofe, dans des cas
de cette efpece, feroit frappée avant que
le fluide parvînt à la pointe. Pour le démontrer, fuppofons qu'une pointe fupérieure foit élevée de cent & dix pieds au-
deffus du fol, (j'en ai placé à plus de deux
cents pieds,) & qu'elle n'ait la vertu de préferver de la foudre qu'à moins de quarante
pieds, comme l'obfervation l'a prouvé aux
magafins à poudre de Purfleet, la pointe

fupérieure fera donc infuffifante pour garantir de la foudre l'édifice entier ; elle ne le mettra à l'abri des coups de tonnerre qu'à la diftance de quarante pieds en tout fens, par l'hypothefe. Mais il y a cent & dix pieds d'élévation, ou même beaucoup plus de diftance de la pointe fupérieure à un grand nombre de parties de l'édifice. Donc la maifon ne fera point préfervée dans fa totalité. Donc quelques portions pourront être frappées de la foudre afcendante, malgré la pointe fupérieure. Si au contraire on a foin de placer, pour la foudre afcendante, des pointes inférieures, intermédiaires, à de juftes diftances, dans toute la longueur de l'élévation, ces pointes étant moins éloignées entr'elles & de la terre, que de vingt ou trente pieds, garantiront toute la maifon, comme il eft évident. Le coup de foudre qui, au rapport de l'abbé Chappe d'Auteroche, dans les Mémoires de l'Académie, frappa le mât de l'obfervatoire de Paris, vînt de la terre. S'il y avoit eu une maifon à la place du mât, elle auroit été également frappée fur une de fes faces latérales. Il faut donc garantir les côtés des édifices, des coups de foudre qui peuvent s'élever de la terre.

Ce que je viens de dire eft fi évident,

que je n'ofe réfuter férieufement l'idée qui s'étoit préfentée a une perfonne , que ces pointes pourroient être dangereufes , en fuppofant que le conducteur n'eût pas beau-coup de capacité. Si ces pointes n'étoient dangereufes qu'à caufe du peu de capacité qu'on fuppofe au conducteur , il feroit fa-cile de détruire tout danger , & conféquem-ment de leur rendre toute l'utilité qu'elles ont de leur nature , en augmentant telle-ment le volume & la maffe du conduc-teur , que fa capacité fût fuffifante & même beaucoup plus grande , ce qui eft très-fa-cile même dans les cas extraordinaires.

J'ajouterai encore , qu'on ne peut abfo-lument & fous aucun rapport , s'imaginer que le coup de foudre defcendant par le conducteur , s'échappera par les pointes in-férieures intermédiaires , & foudroiera à leur fortie les corps qui en feront proches , fans oublier des principes fouverainement con-facrés en électricité par l'expérience & l'ob-fervation. Car il eft de toute certitude , que le fluide électrique , trouvant dans l'appa-reil dont nous parlons , des métaux très-bons conducteurs , qui aboutiffent à l'eau & au réfervoir commun , ne peut l'aban-donner pour s'échapper dans l'air , fubf-tance qui n'eft pas conductrice. Il n'eft pas moins certain, que fi le fluide électrique pouvoit, par impoffible, fortir de ces pointes, tandis que le conducteur, dont elles font partie, touche à la terre & à l'eau, dans ce cas, il n'y auroit pas d'étincelles, mais des aigrettes feulement; & même dans cette hypothefe, abfolument contraire à l'expérience & aux obfervations, ces pointes produiroient encore un grand avantage, celui de diffiper fans explofion, mais en filence dans l'atmofphere, la furabondance du fluide électrique qui ne feroit plus en rapport avec le peu de capacité qu'on veut bien fuppofer dans un conducteur, fans doute mal fait, & qui cependant malgré ces défauts feroit encore très-efficace.

Si les raifons que je viens de rapporter ne fuffifoient pas pour convaincre, ce que j'ai peine à croire, je rappellerois plufieurs exemples où la foudre, au lieu de frapper directement un édifice, a fuivi une route oblique, tortueufe & latérale; effet qui ne feroit point arrivé fi la maifon avoit été munie d'un paratonnerre armé de pointes inférieures & intermédiaires. Ces détails font tirés d'une differtation fur les paratonnerres que je fis imprimer dans le Journal Encyclopédique (1), en réponfe à une lettre de M. l'abbé C...

---

(1) Journ. Encyclopéd., 11 Mars 1784, pag. 485 & fuiv.

CHAPITRE VII.

De la maniere de conſtruire les Paratonnerres.

L'ART de conſtruire des paratonnerres eſt fondé ſur des principes certains & démontrés par une multitude étonnante de preuves lumineuſes ; 1°. ſur l'identité du tonnerre & de l'électricité ; 2°. ſur le pouvoir des pointes ; 3°. ſur la vertu conductrice des métaux ; 4°. enfin, ſur les obſervations que la chûte de la foudre nous a préſentées en diverſes occaſions. Ces quatres points ont été examinés, diſcutés & prouvés de la maniere la plus ſatisfaiſante dans le cours de cet ouvrage, & il eſt inutile de répéter ici ce qui a été établi à cette occaſion.

Pour faire de bons paratonnerres , il faut ; 1°. que toute la ſuite des tiges de fer, qui compoſent le paratonnerre, ſoit ſans aucune interruption ; la plus parfaite continuité doit y regner ; 2°. que la partie inférieure du paratonnerre s'enfonce dans la terre juſqu'à l'eau , ou du moins , ſi cela n'eſt pas poſſible, juſques dans la terre humide ; 3°. que l'extrémité supérieure soit garnie d'une pointe de cuivre dorée au feu, & pour plus de précaution, cette derniere peut être unie à une petite pointe d'or ; 4°. le scellement du conducteur doit être fait dans des trous faits aux pierres de taille, pour une plus grande solidité ; 5°. toute la longueur du conducteur en fer, sera couverte d'un vernis à l'huile pour empêcher la rouille ; mais sur-tout la portion qui est enfoncée en terre doit être en plomb, ou du moins en fer bien étamé, afin que la rouille ne détruise pas à la longue le fer ; 6°. on multipliera le nombre des paratonnerres, ou du moins leurs pointes au-dessus du comble du bâtiment selon la longueur de l'édifice ; 7°. plus ces pointes seront élevées & aiguës, plus elles auront d'efficacité. Cependant, quant à l'élévation, il faut avoir égard à certaines circonstances locales, &c.

En lisant une description abrégée des paratonnerres que nous avons élevés à Lyon, à Paris & ailleurs, on aura, je pense, une idée suffisante de la maniere dont on éleve les paratonnerres. D'ailleurs, plusieurs personnes ayant souhaité de connoître la forme des paratonnerres de Lyon, qui ont excité, dans le tems, une certaine curiosité, j'ai cru être obligé de me prêter à leurs desirs, en donnant une defcription abrégée de ces fuperbes appareils de la phyfique moderne, en attendant des détails plus étendus, qu'on verra dans un autre ouvrage , que je publierai dans la fuite.

Dans le paratonnerre de Saint-Juft, on n'a rien épargné de ce qui pouvoit contribuer à fa folidité & à fa perfection, & la méchanique felon laquelle il eft conftruit, eft différente de celle de tous les inftrumens de ce genre qui exiftent. Des raifons particulieres, rélatives à des obfervations de phyfique, ont été les motifs qui m'ont guidé. De plus la forme étroite du clocher & la grande élévation de la pointe au-deffus du comble , pouvoient expofer à des dangers qu'on a voulu prévenir , la perfonne qu'on auroit chargée d'examiner l'extrémité fupérieure de cet appareil. Le but, du chapitre des chanoines de Saint-Juft, étoit encore de protéger tous les environs de l'églife & une partie des maifons environnantes des ravages de la foudre , qui eft tombée plufieurs fois fur ce clocher, & que fa pofition & toutes les circonftances locales y rendent très-fujet. C'eft pourquoi , la partie fupérieure de ce paratonnerre, qui eft au-deffus du faîte du clocher , ayant trentetrois pieds d'élévation, il a fallu faire bafculer toute la barre de fer à laquelle la pointe en cuivre, dorée au feu, est fortement viſſée. Pour cet effet, on a élevé ſolidement, ſur la charpente du clocher, un ſupport proportionné. A l'extrémité ſupérieure de ce ſupport, on a fixé, avec précaution, deux grenouilles de métal, dans leſquelles entrent les deux tourillons, qui ſont à-peu-près à la moitié de la longueur de la barre de fer, laquelle, par ce moyen, peut avoir un mouvement de rotation ; ſon extrémité ſupérieure s'abaiſſant, tandis que le bout inférieur s'éleve.

Le mouvement dont nous venons de parler, s'exécute avec la plus grande facilité, par le ſoin qu'on a eu de mettre en équilibre cette barre de fer, dont la longueur eſt environ de vingt-ſix pieds. On ſent bien qu'il a été néceſſaire, pour cet effet, de donner plus de longueur à la partie d'en haut & plus de maſſe à celle d'en bas. Un homme ſeul, en ne ſe ſervant que foiblement d'une de ſes mains, peut élever ou abaiſſer ce conducteur avec une facilité étonnante. On retient cette barre dans une poſition perpendiculaire à l'horizon, par une vis qui traverſe l'épaiſſeur du ſupport & celle de la barre, & cette vis a un fort écrou pour aſſujettir le tout.

Si quelqu'un defiroit de conftruire un appareil femblable, il pourroit faire le fupport tout en fer, ou y employer un mât. Dans ce dernier cas, il faudroit pafler quelques couches à l'huile fur la furface du bois bien feché, & le couvrir, quelque tems après, d'un vernis à l'efprit de vin, afin d'empêcher que le bois ne fe pourrît. Il feroit encore néceffaire d'armer ce mât de deux chapeaux de fer-blanc à fes deux extrémités, afin que la pluie ne pût point l'endommager.

Achevons de décrire la conftruction de notre paratonnerre. Une barre de communication part enfuite du talon de la barre de fer qui bafcule, & va s'unir parfaitement avec la partie du conducteur, qui s'éleve parallelement le long du mur. Les plus grandes précautions ont été prifes pour rendre auffi parfaite qu'il eft poffible, la jonction de toutes les barres de fer dont cet appareil eft compofé. Des verticilles pour la foudre afcendante, ont été placés à la hauteur que les circonftances locales exigeoient. La partie qui eft en terre eft enfoncée à une grande profondeur, elle eft environ de dix-huit pieds, & on a pris des précautions pour y jetter les eaux de pluie, y verfer habituellement d'autres eaux

& pour les y retenir. Dans le fein de la terre, j'ai également placé plufieurs verticilles. Ce paratonnerre, depuis fa pointe jufqu'au dernier des verticilles inférieurs, a cent trente-un pieds de longueur & fon extrémité fupérieure a près de quatre cents pieds d'élévation au-deffus des moyennes eaux de la Saône.

Le paratonnerre que j'ai élevé, à la priere des adminiftrateurs de l'hôpital de Lyon, fur le dôme de ce magnifique édifice, eft d'une figure bien différente du précédent. La forme du dôme entraînoit beaucoup de difficultés dans l'exécution; auffi a-t-il été néceffaire d'élever plufieurs échaffauds, placés les uns au-deffus des autres. Cependant la conftruction de ce nouveau paratonnerre eft de la plus grande fimplicité, & cet inf-trument a été placé avec tant d'art, qu'il eft auffi folide qu'on puiffe le defirer, & qu'il ne nuit en aucune façon à la décoration du dôme.

Sur la croix qui eft-deffus du dôme, j'ai fait fuperpofer une feconde croix en fer, laquelle eft elle-même l'extrémité fupérieure du paratonnerre. Trois pointes de cuivre, dorées à or moulu, font profondément vif-fées à l'extrémité des trois branches de cette nouvelle croix. Celle-ci eft retenue en.

fituation par plufieurs brides de fer, placées dans les endroits convenables. Le
paratonnerre paffe enfuite dans le collier
fupérieur de la boule qui eft au-deffous de
la croix. Il eft uni par une communication
avec toutes les bandes de fer, qui forment
les côtes, mifes dans l'intérieur de la boule,
& avec tous ceux qui fervent de foutien
aux trois anges de plomb qui fupportent la
boule, le long defquels il defcend fans interruption, ainfi que devant les nuages &
le piedeftal. Il en eft de même rélativement
à la baluftrade de fer qui regne autour du
piedeftal.

Le conducteur, formé par de groffes barres de fer (1), defcend enfuite le long du
dôme en fe prêtant à la courbure de la voûte.
Des taffeaux, qui ont une faillie fuffifante,
qu'on a peints à l'huile & couverts de plomb
aux endroits néceffaires, font folidement
unis à la charpente du dôme. Ils foutien-
nent des *baffes* de fer, armées de clavettes
doubles, pour appuyer & retenir le con-

____

(1) M. Regnier, de Sémur en Auxois, ferme fes conducteurs avec vingt-fept fils d'archal, ce qui fait une efpece
de corde très-folide ; il a élevé de cette maniere plufieurs
paratonnerres, avec des verticilles pour la foudre afcendante ; plufieurs autres phyficiens ont également fuivi l'exemple que j'ai donné fur cet objet.

ducteur de diſtance à diſtance. Le long du mur, il eſt différemment fixé, par des ſcellemens faits avec du plomb fondu dans le mur. Des verticilles aſcendants ont été placés à la hauteur convenable. A dix pieds environ au-deſſus du ſol, la barre de fer eſt noyée dans une rainure pratiquée dans la pierre de taille. Une grande borne de pierre la couvre preſqu'à hauteur d'appui. Enſuite la partie inférieure entre profondément dans la terre. On y a ménagé pluſieurs verticilles inférieurs, qui ſont dans un puits creuſé exprès, & qui eſt beaucoup plus profond que les plus baſſes eaux du Rhône avec lequel il communique continuellement. La hauteur totale de cet appareil eſt de plus de deux cents ſix pieds de roi.

Ces paratonnerres, ainſi que pluſieurs autres, ont été élevés à Lyon en 1780 ; j'en ai encore fait conſtruire pluſieurs en 1786. Les uns ſont tous en fer, d'autres ſont ſupportés par des mâts fixés à la toîture, quand les circonſtances l'exigeoient. Dans ce dernier cas, quelquefois les mâts ont été poiſſés ſur le feu & peints, d'autrefois peints & vernis. Dans certains cas, les tiges conductrices, le long du mât, ont été fixées par des colliers de fer, avec vis & écrous. Des chapeaux de fer-blanc ſont

placés

placés dans tous les endroits convenables; ils font non-feulement retenus par de bons cloux, mais encore avec des brides très-fortes. La tige du conducteur de ces divers paratonnerres eft armée, dans une grande partie de fa longueur, de verticilles inclinés, à quarante-cinq degrés vers la terre, pour la foudre afcendante. Les jonctions des barres de fer entr'elles font, tantôt à vis & à écroux, tantôt elles ont été formées en limant la moitié de l'épaiffeur de chaque extrémité, en mettant entre deux des lames d'étain laminé. Les deux extrémités dont nous venons de parler font percées, afin de recevoir le tenon du fcellement en fer, dont on rive la tête à coups de marteaus.

J'avois déjà fait plufieurs paratonnerres dans différens endroits; d'autres en avoient également élevé un affez grand nombre dans diverfes villes de France, tandis qu'il n'y en avoit pas encore dans Paris. Plufieurs perfonnes de diftinction m'ayant témoigné leur defir, je me rendis à leur priere, & j'en conftruifis un certain nombre. Voici ce qu'en ont dit les auteurs du Mercure de France. « On ne fera plus à la capitale de la France le reproche, de ne pas adopter la découverte des paratonnerres, dont l'utilité est si bien démontrée. Plusieurs villes de France s'étoient déjà distinguées par leur empressement pour en élever ; & la ville de Paris, le séjour des sciences & des arts, ne pouvoit différer plus long-tems de suivre l'exemple que le nouveau monde a donné à l'ancien. Mde. la duchesse d'Ancenis en a fait élever un sur son hôtel, où la foudre est tombée précédemment ; & les religieuses Augustines - Angloises en ont fait établir un sur leur couvent. M. l'abbé Bertholon, professeur de physique expérimentale des états généraux de la province de Languedoc, déjà reconnu dans la républiques des lettres, par plusieurs ouvrages qui ont eu du succès & par les superbes paratonnerres de Lyon, a été choisi pour présider à la construction de ces nouveaux instrumens, qu'il a fait exécuter d'une manicre à ne rien laisser à desirer. Celui de l'hôtel de Charost, de Mde. la duchesse d'Ancenis, a quatre-vingts & cinq pieds de longueur, l'extrémité inférieure qui entre dans la terre & plonge au-dessous de l'eau a vingt-huit pieds. Le paratonnerre des religieuses Angloises est de cent quatre-vingts & huit pieds de longueur, & la partie qui est dans la terre & qui aboutit à l'eau, est de quatre-vingts & dix pieds de profondeur. On a obfervé la plus grande précifion dans les jonctions qui font faites à vis; des communications métalliques ont été favamment ménagées, les pointes font dorées à or moulu; des verticilles ont été placés aux endroits convenables; en un mot, on y voit toutes les perfections que M. l'abbé Bertholon a décrites & obfervées dans divers appareils de ce genre, qu'il a conftruits en plufieurs endroits & qu'il fera connoître en détail dans un de fes ouvrages (1). » Nous ne parlerons pas ici des autres paratonnerres que j'ai élevés à Paris; leur defcription trouvera fa place dans un ouvrage fur le tonnerre que je publierai.

Nous avons dit, dans toutes les defcriptions précédentes, que les conducteurs des paratonnerres étoient formés par des barres de fer, & par-tout ils font de cette matiere; le fer eft-il de tous les métaux le meilleur? Tous les métaux font conducteurs de la matiere électrique, & il n'y a pas à préfent d'expériences bien concluantes, qui prouvent jufqu'à quel degré une efpece de métal eft meilleur conducteur de ce fluide qu'un autre; mais ils le font tous fuffifamment pour l'objet dont il s'agit. Envain

____

(1) Mercure de France, 1782, n°. 52, page 188.

objecteroit-on, qu'un fil de fer est plus facilement fondu qu'un fil de cuivre par la décharge électrique d'une batterie, quoique les diametres de ces fils soient égaux; puisque la foudre fond des fils de cuivre & des fils de fer lorsque les uns & les autres ont peu d'épaisseur, ainsi que l'expérience l'a prouvé dans différentes occasions où la foudre, dans sa chûte, a rencontré sur sa route ces différentes matieres. Mais ce qui est ici décisif, c'est que la foudre n'a jamais fondu de barres de fer, telles que celles qu'on emploie dans la construction des paratonnerres. Les conducteurs doivent donc être en fer, puisque l'économie s'y trouve.

Les paratonnerres ne doivent point être isolés : autrefois on a vu quelques physiciens les isoler, mais ils ont bientôt changé de sentiment. Pour en convaincre tout le monde, il suffit de faire observer que les métaux étant meilleurs conducteurs que le bois & les pierres qui composent en grande partie les édifices, le fluide électrique suivra plutôt la route métallique, qui lui est indiquée, que toute autre ; ainsi cette pratique est inutile.

On pourroit demander ici, si on doit craindre & éviter de faire descendre des paratonnerres dans des latrines, jusques

dans la terre ; cette queſtion ayant été pro-
poſée dans des ouvrages périodiques , & la
réponſe qu'on y a faite étant contraire
aux principes & aux expériences , nous
croyons à propos de nous arrêter un inſtant
ſur cet objet.

Il n'y a aucun danger de faire traverſer
les paratonnerres dans les foſſes d'aiſance ,
quelque remplies qu'elles ſoient de gas inflammable, mêlé avec de l'air atmoſphérique. La raiſon fondée ſur les principes les
plus certains de cette partie de la phyſique
qui traite de l'électricité, en eſt, que jamais le gas inflammable , même combiné
avec l'air ordinaire , ne peut s'enflammer que par une étincelle électrique, &
celle-ci ne peut avoir lieu, s'il n'y a de ſo-
lution de continuité dans le conducteur non
iſolé, qui traverſe le lieu où eſt renfermé
le gas inflammable. Mais jamais les conducteurs des paratonnerres, ne ſont interrompus par des ſolutions de continuité ; toujours on les évite avec le plus grand ſoin ;
c'eſt un des premiers principes de la conſtruction de ces appareils, qui forment depuis
leur extrémité ſupérieure, juſqu'au bout inférieur profondément enfoncé dans l'eau ou
dans la terre humide, qui forment, dis-je,

une fuite non interrompue de barres de fer non ifolées.

Pour confirmer ces principes fi évidens par l'expérience, j'ai fait quelques expériences abfolument décifives. J'ai pris un vafe de métal, dans l'intérieur duquel paffoit une tige de fer beaucoup plus longue & foudée exactement aux deux infertions. Ce vafe a été rempli de gas inflammable & d'air, & la tige de fer a été fufpendue par fon extrémité fupérieure au conducteur électrifé. Dans cet état, le fluide électrique paffoit certainement au travers du gas inflammable, néanmoins il n'a pas été allumé, & il n'y a eu aucune explofion, effet dont on fe feroit apperçu, car le vafe de métal avoit à fon fommet une ouverture fermée par un bouchon de liege, à la maniere des piftolets de Volta.

Afin d'opérer une plus ample conviction, j'ai accroché une chaîne à l'extrémité inférieure de la tige de fer, qui traverfoit de part & d'autre le vafe de métal; cette chaîne fe terminoit à un pouce de diftance de la terre, & on voyoit conftamment une étincelle électrique qui partoit du bout inférieur de la chaîne & s'élançoit vers la terre, & il n'y a eu aucune détonation de l'air inflammable. On n'en a vu aucune, quoiqu'on tirât avec la main ou un excitateur, des étincelles dans toute la longueur de la tige de fer, du vase & de la chaîne. Il en a été de même, à plus forte raison, lorsque la chaîne a été allongée pour traîner sur la terre.

J'ai ensuite pris un second vase semblable en tout au premier, excepté qu'il avoit près de son fond inférieur une ouverture, dans laquelle passoit un tuyau de verre contenant un petit fil de métal, comme on le pratique pour les pistolets à air inflammable. On a répété les expériences précédentes qui ont été absolument les mêmes ; conséquemment il n'y a eu aucune détonation. Mais afin qu'on n'objectât pas que l'air inflammable étoit pur ou qu'il n'y en avoit pas, j'ai eu intention, les premieres expériences étant faites complettement, d'exciter une détonation. Pour cet effet, j'ai tiré une étincelle du fil de fer, qui passoit à travers du tuyau de verre, & il y a eu aussitôt explosion ; ce qui rend la preuve parfaitement décisive.

Outre les grands paratonnerres dont nous venons de parler, on en a imaginé & exécuté de portatifs pour les personnes à pied. Cet appareil aussi utile qu'ingénieux ne differe presque d'un parasol, que par des petits

accessoires qu'on y ajoute. La partie principale qui fait le corps du parasol comprend ;
1°. Un taffetas bombé à l'ordinaire en forme
de dôme, mais qui a une de ses coutures
recouverte en-dessus d'une petite tresse d'argent : 2°. Un manche d'un bois léger &
long d'environ deux pieds. 3°. Une tringle
de fer d'un demi pouce de diametre, &
de huit à dix pouces de long, placée en-
dessus vis-à-vis du manche, & terminée
supérieurement par un écrou : 4°. Un anneau,
des baguettes & un ressort particuliérement
situés en-dessous ; cet anneau glissant sur la
tringle sert à plier & à déplier les baleines :
5°. neuf à dix baleines, chacune de deux
pieces, arcboutées à l'ordinaire, mais placées au-dessus du taffetas ; l'une de ces baleines attenant la tresse d'argent, est armée
d'un bout de cuivre, terminé par un écrou.
Les accessoires font, 1°. une verge de cuivre
mince, longue d'un pied, terminée supérieurement par une pointe fine, & inférieure-
ment par une vis qui s'adapte aisément,
quand on veut, à l'écrou de la tringle :
2°. un gros fil de laiton, d'un pied & demi
de longueur finissant par une petite vis qui
au besoin se met dans l'écrou du bout de
cuivre dont nous avons parlé : 3°. un cordonnet d'argent, pendant au bout inférieur

de ce fil de laiton, & terminé par une petite houpe de frange qui traîne à terre. Telle eſt la deſcription qu'a donnée M. Barbeu du Bourg de ce paratonnerre, dont la verge de fer, la tringle, la treſſe, le bout de cuivre, le fil de laiton, le cordonnet & la houpe ſont autant d'excellens conducteurs métalliques. Lorſqu'on eſt menacé d'un orage ou quand il eſt entiérement diſſipé, il ne faut qu'une minute pour joindre ou ſéparer les deux parties de cette machine & changer ſon paraſol en paratonnerre ou réciproquement.

CHAPITRE VIII.

Des principaux Paratonnerres, & de la néceſſité d'en élever ſur les magaſins à poudre.

QUAND on ſe rappellera des preuves péremptoires qui établiſſent l'efficacité des paratonnerres, on ne ſera plus ſurpris du grand nombre d'appareils de ce genre, qui ont été élevés ſoit en France ſoit dans les pays étrangers.

Voici les principales villes ou endroits dans leſquels on peut en voir pluſieurs, nous les placerons ici fans ordre : Colmar, Saint-Omer, Dijon, Lyon, Orléans, Paris, Bordeaux, Rochefort, Breft, Touloufe, Soreze, Marfeille, Toulon, Montbard, Nîmes, Chantilly, Valence, Bourg en Brelle, Strasbourg.

Il y en a, à Londres, à Vienne, à Copenhague, à Berlin, à Pétersbourg, à Stockholm, à Gottingue, à Florence, à Treves, à Manheim, à Heidelberg, à Stutgard, à Hombourg, aux Deux-ponts, à Aufbourg, à Bruxelles, à Monaco, à Karlsberg, à Dufleldorf, à Afti, à Turin, à Nymphenbourg, à Naples, à Vicence, à Sienne, à Mantoue, à Pavie, à Geneve, à Venife, à Milan, à Genes, à Berne, à Julliers, à Luques, à Zurich, à Varfovie, à Rome, à Hambourg, dans divers endroits de la Hollande.

Dans plufieurs de ces villes ou dans leurs environs, on en compte un grand nombre ; il y en a vingt à Venife, treize à Padoue, trente à Genes, vingt-trois à Luques, dix-huit à Geneve, treize à Varfovie, dix à Milan.

La plupart des fouverains craignant avec raifon, les dangers terribles que courent les magafins à poudre d'être foudroyés par le feu du ciel, & les villes d'être prefque entiérement détruites par l'explofion énorme de la grande quantité de poudre qu'on y renferme. La plupart des souverains, dis-je, ont fait armer de paratonnerres les magasins à poudre. Le grand duc de Toscane en a fait construire sur tous ses magasins à poudre, de même que le roi de Prusse, l'Empereur, le roi de Dannemarck, l'électeur Palatin ; on en voit encore à Venise, à Lucques, à Julliers, à Berne, &c.

Les principaux physiciens qui ont dirigé des constructions de paratonnerres, sont MM. Landriani, Moscati, Hemmer, Athanase Cavalli, Toaldo, Morveau, Saussure, Regnier, Tardivon, le Roi, de Sades, Vissery, Bertholon, Lichtenberg, Fontana, le prince de Gallitzin, Beccaria, Frisi, Cuthbertson, Boyer, Jacquier, Cavalli, dom-Reboul, On doit à l'illustre M. Landriani, une grande partie de ces renseignemens il a écrit pour se les procurer à plusieurs physiciens (1).

Pour prouver combien grande est la nécessité d'élever des paratonnerres sur les magasins à poudre, il suffit de montrer combien la chûte de la foudre est terrible par ses suites, lorsqu'elle tombe sur ces édifices qui

____

(1) Dell' utilità dei Conduttori Elettrici, Dissertazione di Marsilio Landriani, 1784.

renferment dans leur fein une quantité très-confidérable de matieres propres à détonner. A Brefcia en Italie, le tonnerre, en 1769, mit feu au magafin à poudre de cette ville, dans lequel il y avoit deux millions foixante & feize mille livres de poudre, deftinée pour Venife. Ce terrible événement ruina prefqu'entiérement cette belle & grande ville. La fixieme partie des édifices fut renverfée, & le refte fi fort ébranlé qu'il menaçoit ruine. Trois mille perfonnes périrent dans cette cataftrophe. Une tour de pierre de taille, bâtie fur le fouterrain qui contenoit ce dépôt, fut emportée toute entiere en l'air, & fes diverfes parties tomberent comme une grêle de pierres qui abîma un grand nombre d'églifes, d'hôtels & de maifons particulieres. Par cette explofion, de groffes pierres de taille furent emportées à la diftance de huit milles, & un canon du plus gros calibre à un mille & demi. Les dommages occafionnés par cet accident furent très-confidérables, & on les évalua à plus de deux millions de ducats.

Le 18 Août 1783, la foudre tomba pendant un gros orage fur les magafins à poudre de la ville de Malaga, & mit le feu au peu de poudre qu'il y avoit. Une grande partie de l'édifice fut renverfée & probablement la ville entiere auroit été détruite de fond en comble, si elle n'avoit sollicité & obtenu deux ans auparavant qu'on transférât à une lieue ces magasins, qui contenoient ordinairement six mille quintaux de poudre, lesquels ont été mis hors de la ville dans les nouveaux bâtimens destinés à cette fin.

Le 4 Mai 1785, la ville de Tanger éprouva un orage terrible, pendant lequel le tonnerre tomba sur le magasin à poudre, & y mit le feu. Cet édifice sauta avec un fracas épouvantable, & la plus grande partie des maisons voisines en fut renversée. L'explosion fut si terrible, que toute la ville en fut ébranlée ; les fenêtres & les portes des maisons entiérement brisées. Heureusement que la plus grande partie de la provision de poudre déposée dans ce magasin, en avoit été tirée quelques jours auparavant pour être envoyée à Constantinople, & qu'il n'en restoit que cent vingt quintaux, sans quoi toute la ville auroit été convertie en un monceau de ruines.

On ne peut être rassuré contre de pareils événemens qui peuvent avoir lieu chaque année, qu'en plaçant hors de l'enceinte des villes les magasins à poudre, & à une juste distance. Il est encore nécessaire de les armer de paratonnerres, car les voûtes les plus épaiffes ne fuffifent pas pour garantir les magafins à poudre des incurfions de la foudre qui peut les percer. Ce n'eft donc pas fans raifon, que par-tout les gens éclairés craignent les fuites funeftes que peut entraîner la chûte de la foudre, fur les magafins à poudre, fitués dans le fein des villes, il eft peu d'imprudences de cette force, & il eft à fouhaiter que bientôt, fous un gouvernement auffi éclairé & auffi zélé pour le bien public, que celui fous lequel nous vivons, une loi fage profcrive à jamais cet abus un des plus dangereux qui exiftent.

CHAPITRE IX.

De la pratique pernicieufe de fonner les cloches & de fe réfugier fous les arbres, dans le tems d'orage.

DANS un ouvrage de la nature de celui-ci, nous ne pouvons nous difpenfer de nous élever contre la pratique nuifible, qui a lieu en beaucoup d'endroits de fonner les cloches aux approches des orages, malgré les funeftes événemens qui en font fi fouvent les fuites. Un des faits les plus capables de çonvaincre du danger de cette pratique eft celui qu'on lit dans l'hiftoire de l'Académie des Sciences, (1719) que dans une horrible tempête qu'on éprouva dans la baffe Bretagne, dans la nuit du 14 au 15 Avril 1718 , durant laquelle les éclairs ne cefferent de paroître, & les tonnerres fe firent entendre avec un bruit effrayant, vingt-quatre églifes voifines les unes des autres, où l'on fonnoit les cloches, furent frappées de la foudre , tandis que que quelques autres églifes également proches des premieres, & où on ne fonnoit pas, n'éprouverent pas le plus petit dommage.

Un phyficien Allemand a calculé que , pendant trente-trois ans, le tonnerre a frappé trois cents quatre-vingt & fix clochers, & tué cent trois fonneurs imprudens.

Des obfervations de ce genre que j'ai recueillies, il réfulte qu'il n'eft aucune province où chaque année la foudre ne tue plufieurs fonneurs. C'eft ce qu'on verra plus en détail dans notre traité fur le tonnerre.

Qu'il feroit donc à fouhaiter qu'on imitât en France la conduite de plufieurs prélâts, qui ont défendu dans leurs diocefes, qu'on fonnât jamais les cloches pendant le tems des orages, & celle de plufieurs cours de magiftrature, qui par leurs ordonnances ou arrêts ont décerné des peines contre ceux qui continueroient à mettre en œuvre cette pratique dangereufe ! Il fuffit de citer ici l'ordonnance fage du bailliage de Langres, homologuée par un arrêt du parlement, du 21 Mai 1784. Quelques fouverains ont déjà donné cet exemple, il fuffit d'en citer un à qui les fciences phyfiques font déjà fi redevables, par des établiffemens infiniment utiles à la météréologie en particulier. » Enfin m'écrivoit, le 1 Novembre 1782, un illuftre phyficien (M. l'abbé Hemmer) ; enfin notre immortel fouverain, Charles Théodore le philofophe, vient de donner pour fes duchés deux arrêts importans. 1°. De ne plus fonner les cloches pendant les orages, mais de fe contenter d'un figne déterminé qu'on doit en donner lorfque l'orage approche. 2°. De munir de conducteurs toutes les églifes du pays, tant en villes qu'en villages & fans exception, à caufe de la religion ».

C'eft encore une finguliere imprudence de fe mettre fous des arbres pendant l'orage. Mille événemens ont prouvé jufqu'à préfent combien cette pratique eft pernicieufe ; nous nous contenterons d'en citer un feul. Il y a quelques années que deux petits bergers fe réfugierent pendant un violent orage,

fous

sous un chêne, qui étoit isolé au milieu des champs près d'un village non éloigné de Chambery ; ils étoient adossés contre l'arbre, la foudre tomba sur le chêne, tua celui des deux qui se trouva le plus proche de l'arbre , & blessa l'autre en différens endroits, dans toute l'étendue de l'épine du dos, depuis la nuque jusqu'aux fesses (1).

SECONDE SECTION.

Des Tremblemens de terre & des Volcans.

CHAPITRE PREMIER.

Des tremblemens de terre & de leurs principaux phénomenes.

Parmi les fléaux destructeurs , je ne crois pas qu'il y en ait aucun, qui inspire plus profondément la terreur & l'effroi que

____

(1) Essai Météorologique sur la véritable Influence des Astres, page 221.

les tremblemens de terre. Le fol qu'on habite n'eft plus un lieu de fûreté; les pénates, afile ordinaire contre les orages & les tempêtes, font encore plus redoutables que le mal lui-même; le fein de la terre, qui pourroit être un abri protecteur contre la foudre, ceffe d'en être un, lorfque notre globe, éprouvant des convulfions & des déchiremens, femble ébranlé jufques dans fes derniers fondemens. Ses malheureux habitans, pâles & tremblans, abandonnent leurs foyers, & incertains où diriger leur marche, s'éloignent à pas précipités de leur patrie, qui de toutes parts ne leur préfente que l'image de la mort & mille objets d'horreur : à chaque inftant ils craignent de voir s'ouvrir des abymes affreux prêts à les engloutir.

Il eft des ames intrépides qui affrontent les dangers & les tempêtes, il en eft qui, tranquilles dans le fein des orages, voient de fang froid la foudre fillonner les airs, & le tonnerre, ce météore fi terrible, gronder fur leur tête; mais on n'en a jamais vu qui ofaffent, je ne dis pas braver ces affreufes fecouffes imprimées à la terre, je dis feulement, ne pas fuir des lieux qui en font le funefte théâtre. Tous faifis d'épouvante aux premieres approches de ce fléau deſtruĉteur, n'ont ni aſſez de force ni aſſez de vîteſſe pour accélérer leur fuite précipitée. Qu'on ſe rappelle ce qui s'eſt paſſé de nos jours dans les lieux ravagés & détruits par ces horribles convulſions de la nature, & on ſera convaincu que, dans ce déluge de maux auxquels nous ne ſommes que trop ſouvent expoſés, il n'en eſt aucun qui ſoit ſi redoutable.

Ce terrible météore de tout tems bouleverſa notre malheureux globe, & les premiers ravages qu'il a produits, ſans doute auſſi anciens que le monde, ſont enſevelis dans la nuit des tems. Combien d'événemens intéreſſans, arrivés dans les premiers âges, ſont perdus pour nous, ainſi que les générations qui les ont vu naître ! Cependant dans cette obſcurité des ſiecles, il nous reſte encore des monumens que nous pouvons conſulter, & leurs réponſes doivent être bien plus aſſurées que celles des hiſtoriens qui nous manquent. Ces lits énormes de laves, qui en recouvrent d'autres encore plus dures, leſquelles à leur tour en ont enveloppé pluſieurs de différentes denſités, & ſous leſquelles on voit encore les triſtes débris de villes infortunées, doivent être à nos yeux au moins des *médailles inconteſtables* des révolutions que les volcans, ſi étroitement

liés avec les tremblemens de terre , ont produits, & qui ont changé la face du monde
entier. Je pourrois en rapporter plufieurs
preuves, je me contenterai d'en citer une.

La lave de l'Etna , près de la mer, n'eft
encore, dans la plupart des endroits, qu'un
rocher ftérile , & dans d'autres à peine eft-
elle couverte d'un peu de terreau , ainfi que
l'affure M. Bridone (1), quoiqu'il y ait plus
de deux mille ans qu'elle ait été vomie par
les éruptions de cette montagne. Diodore de
Sicile dit : « Que cette lave fortit du cratere au tems de la feconde guerre Punique,
lorfque Syracufe étoit affiégée par les Romains. Tauromine envoya un détache-
ment fecourir les affiégés. Les foldats furent arrêtés dans leur marche par ce courant de lave , qui avoit déjà gagné la mer
avant leur arrivée au pied de la montagne,
& qui, leur coupant le paffage, les obligea
de retourner par la croupe de l'Etna, l'efpace de plus de cent milles. » Cette affertion eft inconteftable puifqu'elle eft auffi appuyée fur des infcriptions tirées de plufieurs monumens Romains trouvés fur cette
lave, & dont plufieurs auteurs Siciliens font
mention.

____

(1) Voyage en Sicile , tome I, page 126.

Non loin de Catane eſt une voûte, enfoncée de trente pieds au-deſſous de terre,
dans laquelle on diſtingue, d'un côté, pluſieurs couches de lave ſéparées par des lits
très-épais d'un excellent terreau ; on a même
percé à travers ſept laves différentes ainſi
placées les unes ſur les autres. M. l'abbé
Recupero ſe ſert ingénieuſement de cette
obſervation pour démontrer la grande antiquité des éruptions de l'Etna ; car s'il a fallu,
comme nous venons de le voir, deux mille
ans pour décompoſer la lave, & former ſur
ſa ſurface une légere couche de terre, combien de ſiecles n'ont pas dû s'écouler pour
produire les ſept lits de terre obſervés entre ceux qu'on remarque dans la lave de
l'Etna, & cette épaiſſeur de ſoixante-huit
pieds de lave en d'autres endroits, ſous laquelle on trouve les veſtiges d'une ancienne
ville.

Quoiqu'il en ſoit, quinze ſiecles avant
notre ere arriva la premiere éruption connue du mont Etna, & deux cents vingt ans
après cette époque la ſeconde eut lieu ; ſans
doute ces événemens ont été accompagnés
de tremblemens de terre. Sous le roi Ozias,
la terre fut ébranlée. Phérécide, précepteur
de Pythagore, en puiſant de l'eau hors d'un
puits, annonça un phénomene de ce genre

dans l'ifle de Scyros; Anaximandre le Mi-
léfien en prédit un autre treize ans après
aux Lacédémoniens, & la ruine de leur ville
juftifia bientôt cette prédiction. Environ cinq
fiecles avant notre ere (quatre cents foixante
& dix ans), le mont Taygette fut renverfé
par un tremblement de terre. Lacédémone
détruite, vingt mille habitans engloutis &
plufieurs gouffres ouverts dans les environs.
Pendant les années fuivantes Rome, Délos,
l'Attique, l'ifle d'Eubée en Béotie, l'Elide,
la Thrace en éprouverent de femblables.

Thucidide rapporte que, vers le tems de
la guerre du Péloponefe, entre les républiques d'Athenes & de Sparte, toute l'ifle
d'Atalante ou au moins fa plus grande partie fut fubmergée par l'effet d'un tremblement de terre. Selon Poffidonius, la même
chofe arriva dans la ville de Sidon. Au moment que Brennus & fes Gaulois s'avan-
çoient pour piller le temple de Delphes, un
tremblement de terre les remplit d'effroi &
fauva ainfi ce fuperbe monument de leurs
mains déprédatrices : effets que les poëtes
Grecs attribuerent à une protection fpé-
ciale d'Apollon. Callifthene, qui accompagna
Alexandre-le-Grand dans fes expéditions,
nous apprend que, fix ans après, les villes
d'Hélice & de Buris en Achaïe furent ren-

verfées par un tremblement de terre des plus
violens. Strabon dit qu'un abyme ouvert
fous la premiere de ces villes l'engloutit en
un inftant , & que la feconde fut enfevelie
fous les eaux. Paufanias & Pline en font auffi
mention. Un autre tremblement de terre détruifit le port de Rhodes , & renverfa le fameux coloffe , qui fut regardé comme une
des fept merveilles du monde : c'eft ainfi ,
pour le dire en paffant, que la nature en fe
jouant montre à la race humaine , combien
vains font fes plus puiffans efforts.

Pendant la bataille de Trafimene , il y eut
une affreufe fecouffe , qui renverfa des villes
entieres. On rapporta au Sénat de Rome, que la
terre avoit tremblé cinquante-fept fois cette
année ; & Pline affure, qu'on vit le lac Trafimene couvert de flammes. Vingt-neuf ans
après , dans un tremblement violent, il s'éleva
tout-à-coup une nouvelle ifle entre celles de
Théramene & Thérafie. Dans les années fuivantes on en éprouva dans l'Ionie , dans la
Myfie ou Eolide , dans la Phrygie , l'Achaïe
& la Macédoine. La célebre Nicopolis , dit
un philofophe de l'antiquité , eft accoutumée
à ce malheur ; l'Egypte & l'ifle de Délos l'ont
éprouvé , quoique Pindare & Virgile les en
aient cru à l'abri. Paphos a plus d'une fois été
renverfée , ainfi que Tyr. Un ancien auteur

a dit , de cette derniere ville si florissante, qu'elle ne fut autrefois qu'un monceau de ruines horribles : *Tyros aliquando in famis ruinis fuit.* Mais sous le consulat de Regulus & de Virginius , le jour des nones de Février, date qui répond à l'an 63 de l'ere chrétienne, il y eut un violent tremblement de terre aux environs du Vesuve. Pompeïa , ville célebre, fut engloutie dans le sein de la terre ; Herculée fut détruite en partie (1); Nocere en souffrit beaucoup, ainsi que toute la Campanie ; au rapport de Seneque (2), seize ans après cette funeste époque : il y eut plusieurs tremblemens de terre qui précéderent la fameuse éruption où périt Pline l'ancien ; ce philosophe étoit allé de Misene à Stabia , pour observer de plus près ce phénomene. Pline le jeune, dans la belle Lettre où il raconte, à Cornelius Tacite, la mort de son oncle, atteste « que les maisons étoient tellement ébranlées par les fréquens tremblemens de terre , que l'on auroit dit qu'elles étoient arrachées

---

(1) Herculée ou Herculanum , considérablement endommagée sous le regne de Néron , par le même tremblement de terre qui détruisit Pompeïa le 5 Février de l'an 63 de Jesus-Christ, fut abymée toute entiere le 24 Août de l'an 79 , ou la premiere année de l'empire de Titus , par une éruption du Vesuve.

(2) Dans ses Questions Naturelles, liv. VI , chap. I.

de leurs fondemens, & jettées tantôt d'un côté tantôt de l'autre, & puis remifes à leurs places. » (*Liv.* VI, *let.* XVI.)

On nè peut lire les anciens fans y rencontrer en mille endroits des témoignages certains de ces affreux bouleverfemens qui ont ravagé le monde dès les premiers âges : « On navigue, difoit Seneque, fur des villes que nos ancêtres ont connues, & de qui les hiftoires ont fait paffer jufqu'à notre fiecle la mémoire & la connoiffance. Combien y en a-t-il d'autres qui ont été fubmergées en d'autres endroits? » (par l'effet des tremblemens de terre.) « Combien y a-t-il de peuples que la terre a enfevelis ? » Ceci me rappelle la belle penfée d'un ancien, nous marchons fur les cadavres des cités. On feroit effrayé, fi je préfentois ici le tableau des ravages des tremblemens qui ont fucceffivement bouleverfé les différentes parties de la terre ; c'eft ce qui a fait croire à plufieurs auteurs, que les montagnes avoient été formées par des tremblemens de terre, & que nous habitions feulement les ruines de notre globe.

En effet, un coup d'œil, même rapide, jetté fur la furface de la terre, nous montrera les traces les plus multipliées & les plus profondes du défordre & de la confufion qu'y ont produits ces affreux bouleverfemens,

Notre Archipel qu'est-il autre chose, que des restes de cette ancienne portion de continent, arrachée à celle qui subsiste encore, par les tremblemens de terre & les irruptions des flots de la mer qui en furent les suites? Que font autre chose le vaste Archipel des Indes, ces Philippines, ces isles Mariannes, les Moluques, &c., & les Antilles dans le nouveau monde? Ce Golfe Persique, celui du Kamtschatka & ceux de Finlande & de Bothnie, ne reconnoissent-ils pas la même cause primordielle?

Oui, c'est à de fréquentes irruptions de la mer, produites par de violens tremblemens de terre, qu'il faut attribuer la séparation physique de la France d'avec l'Angleterre. Les différens lits & couches de terre sont les mêmes dans ces deux royaumes; leur nature n'est pas différente, & l'inclinaison de ces diverses couches est exactement en rapport; mais sur-tout les roches blanches qui sont près de Douvre & de Boulogne sont d'une ressemblance bien frappante. C'est ainsi que la plupart des anciens auteurs croient que la Sicile étoit autrefois jointe à la Calabre; les deux promontoires qui sont à l'embouchure du détroit ne sont encore éloignés que d'un mille. Claudien dit positivement : *Tinacria quondam Italiæ pars una fuit.* Pline,

Strabon, Diodore & plufieurs autres font du même fentiment, fondés fur ce que les couches de terre des côtés oppofés du détroit de Meffine font dans la plus parfaite correfpondance; & tous fe réuniffent à attribuer ces effets à de violentes convulfions de la nature. Seneque croit encore que c'eft de la même maniere que l'Efpagne a été arrachée de l'Afrique, pour me fervir de fon expreffion (liv. VI, chap. XXIX.) Oui, il eft très-probable que quelque tremblement de terre a ouvert avec l'Océan la communication avec la Méditerrannée, puifque l'on remarque dans le détroit, par la correfpondance desCaps de la côte d'Efpagne avec celles d'Afrique, par les couches de terre uniformes dans l'un & dans l'autre continent, par le témoignage des anciens habitans du lieu mentionné par Pline & Pomponius Mela, par un long morceau du poëme, intitulé *Oræ Maritimæ*, de Feftus Avienus, & particuliérement par l'autorité de Strabon, qui appuyé fur lès témoignages de Straton & d'Eraftotenes, prétend qu'il n'y eut jamais de détroit dans les tems primitifs. Seroit-ce trop hafarder que d'avancer, d'après le flambeau de l'analogie, que l'ifle de Chypre a été ainfi féparée de cette partie du continent, que les anciens nommoient la Phénicie; l'ifle de Sumatra de la prefqu'ifle de Malaca ; qu'avant l'exiſtence du détroit de Sangaar, le Japon tenoit par le Cap-Eroën au Kamtſchatka ; la terre des Papous aux iſles de Gilolo, des Célébes, de Bornéo ; l'iſle de Ceylan à la côte de Coromandel ; la terre de Feu à celle des Patagons, & la Floride à l'iſle de Cuba ? Seroit-ce trop oſer de prétendre que les côtes Occidentales de l'Amérique Septentrionale ont autrefois été contiguës à l'Aſie ? Les derniers voyages des Ruſſes nous ayant appris, que ces deux parties du monde n'étoient ſéparées entr'elles que par un détroit de peu d'étendue, une infinité de noms de peuples de l'Aſie ayant été retrouvés dans le nouveau monde, & le génie & les coutumes des Américains n'ayant un rapport bien marqué qu'avec le génie & les coutumes des Tartares Aſiatiques & des habitans du Kamtſchatka, on ne peut raiſonnablement douter de la vérité de cette aſſertion, toute hardie qu'elle ſemble au premier aſpeċt.

Un jour & peut-être n'eſt-il pas fort éloigné, un jour on verra l'Iſthme de Suez qui réunit encore le continent de l'Afrique à celui de l'Aſie ; on le verra détruit & briſé par quelques ſecouſſes de tremblemens de terre. Alors la route des grandes Indes, ſi longue par le périple de l'Afrique, ſe fera immédiatement par la mer Rouge, & ſera en conſéquence prodigieusement raccourcie. J'ai lu quelque part, qu'un prince avoit eu le projet de faire couper l'Isthme de Suez, idée non moins hardie que vaste, que les hommes peuvent exécuter par de grands efforts, mais qui ne sera qu'un jeu pour la nature. Tel sera aussi le sort de l'Isthme de Panama ; & le détroit qui se formera à cette époque divisera le nouveau monde en deux continens : lignes de démarcation plus sûres que celles qui souvent ont été tracées par les nations.

Mais les tremblemens de terre, fléaux si souvent dévastateurs, ont quelquefois dévelopé des forces productrices. Plusieurs isles sont nées du sein des eaux. Deux cents six ans avant l'ere chrétienne, une isle nouvelle s'éleva dans le Golfe de Toscane. Dix-huit ans après, dans un violent tremblement de terre arrivé à Rhodes, une isle nouvelle parut près de celle de Theramene. Seneque rapporte que de son tems l'isle de Thérasie, qu'on appelle à présent Santorin, parut tout d'un coup à la vue des mariniers. Cette isle a acquis de nouveaux accroissemens en 726, 1427, &c. Pline assure qu'autrefois treize isles de la Méditerannée sortirent dans le même-tems du sein des eaux, & que Rhodes & Délos sont les principales de ces isles nouvelles ; il dit encore que l'ifle d'Hiera, près de Thérafie a été formée des terres lancées du fond de la mer. On peut voir le chapitre LXXXIX, où il parle de plufieurs autres ifles produites de la même maniere. Telle eft, fans doute, l'origine des Açores, des Canaries & des différentes ifles de la mer du Sud & de celles qui font difperfées dans l'Océan Oriental.

C'eft ainfi que les éruptions des volcans, & les fecouffes des tremblemens de terre, élevant ou abaiffant les montagnes, creufant des abymes affreux ou arrachant des continens entiers, abforbant des lacs ou des mers, occafionnant des éruptions violentes, engloutiffant des villes entieres & des millions d'hommes, bouleverfant des provinces & des royaumes, & faifant quelquefois reffentir les ébranlemens les plus violens à la maffe entiere de la terre ; c'eft ainfi que ces affreux bouleverfemens changent le centre de gravité de notre globe, fuite néceffaire du tranfport des maffes & des grandes cavités produites ; & de ce changement, outre le défordre, la confufion & les fléaux qui l'accompagnent, réfulte un déplacement dans l'axe de notre globe, & conféquemment une mutation dans l'obliquité de l'écliptique fur l'équateur, qui donne naiffance à cette variation dans le cours régulier des faisons, dont on se plaint avec raison, depuis un petit nombre d'années où les tremblemens de terre ont été plus communs. Cette cause doit au moins beaucoup influer sur celle qui produit constamment la diminution de l'obliquité de l'écliptique, obliquité trouvée de vingt-trois degrés cinquante minutes par Eratostene, Hyparque & Ptolomée, tandis qu'à présent elle n'est plus que de vingt-trois degrés vingt-huit minutes selon les astronomes de nos jours.

En un mot; quoiqu'il en soit de ces idées assez adoptées par les savans, on peut assurer qu'il n'est aucune portion de la terre habitable qui n'ait été plus ou moins sujette aux tremblemens de terre. Depuis le Cap de Horn jusqu'à la Baye de l'Assomption, de la Californie, des Lucayes, des Canaries aux Philippines & aux isles Mariannes; & depuis le Groënland, le Spitzberg & la nouvelle Zemble jusqu'au Cap des Aiguilles, le globe de la terre a été perpétuellement agité & bouleversé. Ce que Seneque a dit se présente ici bien naturellement : on ne doit pas être surpris que la terre tremble, mais qu'elle subsiste.

Il me seroit bien facile de continuer à présenter ici l'histoire successive des plus anciens tremblemens, qui dans la suite des âges ont bouleversé la terre ; mais le précis que nous avons donné de ceux qui ont été les plus mémorables depuis le quinzieme siecle avant Jesus-Christ jusqu'à l'an 79 de notre ere, doit suffire pour démontrer que ces secousses terribles qui déchirent le sein de la terre , ont été des phénomenes communs dans tous les tems même les plus éloignés. On ne peut douter que depuis l'époque où nous nous arrêtons, ils n'aient eu également lieu jusqu'à notre siecle. Le grand nombre de monumens & & d'histoires qui semblent se multiplier avec les générations successives, nous attestent hautement cette triste vérité.

De nos jours, ces convulsions horribles de la nature paroissent aussi devenir plus communes que jamais, & prouver que ce terrible fléau n'a point cessé d'exercer ses ravages. En 1730, des tremblemens de terre se firent sentir dans le Japon. Méaco fut entiérement détruite. L'année suivante, Pekin en éprouva un terrible. Dans les années 1737 & 1738, il y eut dans le Kamtschatka des tremblemens de terre si violens, que la plupart des maisons furent renversées : on vit aussi de fortes éruptions de quelques-uns des volcans qui font dans ces contrées. En 1746, Callao fut submergé en entier , la ville de Lima presque

entiérement

entiérement détruite. Depuis l'établiſſement des Eſpagnols, cette ville avoit éprouvé bien des fois ce malheur ; ſavoir en 1582, 1586, 1629, 1655, 1678, 1687, 1697 1699, 1716, 1725, 1732, 1734, 1743. Je pourrois facilement marquer ici la ſuite chronologique des différens tremblemens arrivés dans les villes dont je parlerai, mais l'ennui de tranſcrire des dates en diſpenſe.

Cette même année 1746, on compta à Quito juſqu'à deux cents ſecouſſes dans les premieres vingt-quatre heures, & juſqu'au 24 Février de l'année ſuivante, on obſerva quatre cents ſoixante & onze repriſes de tremblement de terre. Le tremblement arrivé en 1755 à Lisbonne & dont toute l'Europe a reſſenti les effets, eſt trop connu pour en parler. Perſonne n'ignore que la plus grande partie de cette ville fut renverſée par les ſecouſſes les plus terribles, & qu'il y périt plus de cent mille citoyens, dont le plus grand nombre fut englouti dans le ſein de la terre. Sétubal & pluſieurs autres villes du Portugal ont été également ruinées. Dans toute la Syrie il y eut pluſieurs ſecouſſes très-fortes de tremblemens de terre, à la fin d'Octobre & dans le courant de Novembre de l'année 1759. Damas fut renverſée, & ſix mille perſonnes y périrent ; la ville de

Tome I.   T

Japhet fut entiérement détruite, & presque tous les habitans furent ensevelis sous ses ruines. A Tripoli un grand nombre d'édifices furent renversés & les villages voisins furent bientôt changés en un monceau de décombres.

En 1767, les tremblemens furent fréquens dans l'Allemagne, la Suisse &c. Le 1 Mai 1769, la ville de Bagdad sur le Tigre, fut presqu'entiérement ruinée par un tremblement de terre. En 1770, le 3 Juin, les villes & les habitations principales de la partie de l'Ouest de l'isle de Saint-Domingue, furent détruites par un tremblement de terre pendant lequel s'ouvrit un volcan. Le 29 Juillet 1773, la ville de Guatimala dans le nouveau monde, une des plus grandes de la nouvelle Espagne, fut détruite & engloutie par un tremblement si violent qu'il ne resta pas sur pied un seul édifice. Le 13 Septembre suivant, il se fit ressentir à Winger en Norvege, c'est-à-dire presqu'aux extrémités de l'ancien monde. A Altdorf en Suisse, le 10 Septembre 1774, on éprouva des secousses terribles de tremblement de terre qui détruisirent un grand nombre d'édifices. Dans la nuit du 22 au 23 Février précédent, on en avoit éprouvé à Parme. Dans l'isle de Ternate, l'une des Moluques, les éruptions du volcan furent accompagnées de tremblemens de terre affreux, qui ravagerent la plus grande partie de cette ifle, le 4 Juillet, le 8 Octobre, & le 5 Septembre de l'année 1775. L'Iflande en reffentit auffi dans cette même année.

Enfin le 2 Avril 1778, Manheim fut agitée par quelques fecouffes de tremblement de terre ; mais le 3 Juillet de cette même année, Smyrne, cette ville qui eft le centre de prefque tout le commerce du Levant, a été détruite en grande partie par l'effet d'un horrible tremblement de terre, & on ne croit pas qu'elle puiffe jamais s'en relever. Celui qui arriva en 1688, fut prefque auffi funefte que le dernier ; l'an 178 de l'ere-chrétienne elle en éprouva de femblables. Toute la haute Hongrie a éprouvé les plus vives allarmes depuis le 19 jufqu'au 25 Décembre 1779, à l'occafion de plufieurs tremblemens de terre qu'on a reffentis à Homenan, Wranow, Tavarna, & jufqu'à Tokai, & dans lefquels plufieurs édifices ont été renverfés ; ces fecouffes fe font étendues jufques dans les Palatinats de Zemplin & d'Éperies. A Homonna en Allemagne, le 6 Avril 1779, à deux heures après midi, on reffentit pour la feconde fois un tremblement de terre qui dura fix à fept fecondes. Le 4

& le 5 Juin, on éprouva à Boulogne quelques fecouffes de tremblement de terre qui firent crouler plufieurs maifons ; il y en eut enfuite d'autres moins fortes. En 1781, il y eut tant de tremblemens de terre en Italie, que le fouverain pontife pendant les fêtes de Noël, ordonna des prieres publiques pour la ceffation de ce terrible fléau. Dès le mois de Janvier de l'année fuivante, on reffentit encore de nouvelles fecouffes à Benevent, à Naples &c. Ainfi ce terrible fléau, qui, dans tous les fiecles a ravagé la terre, exerce encore à préfent fes fureurs, & paroît, comme les autres météores, devoir durer autant que le monde.

La France elle-même, ce royaume qui, par fon heureufe pofition, fembleroit devoir être à l'abri de ce fléau deftructeur, l'a fouvent éprouvé ; &, fans remonter aux premiers âges, nous pouvons nous rappeller que dans le mois de Juin de l'année 1660, un tremblement de terre ravagea toute l'étendue de la côte de Bordeaux à Narbonne, & que, au rapport du pere Kirker (1) l'une des fecouffes fit difparoître une montagne du Bigorre & couvrit fa place d'un lac, & qu'après la difparition de cette montagne,

---

(1) *Mund. Subterr. lib.* VI. *Sect.* II, *Cap.* VI. *pag.* 257.

des eaux thermales, auparavant très-chaudes, devinrent fi froides, que perſonne ne pouvoit plus s'y baigner. De nos jours la France a encore reſſenti bien des atteintes plus ou moins funeſtes. En 1733, le 23 Juin, le village de Pardines en Auvergne, fut englouti dans un tremblement de terre. En 1750, le tremblement du 25 & 26 Mai, ſe fit ſentir à Tarbes & dans le reſte du Bigorre, dans le Béarn, dans la Saintonge, le Medoc, le Rouergue, le Languedoc. (1) En 1755, époque à jamais mémorable du tremblement de terre de Lisbonne, la France n'en fut pas exempte. Le 3 Juillet 1756, on en reſſentit à Aix; il y en eut pluſieurs en divers endroits, dans l'année 1767, ainſi que dans l'Allemagne & la Suiſſe. En 1772, on en éprouva dans pluſieurs provinces. Le 17 Octobre 1773, pluſieurs ſecouſſes furent obſervées à Pau, & dans la vallée d'Oſſau. Le 30 Novembre 1775, à Caën & dans la Normandie, le même phénomene eut lieu. En Juin 1778, on a encore reſſenti une ſecouſſe de tremblement de terre à Pau (2).

Je n'ai fait mention que des tremblemens de terre que la France a éprouvés dans ces derniers tems, mais elle y a été jadis très-

____

(1) Mémoires de l'Académie des Sciences, 1750.
(2) Cotte, Journal des Savans, Août 1778, pag. 1689, in-12.

fujette , comme il confte par les différens volcans éteints qu'on trouve dans la plupart de fes provinces. Prefque par-tout, fa furface nous préfente des laves que ces bouches de feu ont autrefois vomies ; laves diverfifiées, & prefqu'auffi abondantes que celles du Vefuve, de l'Etna & de l'Hecla. L'Auvergne, le Languedoc, la Provence & le Vivarais, font les principales provinces où l'énorme multitude de ces produits volcaniques, frappe les regards les moins attentifs. On y voit fur-tout des maffes prodigieufes de colonnes bafaltiques qui font des témoignages certains des anciennes éruptions de ces monts igni-vomes, & des monumens authentiques qui atteftent & les tremblemens de terre & les bouleverfemens funeftes auxquels ces contrées furent autrefois expofées ; car il y a la plus étroite liaifon entre les tremblemens de terre & les volcans ; ceux-ci dans leurs différentes éruptions précedent, ou accompagnent prefque toujours ces fecouffes terribles qui déchirent les entrailles de la terre. Ainfi, dans l'année 1631, on vit des fleuves de feu couler à grands flots du fommet du Vefuve ; & plufieurs villages furent renverfés dans les tremblemens qui l'accompagnerent : plus de trente mille perfonnes y périrent diverfement, au rapport de Théodore Valle, témoin oculaire, qui nous en a donné une rélation circonstanciée. On peut voir dans l'histoire du Vésuve par le P. Della-Torre, la suite chronologique de ses différens incendies. Dans le Kamtschatka où on compte trois montagnes igni-vomes, les violentes éruptions auxquelles elles font de tems en tems soumises, font accompagnées de tremblemens de terre. Au Japon & dans l'Islande &c., il se trouve plusieurs volcans & ces endroits font fort sujets aux tremble-mens de terre. Dans les Cordillieres où il y a plusieurs volcans dont les plus fameux font le Pitchincha, le Cotopaxi, & l'Arequipa, les tremblemens de terre y font plus communs qu'en aucun pays du monde. Il n'y a point de femaine, dit M. Bouguer, pendant laquelle on ne ressente au Pérou quelques fecousses. Dans plusieurs tremblemens de terre on a vu naître des volcans, par exemple, en 1754, celui des Manilles, &c. Le nombre de ces bouches de feu, qui, comme autant de foupiraux, vomissent des torrens de feu & des fleuves de flammes & de matieres em-brasées, est prodigieux; la surface de notre globe en est presque toute couverte, & on en connoît plus de cinq cents.

Par-tout où font les volcans, les tremble-mens de terre font plus fréquens. Les contrées d'Europe nous en ont fourni des preuves fréquentes ; celles d'Afie nous en donnent auffi. M. Steller , favant Ruffe qui avoit été envoyé dans le Kamtſchatka par l'Académie de Péterſbourg, dit qu'on l'a affuré dans cette contrée « que les tremblemens de terre font bien plus fenfibles aux environs des montagnes enflammées , & bien moindres dans le voifinage de celles qui ne brûlent point encore ou qui font déjà éteintes. » Une certaine connexion fe trouvant donc , ainfi que nous venons de le prouver , entre les tremblemens de terre & les volcans, nous ne pouvons nous difpenfer de traiter ici des volcans avant que de parler de la caufe des uns & des autres.

CHAPITRE II.

Des Volcans.

LEs volcans qui ont une connexion fi étroite avec les tremblemens de terre, font fans contredit auffi anciens que ces derniers. Thucidide, parle de trois éruptions de l'Etna , dont la premiere arriva peu de tems après la venue des Grecs en Sicile. La feconde , vers l'époque de la foixante & dix-feptieme Olym-

piade ; & la derniere, vers celle de la quatre-
vingt - huitieme, ce qui étoit à peu-près le
fiecle ou écrivoit Pindare. Strabon, Pomponius Mela, Diodore de Sicile, Dion Caffius,
Xiphilin, Tite-Live, Tacite., Valere-Ma-
xime, Suetone, Lucrece, Virgile, Ovide,
Martial, Stace & Silius, parlent de différens
volcans diftribués fur la furface de la terre.
Si on juge du nombre des volcans qui brû-
loient autrefois par celui des volcans éteints
que nous connoiffons, & par celui des volcans qui font actuellement brûlans, on n'aura
pas de peine à croire qu'il a été prodigieux ;
c'eft pourquoi nous allons parler des uns &
des autres.

Le nombre des volcans éteints, qui couvrent la furface de la terre eft prodigieux ;
plus on la parcourt & plus on en eft convaincu : on diroit au premier afpect qu'elle
eft prefque l'ouvrage du feu. Ce n'eft que
depuis un petit nombre d'années qu'on eft
perfuadé de cette vérité : les recherches qu'on
a faites de tous côtés fur l'hiftoire naturelle
l'ont démontrée. Par-tout on rencontre des
laves de différentes efpeces, dans des contrées
où le filence des plus anciens hiftoriens nous
laiffe dans la plus grande incertitude fur
l'origine des éruptions qui en font la caufe.

Un grand nombre de provinces de France,

ne nous permettent pas d'en douter : j'ai
beaucoup parcouru, comme naturaliste, plusieurs contrées de ce royaume, & en parti-
lier le Languedoc, & j'y ai trouvé une multitude de volcans éteints, des basaltes & des
laves très-variées & répandues par-tout avec
la plus grande abondance. Je me contenterai
de citer seulement les environs de la ville
d'Agde, où on en rencontre une si grande
quantité. Cette ville entiere non-seulement est
fondée sur des lits de laves & de basaltes,
mais encore toutes ses maisons en sont cons-
truites, toutes ses rues en sont pavées ; c'est
ce qui lui a fait donner le nom de *Ville-Noire*.
On voit dans ses environs plusieurs crateres
bien marqués, plusieurs collines toutes couvertes de scories & de laves, des pozzolanes
abondantes, des basaltes en masse & bien
crystallisés. On peut voir la figure de ces
colonnes basaltiques, dans la troisieme planche de notre dissertation sur de *nouvelles
preuves de l'efficacité des paratonnerres.*

Aux environs des sources de la Loire,
M. Pazumot, a trouvé plus de deux cents
volcans éteints. La Provence en renferme
un grand nombre, dont MM. Grosson & Ber-
nard nous ont donné la description : en
Auvergne on en compte une grande quantité; & nous en devons la connoissance à

MM. Guettard, de Malhezerbes, Defmarêt & Monnet. Dans le Vivarais il y en a beaucoup, comme on le voit dans la defcription qu'en a donné M. Faujas de Saint-Fond. Le Dauphiné en renferme auffi en divers endroits.

Les volcans éteints font fi multipliés dans toute l'Italie, qu'on peut dire avec vérité que cette belle contrée eft un ouvrage du feu. Il y en a en Portugal & en Efpagne, les bords du Rhin, la Bohême, & même une grande partie de l'Allemagne en renferment. Les ifles Britanniques en contiennent par centaines. L'Iflande, les Açores & l'Archipel de la Grece font autant de groupes de volcans éteints parmi lefquels quelques-uns brûlent encore. Le Kamtfchatka & le Japon en font couverts. Depuis les volcans du Japon & les ifles qui l'avoifinent, il y a une fuite de volcans, en fuivant du fud au nord de la côte orientale de l'Afie & les ifles qui la dévancent. Ces ifles, la terre de Jefo, les ifles Kouriles, celles qui, à la hauteur de Lopatha, s'étendent vers l'eft, & enfin la plupart de celles qui font fituées dans le canal qui fépare le Kamtfchatka & par conféquent l'Afie de l'Amérique, & que l'on a nommé Archipel du nord, doivent leur origine à des éruptions volcaniques.

En Amérique, il y a un très-grand nombre de volcans, & sur-tout dans les montagnes du Pérou & du Mexique ; celui d'Arequipa est un des plus fameux.

Nulle part les volcans dont nous parlons, ne sont aussi abondans que dans la Zone-Torride. Pour un volcan qui brûle, on en trouve au moins cent d'éteirts. Les insulaires de Taïti, & les sauvages de la nouvelle Zélande, s'accordent à nommer Dieu, *Ea-Toux, celui qui secoue la terre.* Aussi ces contrées ont-elles été ravagées par des volcans & des tremblemens de terre.

Le nombre des volcans actuellement brûlans, n'est pas aussi petit qu'on le croit communément. Pour s'en convaincre, il n'y a qu'à jeter un coup d'œil sur la liste suivante des volcans connus qui brûlent sur la surface de notre globe.

En Europe, on connoît l'Etna , le Vésuve, l'isle de Stromboli, une des isles Lipariennes ; le mont Hecla en Islande, (au tour à une certaine distance sont d'autres bouches à feu :) on croit que dans le Groënland des volcans anciennement connus existent encore.

En Asie, le mont Albours est un volcan ; il fait partie de la chaîne du Taurus, à dix-huit lieues de la ville d'Herat. MM. Steller

& Pallas, font mention de quatre volcans dans le pays des Tartares Tongoufes, au-delà des fleuves Jénifea & Péfida. Dans le Kamtschatka, il y a trois volcans qui jettent continuellement de la fumée, &, par intervalles, du feu. Les capitaines Cock & Clarke, ont fait deffiner des vues d'un de ces volcans.

On compte cinq volcans au Japon : favoir : un à foixante milles de Firando ; un autre vis-à-vis de Saxumo ; un troifieme dans la province de Chiangen ; un quatrieme près de Surunga ; enfin un cinquieme, plus confidérable dans l'ifle de Ximo. Kœmpfer & le pere Charlevoix, parlent au long de ces volcans.

Il y a deux volcans dans les ifles Philippines ; celui de Bacaçay près d'Albay, dans la partie Orientale de l'ifle de Luçon, & un autre dans l'ifle de Marinda. Le volcan Sanguili, près de Mindano, dans l'ifle de ce nom ; le volcan Balaluanum, dans l'ifle de Sumatra ; celui des environs de Panarucan, dans l'ifle de Java ; le volcan de l'ifle de Ternate, dont les éruptions ont été furieufes en 1773 ; & celui du mont Gonnapi, dans l'ifle de Gumanapi près celle de Banda, font très-connus.

Dans l'ifle de Sorca, une des Moluques, il

y en a un. Il en eſt de même du volcan des iſles Maures , probablement le même que celui de l'iſle Sjanas. Au couchant du détroit qui ſépare la nouvelle Bretagne, de la nouvelle Guinée , il y a une iſle Volcanique qui jette de la fumée & des flammes en abondance; on en voit un , près du détroit qui ſépare la nouvelle Bretagne , de la nouvelle Irlande , ſur une des trois montagnes qu'on a nommées la mere & ſes filles. Ces deux volcans ont été apperçus par Dampier , & de nouveau en 1767, par le capitaine Carteret , dans ſon voyage autour du monde.

En Afrique , ſur ſon vaſte continent , on ne connoît qu'une ſeule montagne qui brûle actuellement , encore n'eſt-elle pas proprement un volcan : c'eſt la montagne Beni-guazeval dans le royaume de Fez , où eſt une caverne de laquelle ſortent des flammes. On dit qu'anciennement il y avoit dans le Congo & l'Angola des volcans , mais on n'y en connoît aucun qui brûle actuellement.

Le volcan de l'iſle de Bourbon , vomit ſouvent des matieres enflammées; il fit en 1733 , une terrible éruption.

Actuellement dans les nombreuſes iſles de l'Océan Atlantique , on ne connoît qu'un volcan à l'iſle de Fuégo , une de celles du Cap-Verd. L'iſle de Tercere , une des Açores, a souvent souffert des tremblemens de terre & de violentes éruptions de feu, nommément en 1638, en 1720, & en 1761 : ces causes ainsi qu'à Santorin & en Islande , ont fait sortir du sein de la mer, en 1720, une petite isle entre Tercere & Saint-Michel. Le pic de Teneriffe a encore un cratere qui retient une grande chaleur, & où l'on voit beaucoup de soufre , &c. L'isle de l'Ascension ne brûle pas, mais elle conserve les signes les moins équivoques qui prouvent qu'elle a brûlé. On voit beaucoup de traces volcaniques dans l'isle de Sainte-Helene & quelques autres de l'Océan Atlantique; mais les volcans éteints ne font pas partie de cette isle.

En Amérique, dans l'isle de Saint-Vincent sur la morne Garou est un cratere qui brûle actuellement. La vaste chaîne des montagnes qui commence au détroit de Magellan dans l'Amérique méridionale , qui s'étend à peu de distance de l'Océan pacifique, dans toute la longueur de ce continent, & traverse, sans s'interrompre, l'isthme de Panama, en s'étendant de là le long des côtes du même Océan pacifique jusques vers la Californie, est peut être la partie de notre globe qui abonde le plus en volcans , soit actuellement brûlans, soit éteints. On donnera ici, en commençant vers le fud, le nom des volcans dont quelques auteurs font mention , & on croit, fans en être fûr , qu'ils brûlent, tels font les fuivans ; le volcan de Saint-Clément vers 45 degrés de latitude au fud de l'équateur ; un autre vis-à-vis la pointe méridionale de l'ifle de Chiloé ; enfuite les volcans de Quechucabi , d'Oforno , de Villa-Rica , de Notuco , d'Antoco , de Chillan , de Péteroa , de Ligua , de Coquimbo , & de Copiapo , qui eft le dernier de cette province vers le nord.

Dans le Pérou on connoît les volcans d'Arequipa , de Carappa , de Mulahallo , de Sangay , de Cotopazi , & de Pichincha. Selon quelques-uns le mont Sainte-Marthe près d'Ocana dans la Caftille d'or , eft un volcan.

Dans la nouvelle Efpagne on trouve nommés les volcans ou foufrieres de Catacullo , d'Anion , de Colima , de Sonfonate , de Nicaragua , de Bombaco , de Teleca , de Léon , de la Vieja , d'Izcalco , de la Pacayita , près de Guatimala , d'Atilan , de Suchutepeque , de Sapolielan , de Milpas , de Soconufca , de Popocampeche , & de Popocatapel.

Le capitaine Cook , en 1778 , ne découvrit fur la côte de l'Amérique feptentrionale

que

que deux volcans, l'un sur le bord occidental de Cook's River, à 60 degrés de latitude, l'autre entre ce fleuve & l'isle Unalaska, pas loin de la mer, à la latitude de 54 degrés 48 minutes.

Dans l'Océan pacifique, étendue de mer très-vaste dans laquelle on trouve une quantité innombrable d'isles, il n'y a que deux volcans actuellement brûlans. C'est ce qui résulte des voyages de Byron, Wallis, Carteret, Bougainville, Surville, Pagès, Cook, Forster, Clarke, Gore & King qui ont parcouru cet Océan en toutes sortes de sens. Ils ont seulement soupçonné l'existence de deux ou trois autres volcans à cause des colonnes de fumée (sans flammes) qu'ils ont vu de loin s'élever de quelques isles. Le premier de ces volcans est à l'est de la nouvelle Guinée, près des isles de la Reine Charlotte. Le second est dans l'isle de Tanna une des nouvelles Hébrides ou grandes Cyclades qui sont à l'est de la nouvelle Hollande.

Les autres isles de l'Océan pacifique, où ces voyageurs remarquerent plus spécialement des traces volcaniques, sont l'isle de Pâques ou terre de Davis, la Dominique une des Marquises, Otaheite & quelques autres isles de la Société, l'isle d'Osnabruck ou pic de la Boudeuse, Anamoko, & l'isle de Norfolk.

On observe généralement par rapport aux nombreuses isles répandues dans l'Océan pacifique, qu'il y a infiniment plus de traces, que la mer a autrefois couvertes, & de l'action des eaux qu'il n'y en a de celle du feu.

De tout ce qu'on vient de voir, il résulte qu'il y a 76 volcans que l'on croit être encore en activité : 4 en Europe, 24 en Asie, 3 en Afrique & dans les isles qui l'environnent, 40 en Amérique, & 5 dans les isles de l'Océan pacifique. (1)

Les volcans dans leurs éruptions présentent des phénomenes curieux qu'il est à propos de connoître. Il n'est personne qui ne désirât d'être témoin de ce spectacle terrible s'il n'entraînoit avec lui tant de désastres & d'horreurs. Dans les fêtes qu'une ville de province donna, il y a quelques années, à un grand prince, on imagina de représenter au milieu des ombres de la nuit, & sur une montagne qui n'étoit pas éloignée, l'image des éruptions d'un volcan. Des barils remplis de poudre, de pierre, de bombes, d'autres de résine de poix, de chanvre, de bois &

____

(1) Esprit des Journaux, Avril 1786, page 308.

de différentes matieres inflammables, allumées firent voir dans le fein du calme & de la tranquillité un des fpeÆacles les plus impofans qu'on puiffe imaginer.

Si, après avoir payé un jufte tribut de larmes aux malheureufes viÆimes que les éruptions des volcans ont moiffonnées, nous ne confidérons enfuite que les effets étonnans de ces efpeces de météores; nous ferons profondément pénétrés d'un fentiment qu'il n'eft pas aifé de définir, & ces phénomenes bien médités nous éclaireront fur leur caufe. Il eft donc à propos de rapporter ici quelques rélations fuffifamment circonftanciées de ces terribles révolutions.

Le foir du 5 Août 1774, MM. Cook & Forfter virent briller la flamme du volcan de Tanna, ifle Méridionale des nouvelles Hébrides, & de cinq en cinq minutes ils entendoient une explofion. Le bruit de ces explofions égaloit celui des plus violens coups de tonnerre, & un fracas fourd retentiffoit pendant une demi-minute. Pendant la nuit du fix le volcan qui étoit à leur ou eft, à quatre milles, vomit des torrens de feu & de fumée, comme la nuit précédente, & les flammes s'éleverent au-deffus de la montagne qui les en féparoit. A chaque éruption, il grondoit avec un bruit femblable à celui d'une mine profonde, au moment qu'elle éclate ; une pluie abondante qui tomba alors, parut lui donner encore plus d'activité.

Dans le Kamtſchatka, comme nous l'avons dit, il y a pluſieurs volcans. L'un d'eux qu'on nomme Horaëlaſopka, parce que ſon ſommet fume toujours, eſt ſujet à des fréquentes éruptions. Celle de l'année 1737, dont M. Kraschenninikoff a donné la deſcription, a été la plus terrible. Elle fut accompagnée de tremblemens de terre ſi violens que les iſles voiſines les reſſentirent. Les eaux de la mer furent puiſſamment agitées, la mer déborda, inonda le pays & ſe retira alternativement à perte de vue, en laiſſant le rivage à ſec. Des prairies furent changées en collines, des champs en lacs & en baies. Chaque ſecouſſe étoit précédée d'un murmure affreux, ſemblable à celui du mugiſſement, qu'on entendit ſortir de terre. On reſſentit des ſecouſſes juſqu'au printems de l'année ſuivante.

Il n'y a guere de pays au monde qui offre des marques plus évidentes de deſtruction que les Philippines. On ſait que ſous ce nom les Eſpagnols comptent quinze principales iſles dont celle de Luçon où ſe trouve Maniile, capitale de toutes ces iſles. Les ſecouſſes continuelles de tremblemens de terre y font varier le nombre des ifles. Ils y font fi violens qu'ils engloutiffent les plus hautes montagnes. Il y a aux Philippines, dit M. le Gentil, une grande quantité de ces volcans & une infinité de fources d'eau chaude, tant fur le haut des montagnes qu'à mi-côte; les flammes de ces volcans s'échappent quelquefois avec beaucoup de violence, & le bruit qui en provient, reffemble à celui d'une nombreufe artillerie fortement chargée: il fe forme aux environs des crevaffes, de grandes lagunes, des ouvertures, & fouvent des ifles: la mer fe retire auffi quelquefois. Enfin, tout ce qu'on lit dans Pline & d'autres anciens auteurs, au fujet des volcans d'Italie, fe trouve aux Philippines, & on l'a trouvé très-fouvent aux volcans de Mindoro & de Manille. (1)

En Europe il y a trois volcans brûlans qui font fameux, le Véfuve à Naples, l'Étna en Sicile, le Mont Hécla en Iflande: les deux premiers n'étant pas beaucoup éloignés de nos contrées nous intéreffent davantage, c'eft pourquoi on fera plus charmé de connoître la maniere dont fe font leurs éruptions. Pindare, Thucidide, Lucrece, Fazello, Philotro, Folcando, Errico, Guftana, Borelli, Recupero,

____

(1) Voyage dans les mers de l'Inde par M. le Gentil, tome II.

Bridone, &c. ont parlé de ces volcans, & on peut confulter ce qu'ils ont dit des anciennes révolutions qu'ils ont occafionnées. A foixante huit pieds au-deffous de la lave de l'Étna on trouve des monumens d'une ancienne ville. La Sicile entiere eft couverte des débris & des ruines que fes éruptions ont occafionnées. Nous nous bornerons ici à dire deux mots de la grandeur des effets de ce volcan. L'éruption de 1537 caufa un tremblement de terre dans toute la Sicile pendant 12 jours; & les cendres jetées par ce volcan étoient fi abondantes & lancées avec tant de force, qu'elles furent portées jufqu'en Italie, au rapport de Farelli; & même ordinairement, dans la plûpart des éruptions, on voit les flammes & les fumées de ce volcan depuis Malte qui en eft à 60 lieues. Je ne fais fi, pour confirmer ce qu'on vient de lire, je citerai ce que dit Dion Caffius de l'éruption du Véfuve où périt Pline l'ancien, laquelle fut fi violente que les cendres qu'il jeta furent lancées jufqu'à Rome, & même au-delà de la Méditerranée en Afrique & en Egypte.

La grande éruption de l'Etna arrivée en 1669 a été décrite par Borelli qui étoit fur les lieux, nous croyons faire plaifir à nos lecteurs de la rapporter ici. «Le 11 mars, après de violens tremblemens de terre & d'épouvantables mugiſſemens ſouterrains, il ſe fit dans la montagne, un peu avant que la lave éclatât, une crevaſſe de 12 milles de long. Lorſqu'on laiſſoit tomber des pierres en quelques endroits de cette fiſſure, on ne pouvoit pas les entendre frapper le fond. Il dit que le volcan jeta à la diſtance d'un mille, des rochers de ſoixante palmes de long; & que les géants qu'on ſuppoſe être enterrés ſous l'Etna, ſembloient avoir renouvellé leur guerre contre le ciel ; des pierres d'une moindre groſſeur furent lancées à plus de trois milles, & le tonnerre & les éclairs que produiſoit la fumée, n'étoient guere moins terribles que le bruit de la montagne. Il ajoute qu'après que toute l'iſle eût éprouvé des ſecouſſes, des ébranlemens très-violens, lorſque la Lave enfin perça, elle jaillit dans l'air à ſoixante palmes d'élévation. En un mot, il décrit dans des termes remplis d'horreur, cette eruption, ainſi que la terreur & la conſternation univerſelle qu'elle occaſionna. Le ſoleil ne parut point pendant pluſieurs ſemaines, & le jour ſembla avoir été converti en ténebres. Lorſque la Lave eut pris ſon écoulement, ce qui n'arriva que quatre mois après qu'ont eut commencé à ſentir des agitations, tous ces ſymptômes éffroyables diminuerent, & bientôt après, la montagne fut parfaitement en repos. Ce déluge de feu détruifit d'abord le plus beau pays de la Sicile, engloutit les églifes, les villages & les couvens, fe précipita fur les hautes murailles de Catane & couvrit cinq de fes baftions & les courtines adjacentes. Il fe répandit de là fur la ville, ravagea & entaffa pêle-mêle fous des ruines, tout ce qui fe rencontra fur fon paffage. » Borelli fait encore mention d'un amphithéâtre, du *circus maximus*, d'une Naumachie, & de plufieurs temples qui furent détruits par cette terrible éruption.

Dans un ouvrage particulier fur les tremblemens de terre & les volcans que nous publierons dans la fuite, nous parlerons des autres éruptions de ce Mont ignivome, des effets qui en ont refulté, & fur-tout de ceux de la Sicile & de la Calabre arrivés en dernier lieu. En attendant on peut fe fatisfaire pleinement en lifant l'ouvrage profond & intéreffant de M. le chevalier Vivenzio.

Le Véfuve a depuis long-tems exercé des ravages fur les belles contrées qui l'environnent; on fait que Herculanum & Pompeia furent détruites par une feule & même éruption du Véfuve, il y a près de dix-fept cents ans. La premiere étoit une ville beaucoup plus magnifique que l'autre ; & il est plus difficile de la débarrasser des matieres qui la couvrent. Selon les observations du chevalier Hamilton, on y découvre des preuves que la Lave de six éruptions différentes, a dirigé son cours par dessus cette ville malheureuse ; depuis la grande explosion qui lui a fait éprouver le même fort qu'à Pompeia. Les éruptions différentes font toutes arrivées à des distances de tems affez considérables des unes aux autres, ce qui fe préfume des couches de bonne terre qu'on rencontre entre deux, & qui doivent avoir eu le tems de fe former fur la Lave durcie de chacune d'elles. Quant à la matiere qui couvre la ville, & dont le théâtre & toutes les maisons qu'on a examinées jufqu'à préfent font remplies, dit M. Swinburne, ce n'est point de la Lave, mais c'est une efpece de pierre molle, compofée de ponce & de cendres mêlées de terre, à laquelle on est redevable de la confervation des peintures, des manufcrits, des buftes, des uftenfiles & des autres antiquités que l'on a retirées d'Herculanum, & fauvées de la deftruction. Car fi l'une des fix éruptions qui lui ont fuccédé, étoit arrivée auparavant, & que la lave liquide & en fufion, dont elle étoit compofée, eût coulé dans la ville décou-

verte, elle en auroit bouché toutes les ave-
nues, rempli les rues, brûlé par fa matiere
condenfée toutes les matieres combuftibles,
enveloppé les maifons & tout ce qu'elles
contenoient, & compofé un roc fi folide,
qu'on n'auroit pu les diftinguer ni les fépa-
rer. L'éruption, qui enfevelit la ville fous
les charbons, la terre & les cendres, l'a
en quelque façon préfervée des effets encore
plus deftructifs des torrens de feu, qui l'ont
couverte depuis. (1)

Herculanum eft à foixante & dix ou cent
pieds au deffous de la furface de la terre fur
laquelle eft conftruite une nouvelle ville.
Pompeia n'a été découverte que depuis
environ vingt cinq ans, c'eft-à-dire près
de quarante ans plus tard que Herculanum;
elle a éprouvé feulement les effets d'une feule
éruption, & n'eft qu'à douze pieds de la
furface actuelle du fol. La terre, les cendres, les charbons & les pierres ponces
dont elle eft couverte font très-légeres &
très-tenaces.

Le Véfuve eft un des volcans les mieux
connus. Le pere Della-Torre, en 1770 en a
donné l'hiftoire qui a été traduite en Fran-

---

(1) Voyage dans les deux Siciles, par M. Swinburne,
Londres 1782.

çois l'année fuivante. Depuis il y a eu quelques autres éruptions. La trente-unieme eft arrivée le 31 Août de l'année 1779. La defcription que le chevalier Hamilton a donnée de celle-ci (1) a le mérite d'avoir été faite par un favant qui connoît parfaitement ce volcan , & qui a été témoin de cette éruption. Nous ne pouvons mieux faire que de donner fa rélation , & le laiffer parler lui-même ; il peint ce qu'il a vu : nous ne nous permettrons que de l'abréger un peu.

Depuis la grande éruption de 1767 , le Véfuve n'a jamais été fans fumée , & même il ne s'eft jamais paffé plufieurs mois fans qu'il jetât des fcories enflammées : lorfque le nombre & la fréquence des fcories augmentoient , elles étoient ordinairement fuivies par un courant de lave pâle ; & , fi l'on en excepte l'éruption de 1777 , ces laves fortoient à-peu-près du même endroit, & fuivoient la même direction que celles de cette fameufe éruption de 1767. On ne compte pas moins de neuf éruptions depuis la grande que je viens de citer , & quelques-unes ont été confidérables. Les fymptômes ordinaires d'une éruption prochaine , tels que

---

(1) Tranfactions Philofophiques, tome LXX. --- Obfervations fur la phyfique, l'Hiftoire Naturelle , &c,, 1781.

les bruits fourds & les explofions dans les entrailles du volcan, une grande quantité de fumée fortant avec force de fon cratere, & de tems en tems accompagnée de jets de fcories & de cendres rougies & brûlantes, fe manifefterent plus ou moins durant tout le mois de Juillet ; & vers la fin de ce mois, ils s'augmenterent au point de préfenter dans la nuit le plus beau feu d'artifice que l'on puiffe imaginer. Ces efpeces de jets de cendres rougies & d'autres matieres volcaniques, qui dans l'obfcurité de la nuit font fi lumineufes & fi brillantes, paroiffoient au grand jour autant de taches noires dans une fumée blanche ; & c'eft cette circonftance qui a donné lieu à la fuppofition populaire, mais fauffe, que les volcans brûlent avec plus de violence la nuit que le jour.

« Le jeudi 5 Août 1779 vers deux heures après midi, étant dans ma maifon de campagne, qui eft fituée au Paufilippe, dans la baie de Naples, & d'où je vois parfaitement le Véfuve, qui eft précifément en face & à la diftance d'environ fix milles en ligne droite, j'apperçus que le volcan étoit dans une très-violente agitation : une fumée blanche & fulphureufe fortoit continuellement avec impétuofité de fon cratere, & l'accu

mulation des bouffées fuccefïives qui fe pouf-
foiënt vivement l'une l'autre , formoit des
nuages de fumée qui reffembloient à des
balles du coton le plus blanc. Il s'en affem-
bla bientôt un fi grand volume fur le fommet du volcan , que ce nuage devint en hauteur & groffeur plus que le quadruple de
la montagne elle-même : au milieu de cette
fumée blanche , une immenfe quantité de
pierres, de fcories & de cendres, étoit lancée
à une hauteur furprenante , & certainement
pas à moins de deux mille pieds. J'apperçus
auffi à l'aide d'un excellent télefcope de
Ramfden, que de tems en tems une maffe
de lave liquide qui paroiffoit fort pefante,
fe foulevoit affez pour paffer par deffus les
bords du cratere & fe précipiter enfuite
impétueufement par l'efcarpement du Véfuve,
qui regarde le Monte-Somma. Bientôt après ,
une lave fe fit jour du même côté ; & vers
le milieu du cône du volcan, & après avoir
coulé pendant quelques heures avec violence,
elle s'arrêta tout à coup, juftement avant
d'arriver aux parties cultivées de la montagne
qui domine à Portici , & à quatre milles
environ du lieu de fa fortie.

Pendant l'éruption de ce jour-là , la chaleur avoit été infupportable dans les villes
de Somma & d'Ottaïano , & elle fut

même très-fenfible à Palma & à Lauro, qui font beaucoup plus éloignées du Véfuve que les deux premieres. Il tomba à Somma & à Ottaïano de menues cendres encore rouges, en pluie fi épaiffe, que le jour en fut obfcurci au point de ne plus laiffer diftinguer les objets à la diftance de dix pieds ; de longs filamens de matiere vitrifiée, femblables aux fils de verres artificiels, tomboient mêlés avec ces cendres ; & la fumée fulfureufe étoit fi violente, que plufieurs oifeaux furent fuffoqués dans leurs cages, & que les feuilles des arbres au voifinage de Somma & d'Ottaïano, furent couvertes de fels blancs très-corrofifs. Vers deux heures de l'après-midi de ce même jour, plufieurs habitans de Portici virent bien diftinctement un globe extraordinaire de fumée, d'un très-grand diametre, fortir du cratere du Véfuve, & s'avancer avec une très-grande vîteffe vers le Monte-Somma, contre lequel il fe brifa, laiffant après lui une traînée de fumée blanche , qui marquoit la route qu'il avoit fuivie...

Le vendredi 6 Août, la fermentation de la montagne fut moins vive : mais vers midi, un grand bruit fe fit entendre ; & l'on fuppofe que dans ce moment la petite montagne, qui étoit dans l'intérieur du cra-

tere, étoit tombée. Le foir, les jets que lan-
çoit le cratere augmenterent; ils fortoient
évidemment de deux bouches féparées, qui,
jetant des fcories rouges & brûlantes dans
différentes directions, produifoient un feu
d'artifice prefque continuel & de la plus
grande beauté.

Le famedi 7 Août, l'état du volcan fut
à-peu-près le même : mais vers minuit,
fa fermentation augmenta beaucoup; &
c'eft de ce moment que l'on peut dater le
fecond accès. On vit plufieurs beaux & pit-
torefques effets produits par la réflexion de
la flamme d'un rouge foncé, qui fortoit du
cratere du Véfuve, & qui s'élevoit au milieu
des immenfes nuages de fumée. Enfuite un
de ces orages d'été, que l'on appelle *Tropea*
mêla fubitement fes nuées aqueufes &
pefantes aux nuées fulphureufes & minérales, qui, femblables à autant de montagnes,
s'étoient amoncelées fur le fommet du volcan : on vit à ce moment un gros jet de feu
s'élancer à une hauteur incroyable, & jeter
une lumiere fi brillante, qu'à fept milles
& plus autour du volcan, l'on put diftinguer clairement les plus petits objets.
M. Morris, étant à Sorrento diftant du
Véfuve de 12 milles, put lire le titre d'un
livre à la feule lueur de cette lumiere volcanique.

Les nuages noirs de l'orage, qui paſſoient rapidement, couvrant, dans des inſtans, tout ou partie de la brillante colonne de feu, dans d'autres la découvrant & la laiſſant voir dans ſon entier avec les différentes couleurs que produiſoit ſa lumiere réverbérée par les nuages blancs au deſſus en contraſte avec la pâle lueur des éclairs ſerpentans qui accompagnoient la Tropea; tout cela préſentoit un ſpectacle dont aucun art ne peut donner l'idée. Les effets pittoreſques que produiſoit à Naples la perſpective du volcan, le 7 Août, ſont au-deſſus de toute deſcription; le ſpectacle étoit plus beau & plus ſublime que l'imagination la plus vive ne peut ſe le peindre. La grande exploſion ne dura pas plus de huit ou dix minutes, après leſquelles le Véſuve fut entiérement éclipſé par les nuages noirs de la Tropea, qui donnerent une terrible averſe de pluie. Il tomba dans cette éruption quelques ſcories & de petites pierres à Ottaïano, & quelques-unes d'une groſſeur conſidérable entre le Véſuve & l'Hermitage. Tous les habitans des différentes villes qui ſont au pied du volcan étoient dans les plus vives allarmes, & ſe préparoient à abandonner leurs maiſons, ſi l'éruption avoit duré plus long-tems. Un garde-chaſſe de ſa majeſté Sicilienne,

qui

qui étoit au milieu des champs, près d'Ottaïano, pendant que cette tempête combinée
étoit dans la plus grande force, fut très-
surpris de se sentir le visage & les mains
brûlées par les gouttes de pluie : apparem-
ment que les nuages, en traversant la colonne
de feu dont j'ai parlé plus haut, avoient
acquis un grand degré de chaleur. (C'est le
roi de Naples qui apprit ce fait vraiment
curieux à M. le chevalier Hamilton.)

Le Dimanche 8 Août, le Vésuve fut tranquille jusques vers six heures du soir, qu'une
grande fumée commença à s'amonceler sur
son cratere : environ une heure après, un
bruit sourd & souterrain se fit entendre dans
le voisinage du volcan; les jets ordinaires
de pierres rougies & brûlantes & de scories
commencerent & devinrent, d'instans en
instans, plus violens. Avec de bonnes
lunettes on observa du pausilippe que le
le cratere paroissoit avoir été fort agrandi
par la violence des explosions de la nuit précédente, & la petite montagne n'existoit plus.
Vers neuf heures, il y eut une grande explosion qui secoua si terriblement les maisons
de Portici & du voisinage, que les habitans
effrayés se répandirent dans les rues. J'y ai
vu depuis, dit M. Hamilton, beaucoup de
fenêtres brisées & des murs fendus par la

fecouffe qu'avoit imprimée à l'air cette explofion , qui ne fut pourtant entendue que foiblement à Naples.

Au même inftant un jet de feu tranfparent
& liquide commença à s'élever , & augmentant par degrés , il parvint à une fi finguliere hauteur, que tous les fpectateurs furent
frappés du plus terrible étonnement & qu'elle
a paru être à une élévation trois fois auffi
grande que celle du Véfuve qui eft de 3700
pieds au deffus du niveau de la mer.

Des Bouffées de la plus noire fumée , qui
fe fuccédoient rapidement , accompagnoient
ce jet liquide & tranfparent de lave rouge
& brûlante , interrompant çà & là fon éclat
brillant par de gros floccons de la teinte la
plus obfcure. j'apperçus , dit M. Hamilton,
dans ces bouffées de fumée, au moment où
elles s'élançoient du cratere , des étincelles
électriques brillantes , mais d'une nuance
pâle , qui ferpentoient en zig-zag avec beaucoup de vivacité. Le vent étoit fud-oueft ,
& quoique foible, il y en avoit cependant
affez pour chaffer ces nuages ou bouffées
de fumée , & les détacher de la colonne de
feu : & un monceau de ces nuages forma
par degrés derriere elle (fi l'on me permet
cette expreffion) une tenture noire fort
étendue ; tandis que , dans d'autres parties ,

le ciel étoit parfaitement clair & les étoiles très-brillantes.

Cette fontaine de feu jaillissant, d'un si immense volume, faisoit sur le fond noir dont on vient de parler le contraste le plus superbe ; & son éclat vivement réfléchi sur la surface de la mer, alors parfaitement unie & tranquille, ajoutoit beaucoup à la magnificence de ce spectacle vraiment sublime.

La lave liquide mêlée de pierres & de scories, aprés s'être élevée environ à deux mille pieds, fut dirigée en partie par le vent vers Ottaïano ; & partie tombant encore liquide, rouge & brûlante, presque perpendiculairement sur le Vésuve, elle couvrit toute la partie conique, une grande partie du Monte-Somma & la vallée qui les sépare. La matiere qui tomboit étant presqu'aussi enflammée & ardente que celle qui s'élançoit à chaque instant du cratere, formoit avec elle une seule masse de feu qui n'avoit pas moins de deux milles & demi de diametre, & qui s'élevant à une hauteur extraordinaire, jetoit une vive chaleur à la distance de six milles au moins autour d'elle.

Les broussailles, qui couvroient le Monte-Somma, furent bientôt en feu ; & leur flamme, dont la teinte différoit du rouge foncé de la matiere lancée par le volcan,

& du bleu argentin des étincelles électriques, produifoit encore un nouveau contrafte dans cette fcene extraordinaire.

Le gros nuage noir, extrêmement augmenté, s'étendit un inftant vers Naples, & fembloit menacer cette belle ville d'une prompte deftruction; car il étoit chargé de matieres électriques, qui lançoient fans ceffe autour de lui des zig - zags ou ferpentaux d'une force & d'un terrible, tels précifément que ceux décrits par Pline le jeune dans fa lettre à Tacite, qui accompagnoient la grande éruption du Véfuve, fi funefte à fon oncle. On remarqua cependant que ces éclairs volcaniques s'écartoient très - rarement du nuage, & retournoient communément à la grande colonne de feu vers le cratere du volcan, qui étoit auffi l'origine du nuage. Mais une ou deux fois M. Hamilton vit ces éclairs, nommés *Ferilli*, tomber fur le fommet du Monte-Somma, & mettre le feu à des herbes feches & à des buiffons. Après que la colonne de feu eût fubfifté dans fa grande force pendant près d'une minute, l'éruption ceffa fubitement, & le Véfuve refta morne & filentieux.

Après la lumiere éclatante de la colonne de feu, tout parut affreux & obfcur, excepté le côté du Véfuve, qui étoit couvert de cendres & de fcories enflammées, de deffous lefquelles, il s'échappoit çà & là, de tems à autre, de petits ruiffeaux de laves liquides, qui fe précipitoient par les efcarpemens du volcan ; fpeftacle qui rappelle la defcription de l'Etna par Martial : *cuncta jacent flammis & trifti merfa favillâ*. Pendant toute la durée de l'éruption, l'on fentit dans les quartiers de Naples qui font les plus près du Véfuve une odeur femblable à celle que pourroient produire les vapeurs du foufre mêlées aux vapeurs qu'exhale une fonderie de fer : mais en s'approchant de la montagne, cette odeur devenoit très-nuifible. Cette rélation quelqu'exafte qu'elle foit ne peut felon M. le chevalier Hamilton donner qu'une foible idée d'un fpeftacle fi majeftueux & fi fublime que jamais peut-être l'œil humain n'a rien vu d'approchant, du moins à ce degré de perfeftion. J'ai cru faire plaifir aux lefteurs de faire graver ici une planche qui repréfente la fameufe éruption du 31 Août 1779 : voyez la figure troifieme. *A*, *A*, *A*, *A*, eft le Mont Véfuve ; *B*, le Mont de Somma ; *C*, le Mont d'Ottaïano ; *D*, *D*, *D*, *D*, Repréfentent divers courans de lave ; *E*, *E*, *E*, *E*, des pierres & des fcories lancées par le volcan ; *G*, la bouche du Véfuve ; *H*, *H*, la colonne de feu ; *I*, *I*, *I*, *I*, les étincelles éleftriques en zig-zag; *K, K, K, K*, ferpentaux de feu électrique.

La derniere éruption du Véfuve commencée en 1784 & qui duroit encore au mois d'Octobre de l'année fuivante a préfenté plufieurs phénomenes curieux : nous allons en rapporter un précis d'après M. l'abbé de Brottis qui a décrit également plufieurs éruptions précédentes. Le volcan vomiffoit par deux bouches, par la grande qui eft au milieu, & par une autre très-petite fituée fur le bord fupérieur de la vafte ouverture qui fe fit en 1767 du côté de la montagne voifine d'Ottaïano. Cette petite bouche s'ouvrit le 29 Octobre 1784. Il fortit continuellement de la bouche au milieu du cratere, une fumée le plus fouvent blanche, quelquefois rouge, quelquefois noire & mêlée de cendres. Le volcan jetoit auffi, outre la fumée, des flammes très-vives & des pierres enflammées qui s'élevoient très-haut. L'autre bouche vomiffoit une lave qui, fe divifant en plufieurs rameaux, ferpentoit fur le penchant de la montagne & dans un grand vallon formé par une colline qui entoure le Véfuve du côté de l'orient, du midi & de l'occident. La nuit, la montagne paroiffoit fillonnée de larges & longues bandes de feu, ce qui offroit un très-beau fpectacle.

La lave ne s'écouloit pas toujours dans la même direction , ni avec la même vîteffe ; elle s'éteignoit quelquefois, alors on voyoit feulement un cercle enflammé autour de la nouvelle bouche. Ce dernier effet ayant eu lieu plufieurs fois , depuis le mois d'Août 1785, on crut que le volcan alloit finir fon éruption. Mais la lave ayant reparu de nouveau deux mois après ; & le premier octobre elle fortoit, ferpentoit, fe ramifioit, & l'abondante fumée qui s'exhaloit de la grande bouche donnoit, même à cette époque, occafion de préfumer que l'éruption devoit continuer encore.

Dans l'éruption dont nous parlons on a remarqué la production d'un phénomene curieux arrivé en quelques autres éruptions. Une lave abondante en defcendant vers la colline de *Salvatore* s'étoit formé, en fe refroidiffant extérieurement , une voûte en forme d'aqueduc; & la matiere liquéfiée , diminuant de volume , continuoit de couler dans ce canal couvert. En fortant elle formoit un petit lac de feu qui verfoit la matiere en ruiffeaux enflammés qui fe perdoient & mouroient dans les fcories des anciennes laves. Le Véfuve a jeté par la nouvelle bouche, dans cette éruption tranquille , mais continue , une très-grande quantité de matieres.

Elle a rempli l'ouverture longue & profonde de 1767, & s'eſt répandue aux environs qu'elle a conſidérablement élevés. Elle deſ-cendit auſſi dans le vallon, s'y étendit, & dans quelques endroits s'éleva juſqu'à cent trente pieds & plus. Cette lave de couleur noire qui contenoit beaucoup de fer cal-ciné, étoit très-peu compaĉte, en partie cellulaire & en partie ſpongieuſe. (1)

CHAPITRE III.

De la cauſe des Tremblemens de terre & des Volcans.

IL n'eſt point de phénomene ſur lequel il y ait un plus grand nombre d'opinions que ſur les tremblemens de terre ; non-ſeulement, pour les expliquer, on a eu recours à tous les élémens en particulier, mais encore à leur combinaiſon mutuelle : cette multitude de cauſes invoquées en démontre certaine-ment l'inſuffiſance. Thalès, le Miléſien, rap-porte les tremblemens de terre à l'eau ; ce

___

(1) Obſervations ſur la Phyſique, l'Hiſtoire Naturelle, &c. Décembre 1785.

philofophe s'étoit imaginé fauffement, que
toute la terre étoit portée fur l'élément liquide. D'autres ont cru, que des torrens &
des fleuves fouterrains par la violence de leur
impulfion, étoient l'origine des fecouffes
imprimées à la terre dans certains tems. Ana-
xagore, Empédocle & plufieurs autres, ont
penfé que le feu étoit le principe des tremblemens de terre. Quelques anciens & plufieurs modernes ont admis un feu central
pour expliquer ce terrible météore. Anaxi-
mene dit que la terre elle-même eft la caufe de
fon tremblement, que plufieurs de fes parties
fe détachent d'elle, par un effet de la vieil-
leffe, comme certaines parties des vieux édifices tombent quelquefois. Afclépiade eft du
même fentiment, en attribuant les fecouffes de la terre à des chûtes ou des ruines
dans des cavernes fouterraines. Métrodote
de Chio affure, que l'ébranlement de l'air
intérieur des cavernes de la terre, produit
par l'air de l'atmofphere, donne naiffance à
ce météore. Archélaüs, Ariftote, Théo-
phrafte, Pline & Séneque emploient de diverfes
manieres l'action des vents. Straton a recours
au combat du chaud & du froid. Démo-
crite eft d'avis que plufieurs élémens produifent les tremblemens de terre, & Epi-
cure foutient que tous les élémens y concourent.

Les philofophes modernes ont affez généralement attribué la caufe des tremblemens de terre au foufre, au bitume & à toutes les matieres inflammables qui font renfermées dans le fein de la terre ; quelques-uns, comme Hales, au mêlange de l'air de l'atmofphere avec les exhalaifons fulfureufes ou air inflammable, fentiment renouvellé depuis peu ; d'autres à la grande élafticité de l'air interne, prodigieufement raréfié par l'inflammation des pyrites, dont les eaux fouterraines produifent la décompofition. Enfin, l'abbé Nollet eft le premier qui ait regardé comme principe de ce terrible météore l'eau réduite en vapeurs, dont la force étonnante eft fi connue. On voit affez que les opinions imaginées par les modernes ont au moins des rapports généraux avec celles des anciens. Une difcuffion complete de ces divers fyftêmes, trouvera fa place dans un ouvrage particulier fur les tremblemens de terre que je publierai dans la fuite. Il fuffira ici d'établir directement, que le fluide électrique feul peut produire des tremblemens de terre, & qu'aucune autre caufe n'eft capable de donner naiffance aux prodigieux effets qu'on remarque dans ce terrible météore.

Le docteur Stukeley paroît être le premier qui ait foutenu, que l'électricité étoit la caufe des tremblemens de terre. Des phénomènes de ce genre ayant eu lieu à Londres, au commencement de l'année 1749 & l'année fuivante, il lut peu de tems après des Mémoires fur ce fujet à la Société Royale; le célebre pere Beccaria foutint auffi ce fentiment; & ces deux phyficiens ont donné de très-bonnes preuves de la vérité de cette doctrine, qu'on peut voir dans leurs ouvrages; fi on n'aime mieux fe contenter du précis qu'en a fait M. Prieftley dans fon hiftoire de l'électricité. Mais comme depuis ce tems, quelques phyficiens modernes ont paru révoquer en doute cette affertion, fur-tout après les découvertes rélatives à l'air inflammable; & que d'ailleurs plufieurs favans, entr'autres fon excellence M. le prince de Gallitzin, miniftre plénipotentiaire de l'impératrice de Ruffie auprès de leurs Hautes-Puiffances, dans fa lettre du 4 Août 1779, m'ont engagé à publier les preuves qui me paroiffent établir ce fentiment avec la plus grande folidité, je m'arrêterai quelques inftans à en développer les principales.

La grandeur, le nombre, l'étendue, l'univerfalité & la durée des effets qu'on remarque dans les tremblemens de terre, exigent une caufe puiffante, & parmi toutes celles qui ont été affignées jufqu'ici par les anciens ou par les modernes, il n'en eft aucune autre que l'électricité, qui foit capable de produire les effets prodigieux qui étonnent généralement, même ceux qui font les moins faits pour être furpris. Perfonne n'ignore que dans les tremblemens de terre on a vu quelquefois des montagnes dont la cime orgueilleufe fembloit menacer le ciel, englouties dans le fein de la terre en moins de tems qu'il n'en faut pour le dire. D'autrefois, au milieu de vaftes plaines, on a vu des maffes énormes de rochers, je veux dire des montagnes s'élever. Tantôt des goufres d'une étendue prodigieufe, & des abymes fans fonds ont été ouverts. Tantôt on a obfervé des ifles confidérables fortir tout à coup des profondeurs de la mer ou y rentrer en un inftant ; fouvent des lacs immenfes produits ou abforbés, des golfes formés, des ifthmes arrachés des continens, des villes englouties, des provinces bouleverfées, & au milieu de ces horreurs des millions d'hommes enfevelis fous leurs ruines : faits conftans, que des obfervations multipliées mettent malheureufement hors de tout doute, comme nous allons le voir.

Quatre-vingt douze ans avant notre ere, deux montagnes des environs de Modene

furent violemment ébranlées par un tremblement de terre ; la secousse fut si furieuse ,
selon Pline, qu'elles semblerent s'entre-cho-
quer en vomissant des tourbillons de flammes & de fumée. En 1638 , le pic de l'isle de
Timor fut englouti avec presque toute l'isle ,
& ne laissa en sa place qu'un grand lac. Huit
ans après, plusieurs des montagnes du Chili
furent absorbées par un effet des tremblemens
de terre. Dans l'année 1726 , près de Shage-
Strand dans l'Islande Septentrionale, une montagne considérable s'enfonça dans une nuit, par
un tremblement de terre, il parut à sa place
un lac profond ; & un autre lac d'une grande
profondeur à une lieue & demie du voisinage fut mis à sec , & son lit s'éleva au-dessus du terrein qui l'environne. Possidonius ,
cité par Strabon, parle d'un tremblement de
terre qui engloutit une ville en Phénicie ,
située auprès de Sidon, & avec elle le territoire voisin. Séneque assure, que le fleuve
Ladon, qui coule entre Selis & Mégalenpo-
lis, doit aussi son origine à un tremblement
de terre. Le 16 Juin de l'année 1628 , il y
eut un violent tremblement de terre dans
l'isle de Saint-Michel, qui fit sortir aux environs, & en un endroit dans lequel on
comptoit plus de cent cinquante toises d'eau ,
une isle qui avoit au moins une lieue & de-

mie de long, & soixante toises de haut. A San-Jago, capitale du Chili, un affreux tremblement de terre, arrivé en 1570, bouleversa des montagnes entieres dans d'autres parties du Chili, arrêta le cours des fleuves, détruisit des villes, &c. sur une très-grande étendue de côtes, la mer se retira de plusieurs lieues ; le lit de plusieurs rivieres fut changé, &c. Selon le P. Fournier, dans son Hydrographie, liv. XV, le Pérou en 1604 ressentit un tremblement de terre des plus terribles ; & en moins d'un demi-quart d'heure il ne resta pas une montagne, une forêt, une riviere, une ville, un hameau dans l'étendue de trois ou quatre cents lieues de côte, sur soixante & dix de largeur, ce qui forme une aire de vingt & une mille lieues quarrées.

En 1640, on éprouva des secousses considérables dans les Pays-Bas, en Hollande, en Zélande, dans la Frise, dans la Gueldre, dans le pays de Luxembourg, à Francfort sur le Mein, en Westphalie, sur les frontieres de France, &c. cet espace ébranlé violemment dans tous ses points est de plus de trois cents soixante lieues : les vaisseaux qui se trouvoient dans les ports de Hollande & de Zélande, furent agités sans qu'il fît aucun vent. Dix-sept ans après, la partie Méridionale de la Norwege fut agitée par ces horribles convulſions de la nature, & les funeſtes effets ſe firent remarquer ſur un eſpace de cent ſoixante milles de long & beaucoup plus large. Le 13 Octobre 1694, un effroyable tremblement de terre renverſa Catane, & ſe fit ſentir juſqu'à Lima, qui eſt à une diſtance prodigieuſe de la Sicile. Les annales de la Chine parlent de pluſieurs tremblemens de terre, qui ont fait en divers tems des ravages affreux dans cet empire. Le 2 Septembre 1679, il périt plus de trente mille habitans dans Tong-Tcheou, ville peu éloignée de Pékin où les ſecouſſes furent auſſi très-violentes ; mais le 30 Novembre 1731, plus de cent mille perſonnes furent étouffées ſous les ruines des maiſons dans un violent tremblement qui ſe fit encore ſentir dans cette capitale. Il y en eut davantage à la campagne où des bourgades entieres furent englouties. (1) En 1759, le 30 Octobre, un tremblement général dans toute la Syrie, produiſit de grands ravages ſur un eſpace au moins de dix mille lieues quarrées, dans leſquelles ſe trouvent les chaînes du Liban & de l'Anti-Liban, ce qui nous prouve que

______

(1) Deſcription de la Chine, par le P. du Halde, in-4°. tome I.

Séneque s'eſt trompé, en avançant que les tremblemens de terre n'occupent jamais un terrein d'une fort grande étendue.

Le tems pendant lequel ont duré pluſieurs tremblemens de terre n'eſt pas moins étonnant. En 1638, le 27 Mars, il y eut en Sicile & à Naples un tremblement conſidérable qui dura quatorze jours. Pendant l'année 1664, dans un endroit à ſept journées de Ducca, dans les Indes Orientales, un tremblement de terre ſe fit ſentir pendant trente-deux jours. Le tremblement de terre qu'on éprouva en Lombardie, dans la Suiſſe & ailleurs, continua ſes ravages pendant quarante jours. Celui du 5 Février 1663, produiſit dans le Canada des bouleverſemens incroyables à plus de quatre cents lieues à la ronde, juſqu'au mois de Juillet ſuivant. Le 8 du même mois 1730, on éprouva dans le Chili de fortes ſecouſſes ; la mer ſe retira, puis revint & inonda la Conception ou Penco & les campagnes voiſines ; le lendemain de nouveaux tremblemens acheverent de ruiner la ville ; la plûpart des maiſons de San-Jago furent abſolument renverſées ; & ces ſecouſſes ſi funeſtes continuerent de ſe faire ſentir pluſieurs mois. Un des plus longs tremblemens fut ſans contredit celui du 17 Novembre 1570, qui arriva à Ferrare à

neuf

neuf heures quarante-cinq minutes & dont les secousses durerent presque toute une année.

Mais quelque considérable que soit l'étendue des divers tremblemens de terre dont nous venons de parler, elle n'est rien en comparaison de celle qu'ont eu plusieurs de ces phénomenes dont l'Europe entiere a quelquefois ressenti les effets, ou qu'on a éprouvés dans tout l'Univers. L'an 1117, il y eut un violent tremblement en Lombardie & en Suisse qui s'étendit dans presque toute l'Europe. Vingt-neuf ans après on ressentit encore dans l'Europe entiere un tremblement de terre plus ou moins violent, dans les divers endroits qui en furent ébranlés. À Mayence on compta jusqu'à quinze secousses. L'année 1509 fut remarquable par de violens ébranlemens qui eurent lieu dans la Carinthie, la Styrie, le Tirol, dans le reste de l'Allemagne, à Constantinople, &c. & même dans presque toute l'Europe. A six heures après-midi, de 1731 à 1732 un tremblement de terre se fit sentir depuis la Pologne jusqu'aux Pyrénées. Presque toute l'Europe & l'Asie furent ebranlées par des secousses considérables. Le 8 Septembre 1601, entre une & deux heures après-minuit, il y eut en plusieurs endroits de fortes pluies &

de grandes inondations; il en fut de même en 1680. Le tremblement de terre arrivé le 1 Novembre 1755, enfevelit prefque Lifbonne fous fes ruines, & porta la défolation dans la plupart des villes de l'Europe: plufieurs phyficiens ont préfumé qu'il avoit été général.

Sous l'empire de Valentinien premier, le 21 Juillet de l'année 365, un tremblement de terre fe fit fentir dans tout le monde connu alors, felon Ammien Marcellin, *lib.* XXVI, *cap.* XIV. S. Jérôme dit, qu'il fut fur-tout funefte à la Sicile; la mer paffa fes limites le long de cette côte; les murs d'Aréople, autrefois la capitale des Moabites, furent renverfés dans une nuit; l'ifle de Crete & Alexandrie en furent confidérablement endommagées. Cinq ans après cette trifte époque, il y eut encore un tremblement de terre prefque général; des inondations de la mer, des famines, &c. en furent les fuites terribles. L'an 543 fut auffi mémorable par un tremblement de terre univerfel, ainfi que la fin du treizieme fiecle (1290). Il en eft de même de celui qui arriva le 29 Septembre 1426, entre une & deux heures du matin, & dont les fecouffes furent prefque univerfelles par toute la terre. Un orage terrible avoit paru en être le précurfeur.

Les faits & les obſervations rapportés
juſqu'ici, ainſi que ceux dont nous ferons
mention dans la ſuite, ſont de la derniere
certitude ; ils ont été puiſés dans les auteurs
les plus eſtimés, tels que Pline, Séneque,
Strabon, Varénius, Fournier & autres, &
ſur-tout dans les Mémoires des diverſes Académies de l'Europe, dans la Collection Académique, & les hiſtoires générales & particulieres. Ces témoignages authentiques
nous démontrent donc combien ſont étonnans la grandeur, le nombre, l'étendue,
l'univerſalité & la durée des tremblemens
de terre, & quelle énergie doit avoir la cauſe
puiſſante qui les produit. Ce n'eſt qu'en raſ-
ſemblant les obſervations les mieux conſta-
tées qui ont rapport à ce terrible météore,
que nous pourrons en connoître la nature
& les effets.

Ces principes ſuppoſés, il eſt évident que
ni les courans d'air, ni ceux des eaux ſou-
terreines, ni les chûtes des cavernes inté-
rieures, ni les efferveſcences produites par
divers mélanges de ſoufre, de bitume, &
d'autres matieres inflammables terreſtres, ni
l'eau réduite en vapeur, ni les effloreſcences
pyriteuſes, ni l'air inflammable, ni aucune
cauſe de ce genre, ne ſont capables de produire ce nombre prodigieux d'effets étonnans

dont nous avons préfenté le tableau , la grande durée, l'étendue confidérable & même l'univerfalité qu'on a obfervées dans plufieurs tremblemens de terre. Jamais les partifans des divers fentimens qui ont été expofés, ne pourront expliquer comment certains tremblemens de terre ont produit des fecouffes dans toutes les parties du monde. Ce fait fera toujours le défefpoir de toute caufe différente de l'électricité.·

Arrêtons nous encore quelques momens fur cet objet, afin de le développer. La quatrieme année de l'empire de Tibere , ou l'an 17 de notre Ére, un tremblement de terre détruifit en une nuit plufieurs grandes villes de l'Afie; felon Pline, Tacite & Séneque , il y en eut douze de renverfées; le dernier dit : *Afia duodecim urbes fimul perdidit.* Nicéphore en compte quatorze , Eufebe treize , & S. Auguftin onze feulement. Les noms de ces villes tels qu'on les trouve dans ces différens auteurs , font Ephefe, Magnéfie, Sardis, Mofthene , Hierocéfarée , Philadelphie, Tmole, Tymé, Myrine, Cimé, Apollonie, Hydriane , Dia, Cibara. Voyez auffi Tacite, *ann. lib. II.* On frappa une médaille de l'empereur Tibere, que nous avons encore : *civitatibus Afiæ reftitutis.* Ces preuves démontrent que ce fait a le dernier degré de certitude poſſible. Ce tremblement de terre, n'a pu détruire en une ſeule nuit treize grandes villes de l'Aſie Mineure, ſans ébranler une maſſe de terre de trois cents milles de diametre. Or, peut-on demander avec le docteur Stukeley, comment eſt-il poſſible de « concevoir que tout le pays de l'Aſie Mineure, n'ait pas été détruit en même tems, ſes montagnes renverſées, ſes fontaines & ſes ſources détournées & ruinées pour toujours, & le cours de ſes rivieres tout-à-fait changé ? au lieu que rien n'a ſouffert que les villes. Il n'y eut aucune eſpece d'altération dans la ſurface du pays, qui, en effet, eſt encore le même de nos jours ».

Ce docteur obſerve fort judicieuſement que, ſi les vapeurs inflammables, ou les autres cauſes qu'on aſſigne ordinairement, ont ébranlé une maſſe de terre de trois cents milles de diametre, elles ont dû être placées à deux cents milles de profondeur au-deſſous de la ſurface de la terre ; & qu'ainſi elles ont été obligées de mouvoir un cône renverſé de terre ſolide, dont la baſe eſt de trois cents milles de diametre, & l'axe de deux cents milles ; effet qu'aucune cauſe connue ne peut produire. Toute la poudre à canon qu'on a faite depuis ſon invention, dit-il, ne feroit pas capable de remuer ce folide.

Si quelqu'un vouloit connoître la maffe de ce cône, rien ne feroit plus facile, puifqu'il ne s'agiroit que de fe rappeller ce corollaire de géométrie : que la folidité du cône, étant le tiers de celle d'un cylindre, de même bafe & de même hauteur, eft égale au produit de fa bafe par le tiers de fa hauteur. J'ai trouvé par le calcul que cette puiffance auroit dû ébranler un folide, d'une maffe prodigieufe, dont le poids eft au-deffus de la vertu de toute force naturelle connue, différente de l'électricité. Que feroit-ce fi, au lieu d'avoir pris pour exemple un fi petit diametre, j'avois choifi, comme élément du calcul, l'étendue du terrein ébranlé par le tremblement de terre, dont parle S. Auguftin, lequel renverfa cent villes dans la Lybie ; ou celui qu'on reffentit, le 24 Août de l'an 358, le long des deux rives du Bofphore, qui fit de grands ravages en Europe & en Afie, ébranla plufieurs montagnes, endommagea près de cent cinquante villes en moins d'une heure, engloutit Nicomédie & fes habitans, & vomit enfin des tourbillons de flammes qui dévorerent les triftes débris de cette ville infortunée, pen-

dant l'efpace de cinquante jours ; ou le fameux tremblement de l'année 742 , qu'on
éprouva en Egypte , dans les environs &
même dans tout l'Orient , dans lequel fix
cents villes ou bourgades furent renverfées
en une nuit, & nombre de vaiffeaux furent
enlevés par les flots de la mer ; ou enfin celui
de Lifbonne , & les autres tremblemens qui
ont eu lieu dans toute l'Europe , l'Afie ,
l'Afrique & l'Amérique , en un mot le globe
entier de la terre ? Alors le réfultat en auroit
été effrayant. Les réfléxions que je viens de
faire , prouvent , ce me femble , d'une maniere décifive que ni les courans fouterreins
d'air ou d'eau , ni les exhalaifons inflammables terreftres , ni aucune caufe de ce genre
ne peut produire les effets prodigieux qu'on
obferve dans les grands tremblemens de terre,
qui ébranlent en même tems les différentes
portions de l'Europe , & les autres parties du
globe terreftre.

S'il étoit néceffaire de confirmer ce qu'on
vient d'avancer, je rappellerois les principes
établis plus haut en prouvant que le tonnerre n'eft point un phénomene dépendant
des effervefcences chymiques. Les raifons
font ici les mêmes abfolument. J'ajouterois
que l'expérience de Lemery , fi fouvent ci-
tée , n'eft d'aucun fecours pour les partifans

des caufes pyrothecniques. Ce fameux chymifte, à la vérité, vit s'enflammer au bout
de quelques heures une maffe de foufre &
de limaille de fer, qu'il avoit mife dans la
terre à une certaine profondeur ; mais, comme l'a très-bien remarqué le célebre Rouelle,
dans le fein de la terre le fer eft minéralifé,
ou bien il eft dans l'état d'ochre, & privé
de fon phlogiftique, & Lemery a employé
au contraire du fer pur; auffi l'expérience
ne réuffit-elle pas avec le fer, tel qu'il fe
trouve dans les mines, ainfi que je l'ai
éprouvé plufieurs fois.

Cette premiere difficulté qui certainement
eft infoluble dans toute opinion, tourne
cependant en preuve dans le fyftême de l'é-
lectricité. Ces grands & nombreux effets,
dont la durée, l'étendue & l'univerfalité
nous étonnent fi fort, ces affreux bouleverfemens qu'on obferve dans les tremblemens
de terre, s'expliquent très-heureufement
d'après les nouvelles découvertes. Les tremblemens de terre font des tonnerres fouterreins, & ne different de ceux qui font en-
gendrés dans l'atmofphere, que par la quantité plus abondante de matiere électrique,
& par une énergie bien-fupérieure. Quoique
les tonnerres aient une force bien peu com-
parable à celle des grands tremblemens de

terre, de quels terribles effets ne font-ils
pas capables ? Ils font trop connus pour les
rappeller ici : eh bien! les tremblemens de
terre étant de grands tonnerres fouterreins,
leurs effets déjà fi femblables à ceux de la
foudre, font proportionnels à l'intenfité de
la caufe ; & quelle caufe puiffante que celle
qui déchire les entrailles de la terre !

Mille preuves démontrent que le fluide
électrique, même tel qu'il fort de la main
des hommes, fe communique facilement à
de grandes maffes & à des diftances confidérables, fans éprouver de diminution dans
fon énergie & dans fes propriétés. A peine
l'expérience de leyde fut-elle connue & répétée pour la premiere fois en France, que
M. l'Abbé Nollet effaya de la tenter fur
plus de deux cents perfonnes ; le fuccès fut
complet, & toutes reffentirent la commotion au même inftant, quoique la chaîne
eût plus de deux cents pas de longueur. (1).
Quelques mois après, M. le Monnier employa, pour former le circuit électrique,
un fil de fer de dix-neuf cents toifes, difpofé dans le clos des Chartreux de Paris ;
& une autre fois un fil de fer de près de
deux mille toifes, c'eft-à-dire, d'environ

____

(1) Mémoires de l'Académie, année 1746, pag. 1. & fuiv.

une lieue. Une partie de ce fil métallique traverſoit un pré, dont l'herbe étoit mouillée de la roſée ; une autre étoit portée ſur une paliſſade de charmille, & s'entortilloit autour de pluſieurs arbres ; enfin une partie conſidérable traînoit dans une terre nouvellement labourée ; &, malgré tous ces obſtacles apparens, la tranſmiſſion du fluide électrique eut lieu. Cet ingénieux Phyſicien imagina encore de faire cette expérience ſur le baſſin du jardin du Roi, & ſur celui des Tuileries , dont la ſuperficie a cent toiſes carrées, & deux pieds & demi de profondeur ; & la commotion électrique fut également propagée. (1) Le Docteur Watſon, & pluſieurs autres ſavans répéterent l'année ſuivante en Angleterre les expériences qu'on venoit d'exécuter en France. Le 14 & le 18 Juillet 1747, ils firent paſſer la commotion à travers la Tamiſe, près du pont de Weſtminſter, l'eau de cette riviere faiſant partie de la chaîne. Le 24, on choiſit un autre lieu ; ce fut la nouvelle riviere, à l'endroit nommé Stock-Newington, & le ſuccès fut le même. On peut voir le détail de ces expériences dans le *tom.* X.

---

(1) Mémoires de l'Académie des Sciences, année 1746, pag. 450 & 451.

Philof. Tranf. Abridged; ainfi que de celles qu'ils exécuterent le 5 Août fuivant à Highbury-Barn, au-delà d'Iflington; & le 14 de ce Mois, fur la montagne de Schooter, en employant un fil de fer de plus de fix mille pieds de longueur. Le 5 Août de l'année 1748, on répéta la même épreuve avec un fil de fer de douze mille deux cents foixante & feize pieds.

M. Jallabert, célebre Profeffeur de Phyfique, a fait auffi au lac de Geneve, des expériences fur la tranfmiffion de l'électricité à travers d'une grande maffe d'eau, fur lefquelles il confulta M. l'Abbé Nollet en 1749. « J'ai établi, difoit M. Jallabert, une machine électrique dans une galerie fituée fur le Rhône, deux cents cinquante pieds environ au-deffous de notre machine hydraulique, (affemblage de pompes établies au bas du lac fur le Rhône, pour élever les eaux & les diftribuer dans la ville.) Un matras deftiné aux expériences de la commotion, étoit fufpendu à une barre de fer électrifée immédiatement par un globe de verre, & du culot de ce matras pendoit un fil de fer qui plongeoit dans le Rhône de la profondeur de quelques lignes: des fils de fer attachés à la barre, & foutenus par des cordons de foie, venoient aboutir auprès de quelques fontaines publiques. Le globe étant frotté, on tiroit de ces fils de fer, en approchant la main, des étincelles qui caufoient la fenfation d'une légere piqûre ; mais fi quelqu'un communiquant d'une main à l'eau de quelqu'une des fontaines, préfentoit l'autre au fil de fer qui y aboutiffoit, il éprouvoit une forte commotion. » Dans cette expérience, il n'y a rien qui doive étonner un Phyficien, puifqu'on y trouve ce que l'on nomme un *cercle* électrique. « Lorfque d'une main vous touchez l'eau de la fontaine, & de l'autre au fil qui vient de la barre à laquelle eft fufpendu le matras, je vous conçois comme faifant partie d'un cercle compofé d'une part de ce fil de fer; & de cette barre dont je viens de parler, & de l'autre d'un filet d'eau qui remonte fans interruption de la fontaine au réfervoir, & qui s'étend de même par les tuyaux de conduite jufqu'à la machine hydraulique, & delà enfin jufqu'au fil de fer qui vient du culot de votre matras fe plonger dans le Rhône. » Voyez la lettre 8 de l'Abbé Nollet, dans l'ouvrage intitulé : *Lettres fur l'électricité*. 1753.

MM. de Luc ont auffi fait cette épreuve. « Nous parvînmes fucceffivement à faire l'expérience de leyde au travers du Rhône,

& de toutes les fontaines auxquelles il donne de l'eau, par le moyen de pompes afpirantes & refoulantes, à une diftance de deux cents toifes. Ce qu'il y eut encore de remarquable dans cette expérience, c'eft que par-tout où le pavé des rues étoit fimplement humecté par l'eau des fontaines, on éprouvoit la commotion dans les jambes en tirant une étincelle d'un fil de fer qui partoit du conducteur de la machine. On voit par cette expérience, que l'humidité feule fuffit pour tranfmettre le fluide électrique à une diftance confidérable ; car, dans quelque fens qu'on imagine que fe fit le courant de ce fluide, il eft toujours certain que le Rhône & toute la maffe du terrein humide, lui fervirent de véhicule. (1) M. Winkler, Profeffeur à Leipfick, a auffi fait des expériences de ce genre, en comprenant dans le circuit électrique la riviere de Pliffe. Franklin a allumé des liqueurs fpiritueufes, en même tems fur les deux bords de la Skuylkill, riviere qui baigne un côté de Philadelphie, en envoyant une étincelle de l'un à l'autre rivage, à travers la riviere, fans autre conducteur que l'eau. (2)

____

(1) Recherches fur les modifications de l'Atmofphere, &c. tome II, pag. 178.

(2) Expériences & Obfervations fur l'Electricité, tome I, pag. 195, *Paris* 1756.

Quelque longs que foient les conducteurs, quelque étendue qu'on donne au circuit électrique, on ne trouvera jamais de
bornes à la communication de la vertu électrique : d'après l'expérience, on peut affurer que fes limites font indéfinies. Auffi,
M. de Luc difoit-il, à l'occafion de l'expérience que je viens de rapporter , que
s'il étoit poffible de conduire un fil de métal fuffifamment ifolé, depuis Geneve jufqu'à la mer, on pourroit faire l'expérience
de Leyde à cette diftance , par l'entremife
du Rhône ; car malgré la grande étendue de
la chaîne électrique, la commotion ne fut
point fenfiblement affoiblie. On voit encore dans la derniere édition des œuvres de
Francklin par M. Barbeu Dubourg, *tom. I.*
pag. 176, que M. James Alexander propo-
foit de faire enforte qu'une riviere ou un
lac, ou la mer même fiffent partie du circuit que le feu électrique auroit à fuivre ,
afin de pouvoir mefurer avec plus de précifion le tems employé par une étincelle
électrique à parcourir un efpace déterminé.
Les expériences rapportées jufqu'à préfent
montrent évidemment, fi je ne me trompe,
que les diftances confidérables, le nombre
des corps interpofés, ou la quantité des
maffes ne font pas des obftacles à la tranf-

miſſion du fluide électrique, & ne diminuent
point la vertu de ce merveilleux agent, mais
quelque ſurprenante que ſoit cette propriété, il en eſt encore une autre non moins
étonnante, & qui eſt également particuliere au fluide électrique, c'eſt que ſon intenſité, bien-loin d'être affoiblie, augmente en
raiſon de l'étendue ſur laquelle les effets électriques ſont produits. Cette aſſertion exige
d'être ici développée, ſur-tout à cauſe de la
nouvelle application que j'en fais aux tremblemens de terre.

Il eſt hors de doute que la communication de l'électricité ſe fait plutôt en raiſon
des ſurfaces qu'en raiſon des maſſes ; c'eſt-à-
dire que, la cauſe productrice du fluide électrique étant la même, l'électricité eſt ſenſiblement plus forte dans les corps de même
eſpece qui ont plus de ſurface, la maſſe
étant ſuppoſée égale ; & par conſéquent que
pour rendre plus grands les effets de la vertu électrique, il vaut mieux augmenter la
ſurface du corps qu'on électriſe, que ſa maſſe. M. le Monnier a démontré la vérité de
ces aſſertions par pluſieurs expériences d'autant plus ſûres, qu'elles ſont plus ſimples.
On peut les voir dans les *mém. de l'Acad.
des ſcienc. ann.* 1746, *pag.* 447 *& ſuiv.* Un
grand porte-voix de fer blanc de huit à

neuf pieds de longueur, de dix livres de poids, étant électrifé, donna des étincelles bien plus fortes qu'une enclume de deux cents livres ; des bandes de plomb laminé, roulées fur elles-mêmes reçurent une électricité bien plus foible, que lorfqu'elles étoient étendues felon toute leur longueur : ces bandes étincellerent davantage, étant divifées en plufieurs lanieres placées bout à bout, que des bandes égales non divifées. Il en eft de même de l'électricité atmofphérique ; car le même Académicien eft auffi parvenu à augmenter confidérablement les effets de l'électricité des nuages, en faifant communiquer le fil de fer de fon appareil dreffé pour recevoir le feu électrique de l'air avec de gros cylindres de papiér doré, & avec plufieurs tuyaux de fer blanc ifolés. (1)

De ces faits divers, on peut conclure avec certitude que l'électricité naturelle & l'électricité artificielle fe communiquent dans les corps de même nature, plutôt en raifon des furfaces qu'en celle des maffes, & que cette communication fe fait plutôt en raifon de l'étendue en longueur, que dans le rapport des autres dimenfions. Voilà pourquoi, afin de rendre les étincelles électriques plus

____

(1) Mémoires de l'Académie, année 1752, pag. 235.

fortes,

fortes, on ajoute depuis quelque tems de feconds & de troifiemes conducteurs aux premiers, & qu'on donne aux uns & aux autres plus de furface ; alors de fimples étincelles font éprouver des impreffions femblables à celles de la commotion électrique.
Les expériences de M. Volta ont achevé de
démontrer la vérité de cette découverte de
M. le Monnier. Ce célebre Italien a auffi
prouvé (1) que de deux conducteurs, celui
qui eft le plus étendu en longueur, jouit
d'une plus grande capacité que celui qui l'eft
en groffeur ou en largeur, & qu'il fe charge d'une quantité d'électricité beaucoup plus
confidérable, qui fe manifefte par l'intenfité
des effets. Le conducteur de M. Volta a
quatre-vingt feize pieds de long, & feulement douze pieds quarrés de furface ; cependant, quoiqu'il foit exactement égal à un
cylindre de fix pieds de long & de huit pouces de diametre, il le furpaffe infiniment,
dit cet Auteur, relativement à la quantité
d'électricité qu'il peut recevoir, & à l'intenfité des effets qu'il produit. Auffi ce fimple conducteur donne-t-il une véritable commotion comme la bouteille de Leyde ; effet
qui augmente comme la longueur du con-

____

(1) Journal de Phyfique, Avril 1779, pag. 249.

ducteur, toutes chofes égales. Cette dé‑ couverte appartient fans contredit à M. Volta.

L'application de ces principes à l'étendue immenfe des tremblemens de terre, eft très‑ naturelle ; & bien-loin que ce long efpace qu'ils parcourent ordinairement, foit un obf‑ tacle à la production de leurs redoutables effets, il eft plutôt la caufe qui leur donne une nouvelle énergie. Car le fluide électri‑ que, partant, pour ainfi dire, du foyer qui le produit, quelle qu'en foit la caufe, eft tranfmis par une fuite de corps conducteurs, tels que divers lits & couches de pyrites, de métaux & de matieres minérales de dif‑ férentes efpeces ; diverfes couches de terres marneufes, argilleufes, &c. plufieurs cou‑ rans d'eau, ou corps humides. Cette fuite de conducteurs lui prête une force nouvel‑ le, & d'autant plus grande, que la longueur parcourue eft plus confidérable. Si un con‑ ducteur de quelques lieues pouvoit être fa‑ cilement conftruit, quelle vertu n'auroient pas nos machines électriques ? Elle feroit éton‑ nante. Eh bien ! au-deffous de la furface de la terre, la nature a conftruit plufieurs conduc‑ teurs qui font encore incomparablement plus étendus, & dont les effets terribles fe ma‑ nifeftent dans les tremblemens de terre. Tou‑

tes les autres caufes affignées, telles que les torrens fouterreins, les vents intérieurs, les exhalaifons, l'air inflammable, l'eau réduite en vapeurs; toutes ces caufes diminuent d'intenfité, lorfqu'elles agiffent fur une grande étendue, & conféquemment font incapables de produire les effets furprenans qu'on remarque dans les tremblemens de terre. L'électricité feule ne perd rien de fa force, quand elle fe communique à des fuites immenfes de corps; bien plus, la multiplicité des maffes & la grandeur des furfaces lui redonnent une nouvelle vigueur; & ce fluide admirable que nous nommons électrique, agit avec d'autant plus de force & d'activité, qu'il eft plus éloigné de fon foyer, c'eft-à-dire, de la fource productrice qui le met en jeu. L'étendue & l'univerfalité des tremblemens de terre qui font la ruine de toutes les opinions imaginées jufqu'à ce jour, doivent donc être regardées comme le triomphe du fyftême de l'électricité.

Ce que nous venons de dire des tremblemens de terre, doit s'entendre auffi des volcans; le nombre, la grandeur, la durée de leurs effets, &c. prouvent que le fluide électrique en eft la caufe principale. Souvent ils lancent pendant long-tems une grande quantité de maffes prodigieufes de rochers

enflammés, avec un bruit confidérable, &
à une hauteur prodigieufe. L'Abbé Recupero
a vu, lors d'une éruption de l'Etna, de grands
rochers de feu lancés à la hauteur de plufieurs milliers de pieds, avec un bruit infiniment plus terrible que celui du tonnerre.
Ayant mefuré le tems qu'ils employoient
pour arriver à terre, depuis le moment de
leur plus grande élévation, il a trouvé qu'il
leur falloit vingt-une fecondes pour defcendre, & les efpaces étant comme les quarrés des tems, ils avoient parcouru plus de
fept mille pieds. M. Brydone a vu fur l'Etna
des rochers d'une grandeur incroyable lancés hors du Cratere. Le plus gros qu'ait vo-
mi le Véfuve, dit-il, eft de forme ronde,
& a environ douze pieds de diametre; ceux-
ci font bien plus confidérables & propor-
tionnés à la différence qui fe trouve entre
les deux volcans. Ces pierres & ces rochers
fi énormes que l'Etna a vomis, font en fi
grand nombre, qu'on voit fur ce volcan
même plufieurs montagnes confidérables qui
en ont été formées. Quelques-unes de celles-
ci n'ont pas moins de fept ou huit milles
de tour & plus de mille pieds d'élévation
perpendiculaire. Peut-être que par le nombre de ces montagnes, on pourroit déter-
miner celui des éruptions & l'âge de l'Etna.

Elles font toutes fans exception d'une figure réguliere, foit hémifphérique, foit conique.

La durée des éruptions volcaniques eft quelquefois très-confidérable. La grande éruption de l'Etna en 1669, dura plufieurs mois, ruina une grande partie de la ville de Catane ; & le peu qu'épargna cette éruption, fut entiérement détruit par le fatal tremblement de terre de 1693. Il y a même des volcans qui font continuellement en activité ; & comment concevoir cette longue durée, fi on n'admet le fluide électrique pour caufe de ces phénomenes ? Pour ne pas aller chercher bien-loin des exemples de cette vérité, nous citerons le volcan de Stromboli, une des ifles Lipari, qui n'a jamais de calme, mais eft fans ceffe en agitation ; & qui après une intermittence courte & réglée, fait des explofions & lance au loin des pierres enflammées. M. le Chevalier Dolomieu, dans fon *voyage aux ifles Lipari*, confirme la réalité de ces phénomenes. Il affure qu'en approchant de l'ifle de Stromboli, il eut le plaifir de jouir pendant toute la nuit du fpectacle de fon inflammation intermittente, & vit ce volcan lancer par intervalles réglés de fept ou huit minutes, des pierres enflammées, qui s'élevoient à plus.

de cent pieds de hauteur : souvent l'intervalle n'est pas de deux ou trois minutes. Comment donc concevoir que des matieres inflammables qu'on supposeroit être la cause
de ces éruptions éternelles, s'il est permis de
parler ainsi, en fussent la cause ? Cela est
impossible, le volcan seroit déjà épuisé. Le
fluide électrique seul peut produire des effets
d'une aussi grande durée.

La vîtesse étonnante avec laquelle les entrailles de la terre sont ébranlées dans une
immense étendue, ou plutôt l'instantanéité
des mouvemens qu'on a observés fort souvent dans des lieux très-éloignés, pendant
la plupart des tremblemens de terre, est encore une preuve frappante de cette vérité,
que toutes les causes différentes de l'électricité qu'on a assignées jusqu'à présent, sont
absolument insuffisantes pour produire ce
phénomene. Mais les bornes de cet ouvrage ne permettent pas de donner à
cette preuve & aux suivantes toute l'étendue dont elles sont susceptibles, comme on
l'a fait à celle qu'on vient de développer.
Comment en effet concevoir que des vents,
des torrens souterreins, des exhalaisons inflammables, de l'eau réduite en vapeurs,
puissent dans le même instant parcourir
avec une rapidité surprenante, de grandes

Provinces, de vastes Royaumes, l'Europe entiere, & même le globe de la terre, comme cela est arrivé dans plusieurs des grands tremblemens dont nous avons parlé, & sur-tout dans celui qui, le 1er. Novembre 1755, bouleversa Lisbonne ? Quelle suite d'énormes cavités communiquant les unes aux autres ne faudroit-il pas imaginer pour produire des effets de ce genre ? A quelle immense profondeur ne devroient pas être ces cavernes où seroit placé le foyer de cet air inflammable, de ces exhalaisons ou vapeurs romanesques, qu'on s'est plû autrefois à imaginer ? Quand même ce tissu monstrueux d'absurdités seroit admis, ou plutôt dévoré, il seroit encore nécessaire d'expliquer la Propagation instantanée des secousses qu'on ressent en divers lieux très-éloignés pendant les tremblemens de terre, phénomene qu'il est impossible de concevoir dans toute cause différente de celle du fluide électrique.

Avec quelle merveilleuse facilité ne se prête pas le fluide électrique à la transmission rapide des secousses qu'on remarque dans les tremblemens de terre ? Ce fluide dont la vîtesse, de l'aveu de tout le monde, est très-grande, parcourt des espaces considérables dans un instant très-petit, & conséquemment est capable de produire en même-tems des chocs & des ébranlemens terribles dans les lieux les plus éloignés. Personne n'ignore que dans quelques expériences faites à ce sujet, on n'a apperçu aucun instant bien discernable entre la production de l'électricité & la transmission des étincelles ou des commotions, quoique la communication fût faite à travers des conducteurs d'une étendue de deux mille toises. Les expériences dont nous avons parlé ci-dessus, & qui ont été faites par MM. Nollet, Lemonnier, Watson, Jallabert, &c. étoient aussi relatives à la vîtesse avec laquelle se meut le fluide électrique, lorsqu'il est transmis à de certaines distances, & ces savans n'ont pas ordinairement apperçu un quart de seconde entre la lumiere de l'étincelle excitée & la commotion. Il est donc très-aisé d'expliquer dans les principes de l'électricité la transmission rapide des secousses qui font une des principales circonstances des tremblemens de terre.

Puisque par les expériences que nous avons rapportées, les observateurs les plus exacts n'ont pas pu observer entre la production de l'électricité & sa transmission, même à travers des espaces considérables, aucun instant saisissable, qu'il n'a pas été possible d'y remarquer un quart de seconde, supposons donc que le fluide électrique parcoure dans un cinquieme de feconde l'intervalle de deux mille toifes, & examinons quel en fera le réfultat, d'abord pour l'Europe, enfuite pour tout l'ancien continent, & enfin pour le globe entier de la terre. L'Europe a mille lieues d'étendue du feptentrion au midi, du cap nord à l'extrémité de la Morée; elle en a neuf cents de l'Orient à l'Occident, du fond de la Bretagne au coude le plus Oriental du Tanaïs, ce qui donne une étendue moyenne de 950 lieues ou 2167900 toifes. Le foyer électrique d'un tremblement capable d'ébranler toute l'Europe étant fuppofé au milieu de cette partie du monde, parcourra en même-tems tous les rayons divergens qui partent de ce centre, & dont la longueur particuliere ne fera que de 475 lieues : le fluide fera donc tranfmis dans toute l'étendue de la furface de l'Europe en une minute quarante huit fecondes ; ce qui forme fans contredit une vîteffe fenfiblement inftantanée. Voyons maintenant en combien de tems le fluide électrique ébranlera non feulement l'Europe, l'Afie & l'Afrique, mais encore les vaftes mers qui les environnent, c'eft-à-dire un hémifphere entier de la terre. Il eft clair que la longueur d'un demi-méridien étant de 4500 lieues, & le foyer du tremblement de terre étant auffi suppofé à l'interfection de l'équateur avec le quatre-vingt dixieme méridien, à-peu-près vers une des Maldives, les rayons qui partiront de ce foyer vers tous les points de la circonférence de cet hémifphere ne feront que de deux mille deux cent cinquante lieues ou de 5134500 toifes, que le fluide électrique parcourra en huit minutes & demie environ, & conféquemment en 17 minutes le globe entier, en y comprenant la furface de toutes les terres & de toutes les mers. Mais les mers occupant environ les deux tiers de la furface du globe Terraquée, le fluide électrique fera fentir fes commotions dans l'Europe, l'Afie & l'Afrique en deux minutes cinquante fecondes; & dans les quatre parties du monde en 5 minutes 40 fecondes. Si on fuppofe que les eaux ne couvrent que la moitié du globe, un hémifphere fera ébranlé en quatre minutes & quart, & les deux hémifpheres en huit minutes & demie. Dans ces divers calculs dont je n'ai préfenté que les réfultats, fi j'avois fait l'hypothefe que le fluide électrique parcourt deux mille toifes en un huitieme de feconde, ou en une tierce au lieu d'un cinquieme de feconde, nous aurions trouvé une vîteffe beaucoup plus grande.

Or cette vîteffe du fluide électrique qui lui fait parcourir les trois parties de l'ancien

monde en deux minutes cinquante secondes,
& l'Europe, l'Asie, l'Afrique & l'Amérique en
cinq minutes quarante secondes, est très-grande & peut-être regardée comme instantanée
relativement à cette étendue considérable,
& aux observateurs qui ne peuvent apporter
une précision astronomique dans la supputa-
tion du tems dans lequel arrivent les tremblemens de terre ; précision qui seroit nécessaire pour assurer une simultanéité rigoureuse
des secousses dans les divers lieux ébranlés.
Dans le système de l'électricité on peut donc
expliquer très - heureusement l'instantanéité
des secousses observées dans des endroits fort-
éloignés pendant les tremblemens de terre,
ce qui est certainement impossible dans toutes
les autres opinions.

Mais une des preuves les plus décisives de
la vérité de notre sentiment est ce qui arrive
ordinairement dans la plupart des tremblemens de terre : les lieux intermédiaires ne
font pas ébranlés. Souvent dans une même
ligne, fur laquelle font plusieurs endroits
bouleversés, on en observe quelques autres
qui paroissent respectés par ces effroyables
secousses dont le sein de la terre est déchiré ;
ce phénomène est hors de doute. Callisthene
rapporte qu'Hélice & Buris périrent dans un
horrible tremblement de terre, sans que la

ville d'Hégion en reffentît aucun effet.
Séneque (1) dit que Thebes n'éprouva pas
la moindre fecouffe, lorfque la Colchide
trembla ; & que dans le tems où la ville
d'Hégion fut affligée de la même calamité,
Patre qui en eft fi proche en fut entiérement
préfervée. Dans ce tremblement fi mémorable
de l'Afie mineure, pendant lequel douze villes
furent renverfées en une nuit, les campagnes
& prefque tous les lieux intermédiaires ref-
terent dans leur pofition naturelle. Pendant
le tremblement du mois de Septembre 1586,
la partie du Japon qui eft entre Méaco & la
province de Sacoja fut ébranlée fans que
d'autres endroits voifins reffentiffent aucune
fecouffe; les ifles de Gotto & la petite ifle
de Sikubufima n'en ont jamais éprouvé.
On obferva auffi dans l'année 1690, le
5 Décembre, que durant les fecouffes qui
porterenr la confternátion dans la Suabé,
la Thuringe, l'Autriche, &c. il y eut beaucoup d'endroits qui ne furent pas ébranlés,
quoiqu'ils fuffent au milieu & dans la direction de ceux qui l'étoient, au point que de
deux maifons voifines l'une trembloit, tandis
que l'autre reftoit dans fon affiette ordinaire.

____

(1) Queftions Naturelles, vers la fin du chapitre XXV,
du liv. VI.

Le 4 Novembre 1755 à 10 heures & demie du matin, des fecouffes de tremblement de terre très-violentes eurent lieu à Madrid & dans les environs, dans l'Andaloufie & même dans prefque toute l'Efpagne, excepté en Catalogne. On lit dans un des meilleurs ouvrages périodiques (1) que le premier de Décembre de cette année, on reffentit à Conches en Normandie « un tremblement de terre, qui cependant ne fut fenfible qu'à deux fauxbourgs oppofés & au milieu de la ville, &c. » Auffi M. Gueneau de Mont-beillard, ce digne collaborateur du Pline françois fait-il cette remarque : « Ce n'eft point par la communication des terreins contigus que fe propagent les tremblemens, puifque des pays intermédiaires quelquefois plus élevés quelquefois plus bas ne font point ébranlés. » (2)

Ce phénomene eft entiérement inexpli-cable dans les diverfes opinions qui fuppofent des cavernes & des galeries fouterreines & fous-marines, qui attribuent la caufe des tremblemens de terre aux vents, aux courans d'eau, aux exhalaifons, à l'air inflammable, aux décompofitions des pyrites, à l'eau

---

(1) Journal Encyclopédique , 1769 Déc. 1. pag. 459.
(2) Collection Académique, partie Etrangere , tome VI, pag. 638.

réduite en vapeurs. L'imagination la plus romanciere même avec le secours des hypotheses les plus invraisemblables, ne pourroit que faire de vains efforts, si elle vouloit donner une explication de cet effet, si ordinaire dans la plupart des tremblemens de terre.

Au contraire rien de plus naturel & de plus simple que de concevoir comment cela arrive dans le système de l'électricité. Il est démontré par les expériences les plus incontestables que le fluide électrique se transmet avec la plus grande facilité par les corps appellés conducteurs, tels que sont l'eau & les métaux, & qu'il ne produit des effets sensibles que dans les interruptions, comme nous le ferons voir bientôt d'après l'expérience ; mais que hors de la chaîne électrique il ne laisse aucune trace de son activité. On peut se rappeller ici les principes établis ci-dessus dans le chapitre de la fusion d'une lame d'épée dans le fourreau. De plus dans le sein de la terre il y a des matieres conductrices différemment disposées ; telles que l'eau & les métaux, & d'autres qui ne transmettent pas l'électricité ; il y en a qui sont dans le circuit électrique, & d'autres qui sont placées hors de la direction. Il est donc évident que, si, entre deux villes *A* & *C* ébranlées ou renverfées par des fecouffes de tremblement de terre, il y en a une troifieme *B*, bâtie fur un fol qui contienne par exemple des lits de pyrites, des filons de mines ou veines métalliques, des courans ou des filets d'eau, des bancs & des couches d'argille, de marnes & d'autres terres humides, ou diverfes difpofitions de ce genre, les deux extrémités de cette partie du circuit électrique feront bouleverfées; tandis que l'efpace intermédiaire fur lequel la ville *B* eft conftruite, fera entiérement préfervé. L'expérience de l'imitation des effets du tremblement de terre par l'électricité que je fais quelquefois dans mes cours, le démontre même aux yeux. Plufieurs figures de petites maifons font mifes les unes fur des matieres idroélectriques, les autres fur des fubftances anélectriques, mais toutes féparées entr'elles par des fils-de-fer, ou par de petits filets d'eau. Dès qu'on décharge une jarre électrique on voit les maifons mifes fur les matieres conductrices être préfervées de la fecouffe, tandis que celles qui font fur des fubftances non-conductrices font renverfées dans le même tems. Toutes les villes, & tous les lieux placés fur les interruptions du circuit élec-trique feront donc toujours ébranlés; tandis que d'autres fitués au-deffus de la chaîne électrique, sans cependant en faire partie, seront, pour ainsi dire, respectés. Eh ! combien de sortes d'interruptions dans le sein de la terre ? Tantôt ce sont des rochers de granites, des masses de quarts ou de divers spaths, tantôt des grès, de silex, &c. quelquefois des couches de matieres bitumineuses ; d'autres fois des blocs énormes de sel gemme ou d'autres especes ; souvent des lits d'ochre, de sable, &c. matieres qui se trouvent répandues par-tout. De ces réflexions on doit conclure combien on a tort, lorsqu'on fonde de nouvelles villes, de ne pas examiner la nature du sol & de ses environs, par le moyen des sondes & des fouilles, sur-tout dans les lieux plus exposés aux tremblemens de terre, ce que l'expérience a dû faire connoître. Par quelle fatalité la vie des hommes, objet si précieux, n'entre-t-elle jamais pour rien dans les considérations des puissans de la terre !

Si les tremblemens de terre dépendent d'une accumulation de fluide électrique, lequel tend naturellement à se répandre également & à rétablir l'équilibre qui doit regner entre la terre & l'atmosphere, on doit observer que les secousses de ce terrible météore sont presque toujours précédées d'un trouble, sensible par de grands effets, par des pluies,

des

des inondations, des neiges, des grêles, des vents, des orages & des tempêtes considérables. Or c'est ce qu'on a ordinairement remarqué, & ce qui décele en même-tems l'origine des tremblemens de terre. Un petit nombre d'observations faites dans différens siecles & prises au hasard serviront à mettre dans tout son jour cette vérité que presque tous les tremblemens de terre ont été précédés, accompagnés ou suivis de divers autres météores aëriens, aqueux & ignés. L'an 746 dans la Syrie & la Palestine on éprouva un tremblement de terre acompagné de ténebres extraordinaires. Des tremblemens de terre considérables qui renverserent pendant l'année 822, en plusieurs endroits de l'Empire les plus grands édifices, furent accompagnés de furieux orages. Sept ans après il y eut en Suisse un tremblement de terre qui fut suivi de grands vents. En 968, un tremblement de terre arriva & des vents furieux détruisirent les moissons dans l'Empire d'Orient, ce qui causa la famine. L'année 1458 fut remarquable par des vents impétueux & des tremblemens de terre. Toute l'année 1533 fut orageuse en Suisse où on éprouva de violens tremblemens de terre; le 22 Octobre de l'année suivante on ressentit encore à Zurich un tremblement de terre très-violent qui fut fuivi d'un ouragan affreux : il en fut de même en 1607 , tems où l'Europe éprouva divers tremblemens de terre & grand nombre d'orages. Le fameux tremblement de terre du 29 Septembre 1426 , qui fe fit fentir entre une & deux heures du matin dans toute la Grande - Bretagne , fut encore précédé par un orage terrible : fa durée fut de deux heures & fes fecouffes furent prefqu'univerfelles par toute la terre. Arequipa , grande ville du Pérou qui en 1582 , 1604 , & 1725 a effuyé des trem‑ blemens de terre , fut ruinée en 1600 par un phénomene de ce genre , & il y eut des orages terribles jufqu'à trente lieues de cette cité , &c.

Florence éprouva vers la moitié du quin‑ zieme fiecle (1449) un tremblement de terre après des pluies continuelles. Sept ans après , le 5 Décembre , à trois heures du matin , il y eut un tremblement de terre confidérable dans tout le Royaume de Naples où plufieurs villes furent renverfées ; des pluies fans aucun vent pendant deux mois avoient précédé ce terrible phénomene qui fut fuivi d'inon‑ dations. Au commencement d'Avril 1556 on obferva plufieurs tremblemens de terre dans la province de Chanfi , pendant lefquels il y eut des vents , de la pluie & des tonnerres

terribles. Au commencement du dix-huitieme
siecle (1702) le 18 Octobre, un tremblement de terre se fit sentir à Rome & à
Norcia, & des pluies continuelles tomberent
ensuite pendant quatre mois. Le tremblement
de terre qui arriva le 10 Décembre 1652
à Neuf-Châtel, fut suivi immédiatement d'une
grande abondance de neige. Après le tremblement de terre qu'on ressentit à Glaris
en 1673, il y eut une grande chûte de neige.
Le 24 Juillet 1680, on éprouva en Suisse
un tremblement de terre qui fut suivi d'o-
rages, de pluies & de grêles extraordinaires,
d'où résulterent de grandes inondations. On
essuya près de Louvain en 1569 le 14 Mai,
un tremblement de terre suivi d'une violente
tempête. A Quito, de violentes secousses,
le 26, 27 & 28 Avril 1755 ébranlerent cette
ville qui fut entiérement renversée le 28 ;
ce tremblement fut accompagné d'une horrible tempête & d'une pluie continuelle.

Mais une des observations où l'on voit
réunis, pour ainsi dire, tous les élémens
déchaînés, vents, pluie, orage, tempête,
tonnerre, mer en courroux, est celle qui
eut lieu en 1343 sur toutes les côtes de la
Méditerranée, & principalement à Naples ;
comme l'attestent Jean Villani, Justiniani,
Sabellicus & plusieurs autres auteurs con-
temporains. Pétrarque qui se trouvoit alors

à Naples en fait une defcription bien naturelle, qui remplit d'effroi. On peut la voir
dans cet auteur, ou dans les *Mémoires pour
la vie de François Pétrarque.* (I) Je n'en rapporterai que les paroles fuivantes : « Il feroit
impoffible de peindre l'horreur de cette
nuit, où tous les élémens paroiffoient
déchaînés. Rien ne peut repréfenter le
fracas épouvantable que faifoient le vent,
le tonnerre, & la pluie mêlés enfemble,
les mugiffemens de la mer en fureur, les
mouvemens intérieurs de la terre ébranlée. » Ce trouble général de l'atmofphere,
qui précede, accompagne ou fuit les tremblemens de terre ; cette rupture de l'équilibre qui doit regner dans la nature, annonce
qu'il y a une caufe puiffante qui détruit
l'ordre naturel des chofes. Nous prouverons
bientôt que la caufe immédiate des tremblemens de terre eft une rupture de l'équilibre qui doit regner entre le fluide électrique
renfermé dans le fein de la terre & celui
qui remplit l'atmofphere. Cette rupture de
l'équilibre du feu électrique doit néceffairement produire des effets fenfibles dans l'air ;
& les divers météores qu'on obferve avec

(I) Mémoires pour la vie de François Pétrarque , 3 vo-
umes in-4°. Amfterdam 1764 , page 165 du tome II.

les tremblemens de terre font des preuves qui font toucher à tous les fens, fi je puis parler ainfi, l'exiftence de cette vérité fondamentale ; & conféquemment démontrent que ces fecouffes effroyables qui ébranlent la terre, ce femble, jufque dans fes derniers fondemens, font des phénomenes qui doivent leur origine à l'électricité.

Souvent dans les tremblemens de terre on a apperçu des feux dans les airs, ou s'élevant de la terre, des globes de feu dans l'atmofphere, des éclairs & des tonnerres effroyables ; ces divers météores ignés font fans contredit des feux électriques, & montrent que la caufe productrice de ces divers phénomenes eft commune aux tremblemens de terre. 460 ans avant l'Ére Chrétienne dans un tremblement de terre qui arriva alors à Rome, le Ciel avoit paru tout en feu. Callifthene dit qu'entre plufieurs prodiges qui annoncerent la perte & la ruine de la ville d'Hélice & de celle de Buris, il y en eut deux qui furent particuliérement remarquables ; ce fut une grande colonne de feu & le tremblement de Délos : *Inter multa prodigia quibus denunciata eft duarum urbium Helices & Buris everfio, fuere maximè notabilia, columna ignis immenfi, & Delos agitata* (1). Selon Pline au tems de la bataille de Trasimene, on vit, pendant le tremblement de terre, le lac de ce nom couvert de flammes. Pline le jeune dans la seconde lettre à Tacite, sur la mort de son oncle, (2) dit qu'il fut obligé de sortir de Mifene à caufe de la violence des fecouffes du tremblement de terre qu'on y éprouvoit. « Le peuple épouvanté nous fuit en foule.... à l'oppofite une nuée noire & horrible, crevée par des feux qui s'élançoient en ferpentant, s'ouvrit & laiffoit échapper de longues fufées, femblables à des éclairs, mais qui étoient beaucoup plus grandes. »

Le fameux tremblement de terre qui, la dix-huitieme année de l'Empire de Trajan, abyma Antioche & fes environs, & s'étendit dans prefque tout l'Orient, fut précédé d'une tempête violente, de tonnerres & d'éclairs affreux, d'une chaleur exceffive. La onzieme année de l'Empire de Commode, après un tremblement de terre, le feu prit tout d'un coup la nuit au Temple de la Paix à Rome, & le confuma, ainfi que celui des Veftales & le palais auxquels il fe

---

(1) Séneque, *Quæft. Nat. lib.* VI, *cap.* XXVI.
(2) Lettre XX du liv. VI.

communiqua , fans qu'on pût abfolument l'éteindre (1). Cette activité étonnante indique que ce feu eft de la même nature que celui de la foudre laquelle a fouvent produit des phénomenes de ce genre. En 363 on vit un globe de feu à Jérufalem pendant des fecouffes de tremblement de terre. La fin du quatrieme fiecle de notre Ére fut mémorable par cinq tremblemens de terre durant lefquels le Ciel parut enflammé. Huit ans après (408) pendant un tremblement de terre on obferva une pluie de feu. Vers l'an mille il y eut un grand tremblement de terre accompagné de météores. L'année fuivante le tremblement de terre qui renverfa un certain nombre de maifons en Suiffe, y fut accompagné de plufieurs météores ignés. Vingt ans après pendant un de ces phénomenes qui endommagea beaucoup la ville de Bafle & produifit divers effets dans tout ce pays & les environs, on obferva en divers endroits des météores ignés. En 1385 , L'Angleterre éprouva deux tremblemens de terre , le fecond fut précédé de beaucoup de tonnerres & d'éclairs. Le 28 Janvier 1538 , dans tout le canton de Bafle on reffentit des fecouffes de tremble-

---

(1) *Herodian, Hiftoriar. lib.* **II,**

ment de terre accompagnées de météores ignés ; il en fut de même dans le pays de Vaud le 25 Août 1618.

En 1693 un tremblement de terre des plus violens ravagea toute l'étendue de la Sicile. La premiere fecouffe arriva le 9 Janvier, à 4 heures ; la feconde qui eut lieu deux jours après fut effroyable & commune à toute la Sicile. Palerme, Meffine, Paterno, Catane, Lantini, Agofta, Syracufe, & une multitude de bourgs & de villages, furent renverfés. A Meffine la fecouffe fut très-violente, & renverfa le théâtre public : le palais royal, celui de l'évêque & le féminaire, ne laifferent plus à leur place qu'un monceau de pierres. La chûte des églifes, des couvens & des principales maifons, avoit couvert de débris la ville entiere qui reffembloit, dit l'Hiftorien, (1) à une forêt dont tous les arbres, dépouillés de leur verdure, font tombés fous la cognée du bûche-

___

(1) L'année même de l'événement, le P. Alexandre Burgos, cordelier & depuis évêque de Catane, écrivit en Italien une relation fur ce fujet ; elle fut imprimée à Palerme & à Naples en 1693, & réimprimée dans le *Mufeo* de Silvio Boccone en 1697 ; elle a reparu traduite en Latin par Sigebc & Havercamp dans le tome X , partie LX, du Tréfor de Grœvius & de Burman, Leyde 1723. -- Précis Hiftorique fur les *principaux* tremblemens de terre en Sicile, par M. l'abbé de St. L...

ron. Néanmoins il périt peu de perſonnes à
Meſſine ; mais Catane en perdit vingt-trois
mille ; Caltagirone, mille, &c. Le ſort de
la ville d'Agoſta fut encore plus déplorable.
Le feu intérieur de la terre embraſa un
magaſin à poudre ; & l'exploſion fit ſauter
tous les bâtimens dont les pierres, retom-
bant du Ciel, écraſerent les malheureux
habitans qui, échappés des ruines, cherchoient
leur ſalut dans la fuite : il en périt trois
mille. Le premier Octobre 1726 il y eut un
tremblement de terre à Palerme. Un bruit
épouvantable ſe fit entendre pendant près
d'un quart d'heure, dans un tems où il n'y
avoit ni vent ni nuages. On vit enſuite deux
colonnes de feu ſortir de la terre, & aller
s'enfoncer dans la mer. Ce tremblement dura
cinq ou ſix minutes, & renverſa la quatrieme
partie des maiſons de la ville, & dans cette
circonſtance il périt plus de quinze cents
perſonnes.

Mais pour abréger, nous dirons que cent
ans après, à la ſuite du tremblement de terre
qui eut lieu à Fayal, une des iſles Açores,
le premier Février, on remarqua une éruption de flammes qui dura quelque-tems, &
que le 13 Mai 1682, il y eut à Remiremont
ſur la Moſelle un violent tremblement accompagné d'un bruit ſemblable au tonnerre, &

d'éruptions de flammes fans qu'il parût d'autre iffue qu'une ouverture en fente dont on voulut en vain mefurer la profondeur & qui fe reboucha d'elle-même : les flammes qui étoient plus abondantes dans les lieux plantés, n'embraferent rien ; ce dernier effet indique bien un feu électrique lequel n'enflamme pas certaines matieres comme le papier, les plumes, le crin, &c. Car on fait que le feu ordinaire quelque foible qu'il foit confume toutes les matieres, ou au moins laiffe fur elles des traces de fon activité. Nous ajouterons enfin que pendant les premiers jours & fur-tout le 7 de Juin de l'année 1779, on reffentit à Bologne plufieurs fecouffes violentes de tremblement de terre ; & que ce même jour à fix heures du foir « étant fur la *Montagnola*, à la porte de la ville, quantité de perfonnes apperçurent fur la montagne *Di San-Michael in Bofco* une grande quantité de globes lumineux qui s'élevoient avec force de la terre dans l'air, & qui par leur nombre prodigieux reffembloient à une pluie de feu. » Cette obfervation du comte de Chabot fe trouve dans le journal de phyfique. (1)

Les feux qu'on apperçoit fouvent dans les

---

(1) Journal de Phyfique, Septembre 1779, pag. 198.

tremblemens de terre, foit qu'ils paroiffent dans les airs, foit qu'ils s'échappent des entrailles de la terre, doivent éclater avec un bruit & une explofion propres au fluide électrique, lorfque accumulé dans un endroit, il s'élance vers un lieu où il fera moins condenfé. Dans le trajet il devient vifible par la quantité de fa matiere, & divifant l'air avec force & avec une grande vîteffe, il produit un fon qui eft proportionné à fon accumulation. Ce que le fluide électrique nous montre dans le conducteur dont les étincelles peuvent être fpontanées ou excitées par l'approche d'un corps anélectrique non-électrifé ; ce qu'il nous montre encore dans le tableau foudroyant ou dans la bouteille de Leyde furchargée, a également lieu dans les tremblemens de terre accompagnés de feux céleftes ou terreftres, de globes de feu ou d'autres météores ignés. Dans tous ces cas on entend des explofions, des détonations, des bruits, des mugiffemens propres au fluide électrique qui s'échappe des corps fortement électrifés.

Toutes les obfervations faites jufqu'à préfent confirment cette vérité. « Sous le regne de Céfar Galien, on obferva plufieurs jours des tremblemens de terre en Italie : on entendit des tonnerres qui produifoient de terribles mugiffemens dans les entrailles de la terre : la terre s'entr'ouvrant de côtés & d'autres engloutit quantité de per-fonnes. » En 1638 la Calabre fut affligée de plufieurs tremblemens de terre. Le P. Kirker, témoin oculaire, rapporte (1) que « ces phénomenes étoient toujours précédés & comme annoncés par des bruits fouterreins femblables à celui de l'explofion de plufieurs canons, qui portoient la terreur dans l'ame; & que les fecouffes furent fi violentes que perfonne ne pouvoit fe tenir fur fes pieds, la terre en fureur renverfant tout ce qu'elle portoit. » Kirker ajoute que lui & fes com-pagnons ayant tourné leurs regards fur la ville de Sainte-Euphémie, dont ils n'étoient éloignés que de trois milles, ils la virent couverte d'un épais nuage, à la fuite duquel il n'y eut qu'un lac à la place de la ville engloutie. En 1679, le 25 Janvier entre deux & trois heures après minuit, il y eut dans le canton de Glaris un tremble-ment de terre qui fut précédé, accompagné & fuivi d'un bruit fouterrein. Le deux Février 1703 on éprouva en Italie un violent tremblement de terre. A Rome & dans

---

(1) *Mundus Subterraneus , lib.* IV , *fect.* II , *cap.* X. *p.* 221., 1664.

l'Abruzze citérieure où il fe fit principalement fentir, on entendit après les fecouffes
des explofions *comme des coups de piftolets.* (1) « En 1750, le 19 Mars à 5 heures
40 minutes du foir on reffentit à Londres
un tremblement de terre accompagné d'un
bruit fourd, qui fe termina par un bruit
éclatant, femblable à celui d'un petit canon.
Le bruit a paru plus fort près des gros édifices. Précifément avant le tremblement de
terre, on avoit vu un gros nuage noir avec
des éclairs continuels & confus, lefquels
cefferent une minute ou deux avant le tremblement qui dura trois à quatre fecondes :
plufieurs foirs auparavant on avoit vu des
vapeurs rougeâtres & des arcs-en-ciel de
même couleur qui alloient de l'oueft à
l'eft, comme le tremblement de terre. » *ibid.*
Je crois qu'il eft inutile de rapporter un
plus grand nombre de faits relatifs à cet
objet, parce que perfonne ne doute que
dans les tremblemens de terre on ne remarque
ordinairement des explofions, des bruits &
des mugiffemens. Mais je penfe qu'il eft à
propos de dire que ces fortes de fons, nommés avec raifon des mugiffemens, reffemblent

____

(1) Collection Académique, tome **VI**, Partie Etrangere
pag. 596.

affez au bruit que fait une forte étincelle électrique qui tend à s'échapper d'un grand conducteur fortement électrifé. Avant qu'elle débouche dans l'air, elle fait entendre une crépitation particuliere, fur-tout lorfqu'on préfente au conducteur un corps non-électrifé, à une diftance plus grande que celle qui eft néceffaire pour l'explofion ; mais fi ce corps eft à la diftance requife, on obferve un bruit éclatant comme un petit coup de piftolet. Quiconque fera attention à ce phénomene fera perfuadé que ce bruiffement électrique doit être comparé à l'explofion ou au mugiffement qui accompagne les tremblemens de terre, non pour l'intenfité du bruit, mais feulement relativement à fon efpece.

Outre ces mugiffemens électriques & ces explofions, on entend des bruits femblables au tonnerre, qui femblent partir du fein de la terre : auffi tous les auteurs anciens & modernes fe font-ils accordés à les appeller des tonnerres fouterreins. « Pline n'a pas craint de comparer les tremblemens de terre avec les tonnerres ordinaires, & d'après cette heureufe conjecture on peut divifer le tonnerre en célefte & en terreftre, » dit M l'abbé Paulian, auteur de plufieurs ouvrages eftimés. Le tremblement de terre de Lisbonne fut comme annoncé par un bruit semblable à celui du tonnerre; dans plusieurs autres tremblemens arrivés en divers tems & en différens lieux on a observé le même phénomene.

Dans tous les phénomenes d'électricité, la répulsion électrique doit jouer un grand rôle. Qu'on électrise un conducteur quelconque couvert de corps légers, comme de petites plumes, de petits morceaux de feuilles d'or, &c. ou saupoudré d'une poussiere quelconque, aussi-tôt on voit tous ces petits corps légers s'élancer en l'air, ou être repoussés par le conducteur électrisé. C'est une expérience bien connue & des plus constantes. Si le globe de la terre est électrisé dans les tremblemens de terre, les corps qui couvrent sa surface, doivent également être électrisés & conséquemment repoussés. Or, c'est ce qu'une observation non moins sûre que multipliée nous apprend. Un petit nombre de faits pris au hasard serviront à le prouver. Le 17 Novembre 1570, on éprouva à Ferrare, à onze heures quarante-cinq minutes, un tremblement de terre, pendant lequel une grande quantité de sable fut jetée au loin par l'ouverture d'une caverne. Dans le violent tremblement de terre qu'on ressentit au commencement de 1571 (le 19

Février) dans toute l'Alface, dans tout le Canton de Bafle, &c. des grêles de pierres & de terre s'éleverent avec force, & couvrirent toutes les campagnes voifines. En 1727, le 9 Décembre, il y eut un tremblement de terre dans la nouvelle Angleterre. A Neubury, à quarante lieues au nord-eft de Bofton, la terre s'ouvrit & vomit une grande quantité de fable fin & de cendres. Pendant les premiers jours d'Avril 1556, plufieurs tremblemens de terre furent obfervés dans la Province de Chanfi ; mais dans celui du 3, on remarqua des torrens d'eau qui fortirent du fein de la terre, inonderent & engloutirent foixante lieues de pays. Le danger fut fi grand, que l'Empereur fe réfugia de Pekin à Nankin. Un phénomene analogue aux précédens arriva vers la fin de l'année 1179, la terre trembla violemment à Oxenhall proche d'Artington dans le Comté de Durham en Angleterre ; & on vit alors le terrein s'élever à une hauteur extraordinaire pendant toute la journée ; il s'affaiffa enfuite tout-à-coup avec un bruit horrible, & laiffa un creux profond qu'on a appellé les *chaudieres d'enfer*. Le tremblement de terre qui fe fit fentir dans la Pouille le 30 Juillet 1626, fut remarquable par quantité de ravages affreux, la ville de San-
Severino

Severino fut renverſée , & preſque tous ſes
habitans périrent; pluſieurs autres lieux furent dévaſtés: on obſerva ſur-tout des gouffres ouverts, des lacs deſſéchés, des montagnes diviſées, des forêts renverſées, *des
colonnes d'eau & de terre lancées hors des
puits*, &c. Cinq ans après cette funeſte époque, dans le tremblement de terre qui précéda la grande éruption du Véſuve, on vit
la mer ſe retirer en quelques endroits; &
en d'autres, ſes vagues furent lancées à une
grande hauteur. Pendant pluſieurs tremblemens de terre , on a vu des iſles ſortir du
fond de la mer, comme on l'a prouvé précédemment.

Tous ces effets certainement produits par
la répulſion électrique , ne montrent-ils pas
que les tremblemens de terre ſont des phénomenes électriques; que diverſes portions
de la terre étant fortement imprégnées du
fluide électrique, tous les corps légers ou
mobiles ſont lancés ou repouſſés hors de ſa
ſurface; & que les parties dont l'adhérence
à la maſſe totale eſt trop grande , pour
pouvoir être détruite, n'éprouveront aucune
répulſion , à moins que la force reſpec-
tive de l'électricité n'augmente. Une expérience bien facile à répéter, éclaircira ce
qu'on vient d'établir. Prenons une boule mé-

tallique d'un diametre quelconque, après l'avoir isolée, & après avoir répandu sur sa surface plusieurs corps légers de différente épaisseur ou de divers volumes ; électrisons la avec une petite machine électrique, on verra quelques-uns de ces petits corps repoussés, & s'envoler pour ainsi dire ; mais ceux qui sont plus gros resteront immobiles sur la surface. Si on emploie successivement des machines électriques plus fortes, on observera que les corps auparavant immobiles feront lancés ou repoussés comme les premiers. Il en sera de même, si au lieu de changer de machine électrique, on augmente successivement sa vertu ; mais c'est pour me rendre plus intelligible, que j'ai préféré la premiere maniere de faire cette expérience. Les effets de la répulsion électrique font donc proportionnels à l'énergie du fluide électrique. Quoique les preuves qu'on vient de voir soient suffisantes, je ne puis me refuser au plaisir de rapporter ici une expérience bien décisive de cette vérité.

M. Jallabert, dans le cours de ses tentatives électriques relatives à la guérison du paralytique de Geneve, ayant substitué de l'eau bouillante dans le boccal destiné à donner la commotion, dit que « des éclats de lumiere très-vifs parurent d'eux-mêmes, avant qu'on approchât la main du vaſe : ils devinrent encore plus vifs & plus nombreux, quand on y appliqua la main; & au moment que la perſonne qui le touchoit d'une main, de l'autre tira une étincelle de la barre, le feu dont le vaſe ſe remplit, parut tout-à-coup d'une vivacité inexprimable. La ſecouſſe fut prodigieuſe ; & au même inſtant, un morceau orbiculaire du vaſe de deux lignes & demie de diametre fut lancé contre le mur qui en étoit à cinq pieds de diſtance ; le morceau en fut emporté ſans fêlure au vaſe. » (1)

Voilà un des plus puiſſans effets connus de la répulſion produite par l'électricité artificielle. Cette expérience ayant été répétée, l'effet, dit l'Auteur déjà cité, en fut tel que divers vaſes éclaterent. Souvent, lorſqu'on force l'électricité dans des batteries électriques, on remarque pluſieurs jarres briſées par le même effet de la répulſion qui regne entre les différentes parties électriſées. C'eſt ce qui arrive à la terre dans certains grands tremblemens, pendant leſquels le globe entier ou pluſieurs de ſes portions contiennent une ſurabondance de fluide électrique ; qui cherchant à s'échapper, pour ainſi

____

(1) Expériences ſur l'Électricité, pag. 128.

dire, de fa prifon , rompt fes entraves ; brife les obftacles qu'il rencontre, & fait voler au loin des pluies de fable, de cendres, de terre, de pierres, d'eau & d'une multitude d'autres objets, dont l'adhérence ou le poids ne s'oppofe pas à fa vertu répulfive.

On a obfervé auffi pendant des tremblemens de terre, des attractions électriques , des commotions & autres effets dépendans de cette même caufe, que nous rapporterions fi l'étendue de ce chapitre n'étoit pas déjà trop grande. Je me contenterai d'indiquer ici quelques faits. A Tulette près de Montelimart, on a apperçu, il y a quelques années, des fignes d'électricité pendant un tremblement de terre (1). Dans le tremble-

(1) Le 23 de Janvier 1773, MM. de Faujas & le curé du lieu, fur les quatre heures du foir, entendirent un bruit extraordinaire, affez femblable à celui de plufieurs voitures qui rouleroient avec fracas fur le pavé. Ce bruit qui étoit rapide, leur parut reffembler à celui du tonnerre, & leur rappella l'idée des tremblemens de terre qui depuis peu s'étoient fait fentir. « Nous fûmes bientôt confirmés dans cette opinion, lorfque nous apperçûmes une rangée de fauciffons, fufpendus par des fils à une perche qui traverfoit la cheminée, s'agiter d'une maniere très-finguliere ; & peu de tems après nous nous fentimes vigoureufement fecoués par trois commotions différentes, très-fortes & capables d'effrayer. Tout le bourg en fut agité , & fes craintifs habitans s'emprefferent à fortir de leurs maifons . . . Ce mouvement (celui des fauciffons) avoit le caractere de l'électricité la plus décidée. Ce

ment de terre qui arriva à Caën, le 30 Décembre 1776, on vit manifestement des effets de l'électricité atmosphérique. Le P. de Thouri, dans un mémoire lu à l'Académie de cette ville, a cité quatre personnes dignes de foi, qui furent réellement affectées d'une commotion électrique assez forte pendant un tremblement de terre, &c. &c.

Je passerai sous silence plusieurs autres effets, produits dans diverses secousses de tremblement de terre, qui dépendent également du fluide électrique ; tels que des variations dans des aimans, & des aiguilles aimantées, observées à Morat dans le trem-

---

mouvement précéda au moins de quatre secondes les secousses du tremblement de terre, & se manifesta en même tems, que le bruit ; mais ce qui m'engagea le plus à le regarder comme électrique, c'est que les fils qui étoient assez longs, sembloient vouloir garder leur aplomb dans la partie la plus rapprochée de la perche, tandis qu'un mouvement d'attraction & de répulsion agitoit les fauciffons dans un sens tout à fait femblable à celui qu'éprouvent les battans fufpendus dans le carrillon électrique. Les commotions du tremblement de terre finies, les fauciffons éprouverent encore le même mouvement, avec le même degré de force, pendant quatre ou cinq fecondes au moins. Et ce qu'il y a de fingulier, c'est que ce mouvement ne fe ralentit pas infenfiblement & par degrés, comme dans les agitations d'un corps ordinaire mis en mouvement, mais il ceffa fubitement, & d'une maniere feche (fi je puis m'exprimer ainfi,) qui tenoit tout à fait de l'électricité. » Obfervations fur la Phyfique, l'Hiftoire Naturelle, &c. 1773, pag. 205.

Bb 3

blement de terre du 9 Décembre 1755, &
à Hoben-Ems dans la Souabe, à Augsbourg,
& en différens lieux de l'Allemagne, &c.
Tels que des apparitions d'aurores boréales
en divers siecles, pendant des tremblemens
de terre ; tels que des influences marquées
sur la végétation & particuliérement des ré-
coltes abondantes, & sur différens insectes
plus communs après ces sortes de météores ;
especes de phénomenes qui tous ont le plus
grand rapport avec l'électricité. Nous parlerons de cette espece de syncrhonisme entre les
apparitions de ce terrible météore, & la production de ces divers effets, ainsi que de
plusieurs autres objets dans le traité particulier que nous nous proposons de donner
dans quelque tems sur cette matiere. Ce concours de preuves diverses paroîtra sans doute
ne devoir rien laisser à desirer pour donner
à la doctrine qu'on vient d'établir, tous les
caracteres d'une vérité démontrée.

Nous terminerons cet article de nos preuves, en en donnant un petit résumé, & en
l'appliquant aux deux opinions, que certaines
personnes ont paru adopter. Il est impossible
d'admettre pour cause des tremblemens de
terre, aucune de celles qui dépendent du
feu ; parce que toutes les expériences de physique les plus incontestables, démontrent que

non-feulement l'air, mais encore le renouvellement de l'air font nécessaires pour que
le feu subsiste, même dans la matiere la plus
inflammable qu'il soit possible de trouver.

Si on place une bougie allumée, ou mieux
un corps quelconque enflammé sous le récipient de la machine pneumatique, il s'éteint
aussi-tôt dès qu'on pompe l'air, & qu'on fait
le vuide. Un briquet mis sous le même appareil ne donne aucune étincelle, avec quelque
violence que l'acier frappe la pierre à fufil.
Ce n'est qu'en rendant l'air qu'on voit renaî-
tre les étincelles, & leur éclat augmente à
mefure que l'air rentre dans le récipient. La
poudre à canon qu'on laisse tomber dans le
vuide, sur une foucoupe de fer rougie au
feu, ou qu'on expose au foyer d'une forte
loupe où d'un excellent miroir concave, ne
détone point ; à peine remarque-t-on dans
la capsule où est la poudre, une très-petite
flamme bleuâtre.

Il n'est pas moins certain par l'expérience,
que le feu ne peut se conferver dans les matieres les plus inflammables, si l'air n'est renouvellé, qu'il l'est, que le feu ne peut naître
fans le concours de l'air. Si on met des charbons ou une bougie allumés sous une cloche
placée, par exemple, sur une table, de maniere que l'air ne puisse jouer & circuler,

bientôt ils s'éteignent. Le feu le plus violent ; s'éteint dans les fourneaux les plus actifs, lorfqu'on ferme toutes les ouvertures. Les charbons n'ont-ils qu'un foible refte de feu, ils prennent prefque dans l'inftant une nouvelle vigueur, dès qu'on ouvre les portes des fourneaux. Le feu qui prend à une cheminée eft bientôt éteint, dès qu'on en bouche l'ouverture inférieure & fupérieure.

Puifque il nous eft démontré par toutes les expériences poffibles, & par les loix conftantes de la nature, que le feu ne peut naître fans air, ni fubfifter fans un renouvellement de l'air, comment pouvons-nous concevoir que ces matieres inflammables qu'on fuppofe à une certaine diftance au-deffous de la furface de la terre, puiffent s'allumer & continuer de brûler pendant quelque tems ? La maffe de la terre qui les preffe, ne permet pas à l'air de favorifer le développement du feu, encore moins de circuler librement & de fe renouveller. Qu'on effaye, tant qu'on voudra, de mettre une grande quantité de foufre fous une maffe de terre très-feche de cinq pieds, & de la mettre en contact avec une barre de fer de huit pieds de longueur, dont l'extrémité plonge dans cette terre ; on ne pourra jamais allumer le foufre, une des matieres les plus combuftibles. J'ai tenté cette expérience de diverses façons, sans avoir jamais pu réussir.

Les expériences précédentes démontrent encore que l'eau réduite en vapeurs, comme elle l'est dans la marmite de Papin, & dans la pompe à feu, ne peut être la cause des tremblemens de terre. Quelle quantité de vapeurs & de feu, ne faudroit-il pas pour produire ces tremblemens, qui ont secoué à la fois les quatre parties du monde ? quelle énorme cavité ou chaudiere, combien de galeries souterreines à diverses profondeurs, qui se communiquassent à des milliers de lieues sans interruption, sous les mers comme sous les terres, &c. ne faudroit-il pas imaginer ?

Mais l'eau n'a pu être réduite en vapeurs, que par l'action du feu. Or, le feu, ainsi que nous l'avons prouvé, ne peut exister dans le sein de la terre, d'une maniere propre à convertir l'eau en vapeurs ; de plus l'air n'y circule pas librement. Pour que l'eau soit réduite en vapeurs, comme dans la pompe à feu, il faut nécessairement que l'eau soit renfermée hermétiquement dans la terre, comme elle l'est dans la chaudiere de la pompe à feu ; autrement elle s'échapperoit par les issues dès qu'elle auroit acquis un degré de chaleur, de beaucoup inférieur à celui qui est requis pour réduire l'eau en vapeurs, & dans ce cas elle ne produiroit aucun effet. Mais, pour peu qu'on y réfléchiffe, on fera bientôt convaincu que les molécules de la terre qui laiffent entr'elles une infinité d'interftices, & qui n'ont entr'elles aucun lien, qui ne forment pas une maffe dure & compacte, font bien éloignées de repréfenter les bouilloires & les fortes chaudieres métalliques des pompes à feu ; conféquemment l'eau réduite en vapeurs comme dans les pompes à feu, ne peut être regardée comme l'agent que la nature emploie dans les tremblemens de terre. Bien plus, en fuppofant réel tout ce que nous venons de démontrer impoffible, on n'en feroit pas plus avancé, on ne pourroit pas expliquer l'univerfalité des tremblemens de terre dans tout le globe terraquée, dans les mers comme dans les terres ; car feulement quelques gouttes d'eau font capables de condenfer la vapeur de l'eau, de la détruire & avec elle tous fes effets, comme l'expérience de tous les jours le prouve, en injectant de l'eau froide fur la vapeur, pour faire retomber le pifton par le moyen de la preffion de l'atmofphere. On ne pourroit pas expliquer l'inftantanéité des tremblemens de terre ; la permanence interimédiaire de plufieurs villes voifines, de celles qui ont été fecouées ou renverſées ; l'intenſité de la cauſe qui eſt la même ou plus grande à une diſtance conſidérable, comme à une petite. Les feux ſouterreins où dans les airs qu'on apperçoit, &c. en un mot, tous les phénomenes généraux qu'on obſerve dans les tremblemens de terre, & que nous avons vu cadrer ſi heureuſement avec l'électricité.

C'eſt donc d'une rupture d'équilibre, entre la matiere électrique qui regne dans l'atmoſphere, & celle qui eſt propre à la maſſe de la terre, que réſultent les tremblemens de terre, de même que les tonnerres ; puiſqu'ils ſont les uns & les autres des phénomenes électriques, ainſi que nous l'avons prouvé. Si le fluide électrique eſt répandu par égalité dans l'atmoſphere, & dans le globe de la terre, alors il n'y a point de tremblement de terre ; mais ſi ce fluide merveilleux eſt ſurabondant dans la terre, ce qui peut arriver par mille cauſes, il tend ſelon les loix de l'équilibre propre à tous les fluides, à ſe porter vers l'endroit où il y en a moins, c'eſt-à-dire, à s'échapper du globe de la terre dans l'atmoſphere. Ce rétabliſſement de l'équilibre peut-il ſe faire avec une certaine facilité, on n'aura qu'un ſimple tonnerre aſcendant : des obſtacles conſidérables & multipliés s'y oppoſent-ils, ce ſera un tremblement de terre, dont la force & l'étendue feront proportionnées à la grandeur du défaut d'équilibre, à la profondeur du foyer, aux obftacles qu'il y a à vaincre, & aux autres circonftances de ce genre. On aura un volcan, lorfque des iffues auront été faites ou pourront fe former ; dans ce cas, les diverfes matieres qui fe trouvent dans le fein de la terre, fondues où altérées par le feu électrique, & rejetées du foyer par la répulfion électrique fortiront par cette bouche, & feront lancées au loin avec une vîteffe, & une abondance relative à la forcé primordielle, & aux caufes fecondaires qui les mettent en jeu. Mais, s'il n'y a point d'ouverture formée, fi aucune iffue ne peut être faite facilement, alors le fluide électrique s'étend à travers les conducteurs fouterreins qu'il trouve, augmente de force en embraffant une plus grande étendue, (comme on l'a prouvé précédemment d'après les expériences de MM. le Monnier & Volta), franchit les petits intervalles qui féparent la fuite des diverfes matieres conductrices renfermées dans le fein de la terre ; & lorfque le long efpace qu'il a parcouru lui a donné une nouvelle énergie, une force encore plus grande que celle qu'il avoit dans fon origine, alors il ébranle & fouleve la maffe de terre qu'il ne pouvoit percer, renverſe les villes qui ſe trouvent ſur ſon paſſage, & engloutit des millions d'habitans ſous leurs ruines. Ainſi les tremblemens de terre que nous avons prouvé être des effets de l'électricité ſouterreine, dépendent immédiatement d'une accumulation de fluide électrique dans la terre, lequel fait des efforts pour rétablir l'équilibre rompu, & ſe répandre à l'égalité dans l'atmoſphere.

Tous ceux qui connoiſſent les vrais principes des ſciences, ſavent que ces ſortes de ruptures & de rétabliſſements d'équilibre, ont lieu dans divers fluides. Je pourrois en citer pluſieurs exemples, un ſeul ſuffira pour me mettre à portée d'être mieux entendu de tout le monde. Souvent on apperçoit pendant un certain tems de l'année, du givre ſur les vitres des fenêtres, quelquefois il eſt ſur le côté extérieur, d'autres fois il couvre la ſurface intérieure. Dans le premier cas, le froid eſt plus grand dans l'intérieur des appartemens, que dans l'atmoſphere, comme on le connoît par le moyen du thermometre; alors l'excès de feu paſſe de l'air dans les maiſons, & dépoſe ſur les vitres les vapeurs dont l'air eſt chargé. Dans la ſeconde ſuppoſition le contraire arrive, le feu s'échappe de l'intérieur des appartemens dans l'atmoſphere qui eſt plus froide, & laiffe fur la furface intérieure des vitres les portions aqueufes renfermées dans l'air des chambres, & cẹs vapeurs aqueu‑ fes dans l'un & dans l'autre cas fe gelent enfuite, parce que la température qui regne l'exige. Si le froid n'eft pas affez grand pour convertir en gelée ces vapeurs, on les verra pendant quelque tems fous la forme de gouttes d'eau, on appercevra une humidité bien marquée fur l'une ou l'autre furface des vitres, felon que le froid fera plus grand ou plus petit dans l'atmofphere, que celui qui a lieu dans l'intérieur des appartemens; phénomene qui n'arriveroit jamais s'il n'y avoit un excès de feu élémentaire accumulé dans un endroit, & doué d'une tendance naturelle à rétablir l'équilibre troublé, & à fe répandre par éga‑ lité dans tous les endroits poffibles.

Toutes les connoiffances que nous venons d'obtenir, & tant de ravages affreux produits par les tremblemens de terre, & par les vol‑ cans, depuis les premiers tems jufqu'à nos jours, & d'un bout du monde à l'autre, doivent naturellement nous infpirer le defir & l'audace de rechercher les moyens les plus efficaces, pour fe mettre à l'abri de leurs funeftes effets où plutôt celui de les prévenir. Depuis long‑tems j'ai dirigé mes vues fur cet objet, & je crois avoir trouvé

ce préfervateur fi defiré. Plufieurs favans à
qui je les communiquai d'abord, les ont
accueillis & m'engagerent à les publier; elles
font d'ailleurs, une fuite des principes que
nous venons d'établir.

CHAPITRE IV.

Des Para-tremblemens de terre & des Para-volcans.

L'ÉLECTRICITÉ qui regne dans la terre ou
dans l'atmofphere, étant la caufe des tremblemens de terre, & de la foudre; il eft
néceffaire que fi on peut fe préferver de l'une,
comme il a été prouvé; on puiffe auffi fe
prémunir contre les autres : cette conféquence doit paroître inévitable même à ceux
qui font l'ufage le plus fobre du don de réfléchir; & les preuves données jufqu'à préfent doivent fans doute l'emporter hautement
fur le préjugé vulgaire. Avant la brillante
époque de 1752, époque à jamais mémorable dans l'hiftoire des fciences, fi quelque
phyficien avoit annoncé qu'il étoit poffible
de maîtrifer le tonnerre, de le faire defcendre à fon gré, de lui affigner une route,

& de le forcer à fuivre les diverfes directions qu'on voudroit lui indiquer, que des
conducteurs établis fur les maifons etoient
de véritables paratonnerres ; combien de cla-
meurs ne fe feroient pas élevées contre lui !
puifque même après la belle expérience de
Marly-la-ville, on a vu pendant quelque tems
des phyficiens d'ailleurs célebres, jeter des
nuages fur cette découverte, tenter d'employer les armes de la plaifanterie & du ridi-
cule, dans un fujet fi peu propre à ce deffein.
Cependant la vérité s'eft fait jour, la plupart
des nations & des gouvernemens ont adopté
les paratonnerres, & leur ont donné par là
une forte de fanction.

Les para-tremblemens de terre & les para-
volcans, que j'ai récemment propofés, graces
aux nouvelles découvertes, & à l'étendue
des lumieres qui fe font répandues prefque
dans toutes les claffes de la fociété, n'ont
point éprouvé les mêmes obftacles ; peut-
être parce que l'exemple du paffé a rendu
circonfpect, où plutôt parce que ce moyen
eft lié néceffairement avec des vérités démontrées par l'expérience, & qu'on ne peut ,
fans l'inconféquence la plus marquée, admettre les unes fans embraffer celle que j'ai eu
le bonheur de découvrir. Auffi plufieurs favans & plufieurs fociétés littéraires, ont-ils
déjà

déjà adopté l'idée des para-tremblemens de
terre & des para-volcans. Le roi d'Efpagne
même dans la lettre qu'il m'a fait écrire ,
le 21 Septembre de cette année , a donné
des éloges trop flatteurs pour les répéter ,
au mémoire que j'ai eu l'honneur de lui
préfenter fur ce fujet.

Ceux à qui les grands principes de la phyfique moderne feroient moins connus, & en
qui les préjugés vulgaires agiroient avec plus
de force, devroient penfer que prefque toutes
les connoiffances les plus fûres, ont été long-
tems des paradoxes ; que les vérités les mieux
démontrées étonnent encore le peuple , &
qu'il a bien de la peine à fe bien perfuader,
par exemple, que nos aftronomes placés fur
la terre à plus de trois cents millions de
lieues (331604504) d'éloignement de Saturne , foient cependant en état de mefurer
la diftance de cette planete à notre globe,
de tracer fa courbe & de calculer fes divers
mouvemens ; qu'ils puiffent prédire avec la
plus grande certitude, & avec une précifion
étonnante, les éclipfes de foleil & de lune,
qui arriveront dans cent mille ans, & même
dans la fuite des fiecles ; que les géometres
viennent à bout de connoître la denfité des
planetes, leurs maffes, les effets réciproques
de leur gravitation refpective, & dans le

fens le plus rigoureux, pefer avec Newton, les corps planétaires qui nous font connus; que les phyficiens puiffent réduire l'air en un volume quinze cent cinquante-une fois plus petit, de forte qu'il eft alors deux fois plus pefant que l'eau ; qu'ils réuffiffent à raréfier l'air, au point qu'il occupe un efpace quatre mille fois plus grand que celui qu'il embraffoit auparavant; qu'un pouce cubique de ce légume que nous nommons des pois, contienne trois cents quatre-vingt & feize pouces cubiques d'air , qu'on en retire par la diftillation ; qu'un pouce cubique de tartre en renferme cinq cents quatre ; & qu'une pierre de veffie humaine de trois quarts de pouces cubes, du poids de deux cents trente grains, ait produit cinq cents feize pouces cubiques d'air; que nous puiffions dilater une petite particule d'eau réduite en vapeurs, au point d'acquérir un volume quarante-fix billions fix cents cinquante-fix millions de fois plus grand ; qu'avec une étincelle électrique, qui ne peut enflammer une paille ou de l'amadou, on vienne cependant à bout de fondre les métaux & même de les calciner, & de produire mille effets non moins furprenants qu'inconteftables, dont le détail feroit ici trop long.

Ces vérités fi capables de nous remplir

d'étonnement, font-elles moins difficiles à croire, que celles par lesquelles il confte qu'on peut au moyen des conducteurs enchaîner la foudre, dompter le tonnerre, & maîtrifer ce fluide deftructeur, qui a fi fouvent ravagé le fein de la terre, & déchiré fes entrailles? Puifqu'il eft actuellement démontré que le tonnerre dépend du fluide électrique, que les pointes peuvent l'attirer, les conducteurs le tranfmettre à notre volonté dans la maffe de la terre, ou dans celle de l'air; eft-il furprenant qu'on puiffe fe prémunir contre les tremblemens de terre & les volcans, dont le fluide électrique eft également la caufe?

Les anciens moins éclairés que nous ne le fommes, mais plus hardis ont ofé rechercher des moyens pour fe préferver des tremblemens de terre, comme je le dirai dans un inftant; avec plus de lumiere aurions-nous plus de pufillanimité? Depuis un petit nombre d'années une nouvelle fcience, la fcience de l'électricité femble être fortie du néant; les découvertes les plus brillantes, & en même temps les plus étonnantes ont couronné les travaux des phyficiens; ce fluide admirable que nous nommons froidement fluide électrique, a le plus grand rapport avec tous les météores, & particuliérement avec le tonnerre, les tremblemens de terre & les volcans, il en eſt le principe produc- teur, & paroît être l'ame univerſelle de la nature ; il eſt entre nos mains, il ſemble être ſoumis à nos ordres, & c'eſt avec la plus grande docilité qu'il les exécute. Comment, avec tant d'avantages, être plus timides que les anciens ! *veniet tempus quo poſteri tam aperta neſciſſe mirentur.* Senec. lib. 7. nat. quæſt. cap. 25.

En tout genre quand on connoît la cauſe d'un mal, il eſt facile d'y remédier. Pour réuſſir à préſerver un pays des terribles ra- vages, que produiſent ſi ſouvent les trem- blemens de terre, il faut ſe rappeller que ce phénomene dépend de l'électricité, que la ma- tiere électrique ſe communique très-bien à tous les corps conducteurs, que les métaux en ſont les meilleurs ; & que les pointes métalliques ſoutirent à une grande diſtance la matiere électrique, ainſi qu'il eſt démontré par l'expérience la plus déciſive. Ce ſont autant de principes certains, dont on ne doit pas s'écarter dans la conſtruction du para- tremblement de terre & du para-volcan , c'eſt-à-dire, de l'appareil propre à préſer- ver des tremblemens de terre & des volcans.

Pour ſoutirer le plus loin qu'on pourra la matiere fulminante amoncelée dans le ſein de notre globe, il faut enfoncer dans la terre, le plus avant qu'il fera poffible, de très-grandes verges de fer, dont les deux extrémités, celle qui eft cachée & celle qu i fe trouve au-deffus de la fuperficie, feront armées de plufieurs verticilles ou pointes divergentes très-aigues, Les verticilles inférieurs, enfoncés dans la terre, femblables à ceux dont j'ai parlé dans mon mémoire fur un nouveau para-tonnerre, (pag. 78 des mémoires lus dans l'affemblée publique de la Société Royale des Sciences de Montpellier, ann. 1776); ces verticilles inférieurs, dis-je, ferviront à foutirer la matiere électrique furabondante dans le fein de la terre. Ce fluide électrique terreftre fera tranfmis par toute la longueur de cette fubftance métallique, & il fera enfuite déchargé dans l'air de l'atmofphere, fous la forme d'aigrettes par les pointes ou verticilles fupérieurs. Je prefcris de divifer l'extrémité inférieure de ces barres ou verges , en plufieurs branches divergentes très-longues, afin qu'elles réuniffent à un plus haut degré, la vertu de foutirer l'électricité, propriété qu'ont toutes les pointes, & que plufieurs pointes poffedent plus éminemment qu'une feule. Le bout fupérieur fera auffi armé de la même maniere, afin que les canaux de décharge foient

au moins égaux à ceux qui ont servi à
foutirer, & à conduire la matiere électrique.

On a exigé plufieurs verges électriques,
parce qu'une feule ne fuffit pas ; il faut que
la multiplicité des conducteurs métalliques,
foit en rapport avec la quantité habituelle
de matiere électrique terreftre, & avec l'étendue du terrein qu'on veut préferver. Leur
longueur dans la terre doit être proportion-
nelle à la diftance du foyer : on peut juger
affez bien de ces rapports par l'expérience
du paffé, qui eft de tous les maîtres le meilleur en genre d'inftruction. Je confeillerois
volontiers d'ajouter, aux barres dont on
vient de voir la defcription, des verticilles
intermédiaires, qui feront hors de terre &
femblables à ceux qui font partie du paratonnerre afcendant, que j'ai propofé dans le
mémoire déjà cité : l'utilité en eft palpable.
Sans que je le dife expreffément, on préfume fans doute que ces verges électriques,
pour éviter la rouille, doivent être revêtues
d'un vernis & environnées d'une matiere bitu-
mineufe, &c. Afin qu'elles foient long-tems
confervées, j'aimerois mieux conftruire en
plomb la partie qui eft enfoncée dans la
terre.

En réfléchiffant fur les principes de l'élec-

tricité, tous les vrais phyſiciens (1) recon-
noîtront l'efficacité de ce nouveau para-tremblement de terre & de ce para-volcan ; elle
n'eſt pas inférieure à celle du para-tonnerre
aſcendant & du para-tonnerre deſcendant. La
conſtruction de ces divers appareils eſt fondée
ſur la même baſe, les procédés ſont entiérement analogues, & les uns ne peuvent être
utiles & efficaces que les autres ne le ſoient
également. Si l'on convient du pouvoir des
pointes électriques pour préſerver de la foudre, ce qui eſt actuellement un dogme de
phyſique ; on ne peut nier, ſans inconſé-
quence, celui du nouveau préſervateur des
tremblemens de terre. Car, je le répete, les
tremblemens de terre ſont des phénomenes

---

(1) Je me contenterai d'en citer un des plus illuſtres.
« Je ſuis auſſi parfaitement de votre avis, au ſujet des tremblemens de terre, m'écrivoit M. de Buffon, en 1781, le 5
Juin. L'électricité en eſt la cauſe principale ; & ſouvent cette
électricité n'eſt point accompagnée de feu ſenſible, je veux
dire que ſouvent elle ne produit aucun embraſement ni flammes à l'extérieur, quoique le mouvement du tremblement de
terre ſoit aſſez fort pour élever des tertres & des mornes
dans le cours de ſa direction, comme on le voit en Italie,
dans le Vincentin & ailleurs. La force des vents ſouterreins
ne ſuffiroit pas ſeule pour d'auſſi grands effets, ſi elle n'étoit
aidée de celle de l'électricité..... Si l'on étoit bien aviſé à
Naples, à Catane, à Lisbonne, on y établiroit vos para-
tremblemens de terre : mais, quand les hommes ſeront-ils aſſez
éclairés pour devenir ſages & prudens ? »

d'électricité ; ils font produits essentiellement par une rupture d'équilibre du fluide électrique ; celui-ci eft foutiré par les pointes, & il eft tranfmis en filence par les conducteurs métalliques qui rétabliffent infenfiblement l'équilibre.

Afin de mettre cette vérité hors de tout doute, je fais un expérience qu'on peut regarder comme une démonftration phyfico-fynthetique de l'efficacité des para-tremblemens de terre. Pour rendre fenfible l'efficacité des para-tonnerres, on s'eft fervi d'une maifon du tonnerre qui eft préfervée de la foudre électrique, lorfque le garde-tonnerre eft placé, & qui eft foudroyée & mife en pieces auffi-tôt que le para-tonnerre eft enlevé; de même j'ai imaginé une expérience analogue aux tremblemens de terre. Plufieurs petites maifons de carton, éloignées les unes des autres, repréfentent une ville : un carreau magique affez grand & fortement chargé eft le foyer électrique ; lorfque le coup foudroyant eft déchargé, les maifons font violemment ébranlées & renverfées. Une figure de montagne à côté de cette petite ville, donne l'idée d'un volcan ; & un grand vuide dans l'intérieur renferme divers corps légers, & des matieres inflammables. La machine électrique étant en jeu, on voit l'image des

éruptions d'un volcan, dans la répulſion des
corps légers qui ſortent du ſommet , & ſont
lancés à une petite diſtance : le feu qui ſort
de cette bouche , acheve de montrer une
parfaite reſſemblance de ce petit mont ignivome , avec le Véſuve & l'Etna. Dès que
le para-tremblement de terre & le para-volcan ſont mis en place , les phénomenes dont
je viens de parler n'ont aucunement lieu ;
la ville eſt conſervée , nulle ſecouſſe , & le
petit volcan eſt tranquille. Je m'étendrai un
peu plus ſur cette expérience , & ſur quelques autres qui ſont très-curieuſes & fort
analogues à cet objet , dans le traité particulier que je donnerai ſur les tremblemens
de terre.

Ces principes ſuppoſés , on doit ſur-tout
dans les pays ſujets aux tremblemens de terre
& aux éruptions des volcans, tels que Naples, Lisbonne , Cadix , Séville , Catanée,
Palerme , Pékin , Méaco, Tauris, Lima,
Quito &c. le Véſuve , l'Etna, l'Hecla, le
Mont-Albours, le Pic de Teneriffe , l'iſle de
Fuogue , les environs de l'Arequipa, du Carappa, &c. On doit y planter profondément
pluſieurs de ces verges électriques, de grands
conducteurs métalliques, armés de verticilles
inférieurs, intermédiaires & ſupérieurs, autour des villes, dans leur enceinte , ſur les

côtés des monts volcaniques, & même dans les vallons & les plaines qui les environnent. C'est le seul moyen de se prémunir contre ce fléau destructeur, en rétablissant l'équilibre du feu électrique, en lui donnant une issue par la communication réciproque, qu'on forme entre le globe de la terre & l'atmosphere, dans lequel le fluide électrique va se perdre, comme dans un océan immense.

Les anciens avoient entrevu la nécessité de creuser des puits profonds pour préserver des tremblemens de terre, moyen qui a quelqu'espece d'analogie avec celui que j'ai proposé. Pline, assure que les fréquentes cavernes propres à donner une issue au fluide subtil, qui cause les tremblemens de terre, sont un excellent moyen pour les prévenir, c'est ce qu'on remarque dans certaines villes, qui sont moins sujettes aux tremblemens de terre, depuis que plusieurs trous y ont été formés : *crebri specus remedium præbent, conceptum enim spiritum exhalant ; quod in certis notatur oppidis, quæ minùs quatiuntur crebris ad eluviem cuniculis cavata. Hist. nat. lib. II. cap. 79.* Les premiers romains sur-tout, prirent cette précaution de creuser des puits profonds, pour mettre l'ancien capitole à l'abri des funestes effets des tremblemens de terre, & ils y réuſſirent, car cette partie de Rome, n'a jamais rien ſouffert de leurs ravages.

Les trous perpendiculaires, qui ſont ſur les diverſes montagnes, & les ouvertures des divers antres, ſont regardés avec raiſon comme des ſoupiraux utiles, (Derham, *lib. III. Théol. phiſ. cap. III.*) & on a remarqué que pluſieurs contrées ont été entiérement délivrées des tremblemens de terre, après que de nouvelles ouvertures y ont été produites. Depuis le fameux tremblement de terre, qui arriva à Tauris en Perſe, le 26 Avril 1721, on a fait creuſer un grand nombre de puits très-profonds, & nul tremblement de terre ne s'eſt fait ſentir juſqu'à préſent, quoiqu'ils y fuſſent auparavant très-communs.

Ces heureux effets dépendent uniquement de ce que l'excès de fluide électrique, qui eſt quelquefois accumulé dans certaines régions de la terre, s'échappe par ces ouvertures juſque dans l'air, l'équilibre ſe rétabliſſant par ce moyen. Mais les barres électriques, qui ſont de véritables conducteurs de la matiere électrique contribuent bien plus efficacement, plus généralement & plus ſûrement dans tous les cas à rétablir cet équilibre, & à tranſmettre dans l'atmoſphere l'excès du fluide électrique, qui est la seule cause des tremblemens de terre. Elles vont, pour ainsi dire, au-devant du mal en l'attaquant dans ses principes; elles empêchent la réunion des parties d'un fluide, qui ne nuit que par son accumulation dans un lieu déterminé ; elles soutirent insensiblement à une grande distance cette matiere électrique, la transmettent comme conducteurs, & la dissipent en rétablissant l'équilibre. Il est inutile d'ajouter, que souvent on ne peut former de grandes ouvertures dans la terre ; & que dans les cas où cela est possible, c'est toujours un vol sacrilege fait à l'agriculture.

On objectera peut-être, que le moyen que je propose, je veux dire, que les para-tremblemens de terre & les para-volcans sont dispendieux, j'en conviendrai de bonne foi, pourvu qu'on m'accorde que les ravages produits par les tremblemens de terre, & qu'on desire de prévenir, causent des maux infinis. Des provinces dévastées, des villes renversées & ensevelies sous leurs ruines, plusieurs mille habitans engloutis ou accablés sous les décombres des édifices, &c. sont des objets de la plus grande importance ; & un remede n'est jamais de grand prix, quand le bien qu'on procure lui est de beaucoup supérieur.

C'eſt aux princes, c'eſt aux états à faire
ces dépenſes ; il n'en eſt certainement point
de plus néceſſaires , puiſqu'il s'agit ſur-tout
de conſerver la vie à des millions d'hommes.
Mais cette dépenſe n'eſt point auſſi grande
qu'on pourroit d'abord ſe l'imaginer , elle ſera
toujours de beaucoup inférieure à celles
qu'entraînent des guerres quelquefois fort
injuſtes , des conſtructions de palais ſomp-
tueux élevés en dépit de la nature , &c....
Puiſſent ces moyens être exécutés par le roi
de Naples , qui doit y être porté plus qu'aucun
autre monarque , puiſque vingt fois il a été
obligé de s'éloigner , en fugitif & à pas
précipités , de ces beaux lieux de Portici ,
dont les fondemens doivent lui rappeller
ſans ceſſe le déſaſtre arrivé du tems de Pline ,
dans lequel Herculanum & Pompeïa , furent
enſevelis dans les entrailles de la terre , &
ſous des fleuves de laves : événement fatal
qui pourroit encore avoir lieu ! puiſſe la
reine de Portugal ſuivre cet exemple , & le
donner à tous les autres ſouverains ! Près
de vingt-cinq ans ſe ſont écoulés depuis
cette terrible époque qui détruiſit la capitale
de ce royaume , & les ruines de cet horrible déſaſtre ſont encore preſque récentes.
L'Eſpagne a reſſenti plus d'une fois dans les
deux mondes , les effets funeſtes des trem-

blemens de terre, il n'eſt même aucun état que ce fléau deſtructeur n'ait plongé dans la déſolation, & pour qui un préſervateur des tremblemens de terre, ne ſoit de la plus grande utilité. Puiſſent les ſouverains ſe liguer de concert, pour détruire les fléaux multipliés qui ſemblent conjurés contre ce malheureux globe !

Avoir démontré que les tremblemens de terre ſont des effets du feu électrique, c'eſt avoir prouvé que les volcans dépendent de la même cauſe, & que les mêmes moyens employés à nous prémunir contre les uns, nous préſerveront des autres. Car, comme nous l'avons dit, il y a la plus étroite liaiſon entre ces deux terriblès phénomenes. L'obſervation de tous les ſiecles confirme cette vérité de la maniere la plus évidente; les preuves que j'ai rapportées précédemment l'ont indiqué, & les nouveaux faits dont je vais parler acheveront de convaincre tout le monde du rapport intime, & de la correſpondance néceſſaire qui exiſte entre les volcans & les tremblemens de terre, leſquels ſont tous les deux des phénomenes d'électricité. En 1630, (car je ne veux pas remonter à des ſiecles trop éloignés de nous) le 2 Septembre, à l'iſle de Saint-Michel, une des terceres, un tremblement de terre précéda une éruption de matieres enflammées qui, comme un torrent rapide, fe précipiterent jufque dans la mer. L'année fuivante la grande éruption du Véfuve fuivit de près le tremblement de terre qu'on effuya dans ce temps. Vingt-quatre ans enfuite l'ifle de Palma qui eft à dix-huit lieues de Teneriffe éprouva un tremblement de terre accompagné de l'éruption d'un volcan dont l'embrafement dura fix femaines. Dans l'année 1683, arriva la vingt-troifieme éruption de l'Etna, laquelle fut accompagnée d'un tremblement de terre qui détruifit Catanée en Sicile, & fit périr plus de foixante mille perfonnes; ce fut alors que de nouvelles bouches s'ouvrirent dans ce volcan. Neuf ans après cette fatale époque on obferva dans le volcan de l'ifle de Fer une des plus terribles éruptions, qui dura plus de quarante jours avec plufieurs fecouffes de tremblement de terre. A peine deux ans s'étoient-ils écoulés que le fix Avril une nouvelle éruption du Véfuve, accompagnée d'un bruit horrible & de trem-blemens de terre fe fit fentir à Naples. On a même obfervé une correfpondance exacte entre plufieurs volcans; le mont Semus en Ethiopie vomiffoit des flammes au même inftant que le Véfuve en jetoit le vingt fix Décembre 1631; & anciennement Strabon avoit remarqué cette efpece de fimultanéité dans les éruptions de ces deux monts igni-vomes. En 1643 le Véfuve, l'Etna, le Vol-canello en Italie & le Mont femus en Ethio-pie furent embrafés & vomirent des tourbil-lons de flammes. &c. &c.

Cette correfpondance eft fi marquée que les tremblemens de terre arrivent plus fré-quemment dans les lieux où fe trouvent les volcans, que dans ceux où il n'y en a pas; que les fecouffes font d'autant plus fortes que les volcans font plus embrâfés & jettent plus de flammes & de laves diverfes, en un mot que leurs éruptions font plus abondantes, ce que l'obfervation confirme merveilleufe-ment. Dans le Pérou & le Mexique où il y a beaucoup de volcans, on effuie fou-vent des tremblemens de terre, & tous les auteurs s'accordent à dire qu'ils y font plus communs que dans aucun autre pays du monde. Ecoutons le Pline de la France: « ces volcans qui font en fi grand nombre dans les Cordilieres caufent, comme je l'ai dit, des tremblemens de terre prefque con-tinuels....... Les tremblemens de terre font à la vérité bien plus fréquens dans les endroits où font les volcans qu'ailleurs comme en Sicile & à Naples; on fait, par les obfervations faites en différens

tems,

tems, que les plus violens tremblemens de terre arrivent dans le tems des grandes éruptions des volcans. » Nous avons vu plus haut ce que dit M. Bouguer, qu'il n'y a pas de semaine pendant laquelle on ne ressente au Pérou quelques secousses. Ces terribles commotions de la nature sont si ordinaires au Japon, où il y a également des volcans, que les habitans de cette isle s'en alarment aussi peu, dit Kœmpfer, qu'on fait en Europe des éclairs & des tonnerres. Les volcans ne sont donc point utiles pour préserver des tremblemens de terre ; ils ne sont donc pas le salut des pays où ils se trouvent. Mais personne, je crois, ne doute de cette vérité, ni de cette correspondance aussi ancienne que ces deux phénomenes, non plus que de l'identité de leurs causes ; car c'est toujours au même agent & au même principe qu'on a eu recours pour expliquer les tremblemens de terre & les volcans.

Le feu électrique a essentiellement la propriété d'embraser les matieres inflammables, de calciner & de vitrifier celles qui sont susceptibles de ces effets, & d'altérer plus ou moins tous les corps qui lui sont soumis, comme l'expérience le prouve. Il n'est donc pas étonnant que ce fluide accumulé dans le sein de la terre, lorsqu'il y produit des tremblemens, n'allume certaines matieres combuftibles & ne réduife dans un état de fufion celles qui en font capables , puifqu'alors il a acquis une puiffante énergie. Ces matieres diverfes, impregnées & fortement faturées de fluide électrique, feront elles-mêmes dans un état d'électricité, & conféquemment fubiront la loi qu'on obferve dans tous les corps électriques, c'eft-à-dire qu'elles éprouveront une vraie répulfion électrique, proportionnée à la force qui a produit cet effet. C'eft par l'endroit de la moindre réfiftance que ces matieres avec le feu électrique furabondant, feront repouffées ou lancées hors du fein de la terre, en formant une ouverture, ou en paffant par celles qui ont été déjà faites, parce que la réfiftance fera alors beaucoup moindre. C'eft ainfi que fe font formés les volcans, & c'eft ainfi qu'ils s'embrâfent & vomiffent des torrens de feu & de laves. Ce feroit violer toutes les loix de la phyfique que de recourir , pour l'explication de ces phénomenes, à l'exiftence d'un feu ordinaire préexiftant dans la terre, ou s'allumant dans fon fein, par différentes caufes ; depuis qu'il eft établi par l'expérience & l'obfervation, que le feu s'éteint dans un lieu privé d'air, ou rempli d'un air qui ne peut circuler.

Puisque le fluide électrique seul, dans un état d'accumulation, est la cause des volcans, comme des tremblemens de terre, il est bien évident qu'en détruisant ce principe, en offrant à ce fluide des conducteurs qui le transmettront insensiblement dans la terre, qui conséquemment l'empêcheront de s'accumuler en le dissipant insensiblement, il n'y aura aucune inflammation de matieres combustibles, nulle répulsion & certainement aucun tremblement ni aucune éruption de volcan; parce qu'en détruisant la cause & en l'empêchant d'exister, on anéantira les effets dans leur source même, s'il est permis de s'exprimer ainsi. Les para-tremblemens de terre & les para-volcans, qu'on y fasse attention, n'enchaîneront pas le fluide électrique accumulé, & ne lui ôteront pas la vertu qu'il a d'ébranler & de secouer des masses prodigieuses, lorsque par la condensation il a acquis cette force, comme quelques personnes pourroient le croire en comprenant mal nos principes; mais ils dissiperont insensiblement ce fluide, ils le transmettront sans effort, de la terre dans l'atmosphere, & rétabliront peu-à-peu l'équilibre rompu. De cette façon il n'y aura aucune accumulation de ce puissant fluide, qui n'agit qu'autant qu'il est surabondant dans un endroit, & qui ne produit des effets extraordinaires que dans les cas où il acquiert une denfité peu commune.

Je n'ai infifté fur cet objet que pour dé-truire plus efficacement le préjugé trop commun parmi les perfonnes peu au fait des principes de l'électricité, qui ne peuvent comprendre comment des conducteurs électriques, des para-tremblemens de terre & des para-volcans peuvent avoir affez d'efficacité pour préferver de ces fecouffes terribles & de ces éruptions effroyables. Elles s'imaginent que la caufe exiftant dans toute fon énergie, nos conducteurs électriques s'op-poferont avec une force égale à fon influence, non ; les para-tremblemens de terre agiront d'une maniere moins directe , mais plus fûre. Suppofons qu'un torrent impétueux vînt fondre fur une digue peu propre à une réfiftance de ce genre, il eft certain qu'à la premiere irruption la digue fera emportée ; mais fi on formoit une grande multitude de rigoles pour partager ce torrent en un grand nombre de ruiffeaux ayant tous une différente direction, & que ce partage fût proportionné à la quantité des eaux qui doivent s'écouler; n'eft-il pas de toute évidence que la digue réfifteroit efficacement, que le courant d'eau principal trop affoibli par fes divifions, dans une certaine étendue de fon cours, ne produiroit aucun effet fenfible ? Telle eft l'image du fluide électrique moteur des tremblemens de terre & des volcans ? Lorfqu'on le partage en plufieurs ruiffeaux, lorfqu'on divife fes forces, lorfqu'on le tranfmet par une multitude de conducteurs qui le diffipent dans la maffe de l'atmofphere, alors ce fluide électrique qui fans ces moyens auroit été un torrent impétueux, n'eft plus qu'une multitude de petits ruiffeaux paifibles qui coulent avec un murmure à peine fenfible.

Que deviennent donc ces pitoyables objections que l'ignorance répete & dont le vulgaire eft fi fouvent l'écho : il n'y a aucune proportion entre des barres électriques, des conducteurs de métal, des para-tremblemens de terre, & la force qui produit ce terrible météore. Ceux qui raifonnent ainfi, ne trouvent pas plus de rapport, entre les para-tonnerres élevés de dix pieds fur le faîte des maifons & des magafins à poudre ; & la grande étendue d'un nuage orageux confidérablement élevé au-deffus de la furface de la terre ; cependant l'efficacité des para-tonnerres eft actuellement bien démontrée par la théorie & l'obfervation, comme celle des para-tremblemens de terre & des para-volcans eft établie par toutes les preuves qu'il foit poffible de donner ; & que l'expérience confirmera lorfqu'ils auront été conftruits.

Mais cette idée toute hardie qu'elle eft, doit d'autant moins furprendre qu'à toute perfonne accoutumée à réfléchir elle paroîtra bien plus facile que celle de détourner la foudre, puifque celle-ci eft fouvent trés-éloignée, tandis que le foyer des tremblemens de terre peut être moins diftant de la furface de notre globe ; puifque les barres électriques qui forment les para-tremblemens de terre peuvent par le moyen des conducteurs naturels, pour ainfi dire, difféminés dans le fein de la terre, atteindre jufqu'au foyer & foutirer le fluide électrique auparavant accumulé ; qu'elles diffiperont infenfiblement le fluide producteur de ces effroyables phénomenes, & qu'en le diffipant elles anéantiront ces terribles effets dans le principe même qu'elles détruiront. En un mot les para-tremblemens touchent la terre, & les para-tonnerres font bien éloignés d'être en contact avec les nuages qui portent la foudre.

Quelque violente qu'on fuppofé la caufe des tremblemens de terre, & quelque terribles que foient fes effets, elle n'agit efficacement que fur la croûte de la terre, &

j'ofe prefque dire , fur fa feule furface extérieure , fur fon feul épiderme ; qu'on me
paffe cette expreffion. Car la profondeur,
à laquelle les tremblemens de terre exercent
leur fureur, eft bien peu de chofe refpectivement au diametre entier de la terre. Jamais, lorfque des villes ont été englouties
& des provinces abymées, les profondeurs
n'ont égalé celles des plus hautes montagnes ; & cependant qu'eft la grandeur des
montagnes les plus élevées, relativement au
globe entier de la terre ? Elle eft fi peu de
chofe que ces monts fourcilleux , qui, felon
le langage hyperbolique des Poëtes, pref-
fent les enfers & fendent les cieux, n'en al-
terent cependant point la rondeur, & qu'ils
font par rapport à fa maffe moins qu'un
fixieme de ligne fur un globe de deux pieds
& demi de diametre, ou beaucoup moins
que les afpérités de la peau d'une orange
à la maffe de ce fruit. Donnons à une orange
deux pouces & demi de diametre, & un
quart de ligne à fes afpérités ou éminences ,
nous aurons un rapport de cent vingt à un ,
rapport bien différent de celui de trois mille à
un , lequel exprime la raifon approchée du
diametre de la terre à la hauteur des montagnes les plus élevées. Les éminences de l'o-
range feront donc la cent vingtieme partie

de son diamettre ; tandis que les montagnes les plus hautes ne seront que la trois millieme partie du diametre entier de la terre ; & conséquemment, les montagnes seront beaucoup plus petites relativement à la terre, que les aspérités de la peau d'une orange, relativement à ce fruit. Nous avons donc eu raison d'assurer que les tremblemens de terre, quelque grands qu'on suppose leurs effets, n'endommagent, pour ainsi dire, que l'écorce du globe de la terre, & que les bouleversemens qu'ils occasionnent, n'étant sensibles que près de la surface, il sera facile de les prévenir, en y plaçant des préservateurs.

Ces effets si prodigieux, occasionnés par la répulsion électrique, tout terribles qu'ils se présentent à nos yeux, sont encore beaucoup moins grands respectivement à la terre, que ceux d'une boule de métal électrifée de deux pouces de diametre, dont la surface a été couverte de poussiere de tabac ou d'autres corps légers. Aussi-tôt que l'électrisation commence, on voit ces petits corps s'élancer au loin, en obéissant à une répulsion, dont la force est incomparablement plus grande que celle qu'on a jamais remarquée dans les effets des tremblemens de terre. Il n'est donc pas étonnant que des para-tremblemens & des para-volcans placés peu au-deſſous de la ſurface de la terre puiſſent recevoir l'électricité ſurabondante de notre globe, la tranſmettre & la diſſiper enſuite inſenſiblement dans l'atmoſphere.

Une expérience bien capable de convaincre & de perſuader eſt la ſuivante: iſolons une boule de métal de deux ou trois pouces de diametre, ſur la ſurface de laquelle pluſieurs petits trous aient été faits ; ſi on couvre ſa ſurface de corps légers, lorſque l'électriſation commencera, on les verra repouſſés de deſſus la boule, & s'élancer fort loin, ainſi qu'il a été dit. Mais ſi on place dans les petits trous dont j'ai parlé des pointes de métal très-fines, ce ſera en vain qu'on électriſera la boule, & il n'y aura aucune répulſion électrique ; par l'approche d'un corps quelconque, on ne pourra même exciter aucune étincelle. La raiſon de ces phénomenes eſt que les pointes placées ſur la boule ſont autant de para-tremblemens de terre, & diſſipent le fluide électrique à meſure qu'il eſt produit, en le conduiſant dans l'atmoſphere où il eſt inſenſiblement tranſmis. Fermez les volets de la fenêtre de l'endroit où ſe fait l'expérience, & vous verrez, à l'extrémité de ces pointes des aigrettes lumineuſes qui rendent viſibles les courans de fluide électrique, qui s'échappent dans l'air. L'application de cette expérience à l'objet préfent, eft aifée ; & je penfe que perfonne n'en contestera la juftesse ; car elle réuffit également, lorfqu'on emploie une boule de terre humide, couverte d'une couche de pouffiere ou d'une terre feche très-fine. Les parties les plus déliées éprouvent alors les effets de la répulfion électrique ; les plus groffieres, les plus pefantes, ou celles dont la force de l'adhéfion eft plus grande que celle de l'électricité actuelle, reftent en repos, à moins que la vertu électrique n'acquiere de nouveaux degrés d'énergie.

Je ne parlerai point ici des caufes fecondaires qui peuvent accidentellement fe joindre près de la furface de la terre à la caufe principale des tremblemens de terre & des volcans ; parce que je ne fais ici que deffiner à grands traits, & parce que ces caufes accidentelles ne produifent que de petits effets locaux, & qu'elles font abfolument incapables d'enfanter ces grands & terribles phénomenes dont nous avons parlé, & qui ne peuvent procéder que du principe fécond de l'électricité.

On s'arrêtera encore moins à examiner ici s'il eft néceffaire ou non d'ifoler les para-tremblemens de terre & les para-volcans.

L'ifolement n'eft point nuifible à leur efficacité, & on peut le pratiquer, fi on le veut
abfolument, en les enveloppant d'une couche de maftic bitumineux affez épais, dans
la plus grande partie de leur longueur, dont
on n'excepteroit que la pointe des verticilles fupérieurs & inférieurs. Mais je dois
dire qu'en confultant les principes de l'électricité, cet ifolement eft inutile. Cette queftion dépend entiérement de celle qui a rapport aux para-tonnerres; & affez généralement on regarde comme inutile de les ifoler, puifque les métaux étant de meilleurs
conducteurs que tous les autres corps, non-
feulement le fluide électrique s'y portera de
préférence, mais encore il continuera à les
parcourir par la même raifon, fans pouvoir
les abandonner, pour entrer dans les corps
voifins, moins bons conducteurs, ainfi que
l'expérience le prouve.

Il me paroît que les preuves que nous
avons données jufqu'ici pour établir que les
tremblemens de terre dépendent du fluide
électrique de notre globe, ne font rien moins
qu'illufoires; on n'en donne pas de meil-
leures pour prouver l'attraction univerfelle,
fi généralement admife par tous les géometres
& par tous les aftronomes. Quelle eft, je
le demande à tous les favans, quelle eft la

bafe fur laquelle eft établi le brillant fyftême de Newton ? C'eft fa fimplicité, & l'accord merveilleux qui fe trouve entre le calcul & l'obfervation ; c'eft qu'il rend raifon des principaux phénomenes connus, avantage que n'ont pas les fyftêmes oppofés, du moins d'une maniere auffi claire & auffi précife. Comme ceux qui ne feroient pas bien au fait de la doctrine de Newton ne verroient pas au premier coup d'œil la juf-teffe de notre remarque, nous allons la confirmer par ce que dit un de nos plus célebres aftronomes. En parlant de cette attraction univerfelle des planetes, M. de la Lande, dans fon Traité d'Aftronomie, affure que « toutes les conféquences qu'on en tire font fi bien d'accord avec les phé-nomenes qu'il n'eft plus poffible de la révo-quer en doute. » La gravitation univerfelle ne peut être mieux prouvée que par les phénomenes fuivans : le flux & le reflux de la mer, dont tous les phénomenes s'ac-cordent réellement avec le calcul des attrac-tions du foleil & de la lune ; les inégalités de la lune qui dépendent vifiblement du foleil ; le mouvement des planetes autour du foleil avec cette loi que les cubes des dif-tances font comme les carrés des tems ; la figure elliptique des orbites de la lune autour de la terre, de toutes les planetes, & même des cometes autour du soleil ; la précession des équinoxes ; la mutation de l'axe de la terre produite par l'action de la lune ; les inégalités que Jupiter, Saturne & toutes les planetes éprouvent dans leurs différentes positions ; les inégalités prodigieuses de la comete de 1759, dont la derniere révolution s'est trouvée de 585 jours plus longue que la précédente, suivant le calcul des attractions de Jupiter & de Saturne, l'applatissement de Jupiter & de la terre ; l'attraction des montagnes sur le pendule ; le changement de latitude & de longitude des étoiles fixes ; la diminution de l'obliquité de l'écliptique ; les mouvemens des apsides des planetes, sur-tout de l'apogée de la lune qui s'observe incontestablement dans le Ciel ; le mouvement des nœuds de toutes les planetes ; les inégalités des satellites de Jupiter. « De ces quinze phénomenes, continue M. de la Lalande, la plupart sont inexplicables dans le systême des tourbillons & du plein, & c'est avoir démontré d'une maniere complete l'impossibilité du systême des Cartésiens, que d'avoir prouvé l'existence de ces phénomenes & la maniere dont ils résultent de l'attraction. Il ne peut y avoir actuellement un géometre ou un seul

aftronome paffablement inftruit des phénomenes & des nouvelles théories , qui
croie encore au fyftême des tourbillons &
du plein, ou qui rejette l'attraction New-
tonienne. » .... Suppofons « donc l'exiftence de l'attraction univerfelle , & cher-
chons les effets qui en doivent réfulter ; leur
accord avec les phénomenes obfervés &
connus , nous fera voir par-tout la certitude
& l'évidence de cette loi. »

L'application de ces remarques à la caufe
des tremblemens de terre eft bien naturelle
& fe préfente à tout le monde, quand
même nous ne connoîtrions l'exiftence du
fluide électrique que par les effets des tremblemens de terre , effets qui s'expliquent
très-facilement par les principes de l'électricité , & qui ne peuvent abfolument
réfulter des autres caufes affignées jufqu'à
préfent, nous ne pourrions révoquer en
doute l'influence de cet agent ; & combien
d'autres preuves directes n'avons-nous pas
de fa réalité & de fes propriétés , ce qu'on
ne peut dire avec autant de raifon de la
gravitation univerfelle. Nous avons vu précédemment que le nombre , la grandeur ,
l'étendue & l'univerfalité des effets qu'on
obferve dans des tremblemens de terre s'expliquent très-bien en fuppofant le fluide

électrique, & qu'il eft impoffible de les
concilier dans toute autre hypothefe. Comment en effet concevoir ces fecouffes qui
s'étendent d'un bout du monde à l'autre,
en admettant des matieres inflammables
quelconques? Celles-ci devroient agir comme
la poudre à canon dans les mines, ainfi
qu'il a été dit ; & l'étendue de la bafe du
cône remué & renverfé, devroit être en
rapport avec la hauteur de ce folide de
terre. Mais quelle énorme maffe de terre
ne feroit pas ébranlée, & quelle étonnante
force ne faudroit-il pas attribuer à ces
fubftances fulfureufes & bitumineufes, ce
que l'expérience & l'obfervation prouvent
être impoffible ! Comment concilier cette
grande durée de plufieurs tremblemens de
terre avec la nature des matieres fulfureufes, ou avec celle des autres agens qu'on
a invoqués ? Toutes ces fubftances par
l'inflammation fe dénaturent, & après la
déflagration, elles ont perdu leurs premieres
propriétés ; d'ailleurs quelle prodigieufe
quantité de matieres fans ceffe renaiffantes
ne faudroit - il pas imaginer ! Cette vîteffe
étonnante, cette inftantanéité de mouvemens obfervés dans tous les tremblemens
qui ont lieu, & fur-tout bien remarquable
dans les tremblemens univerfels que toutes

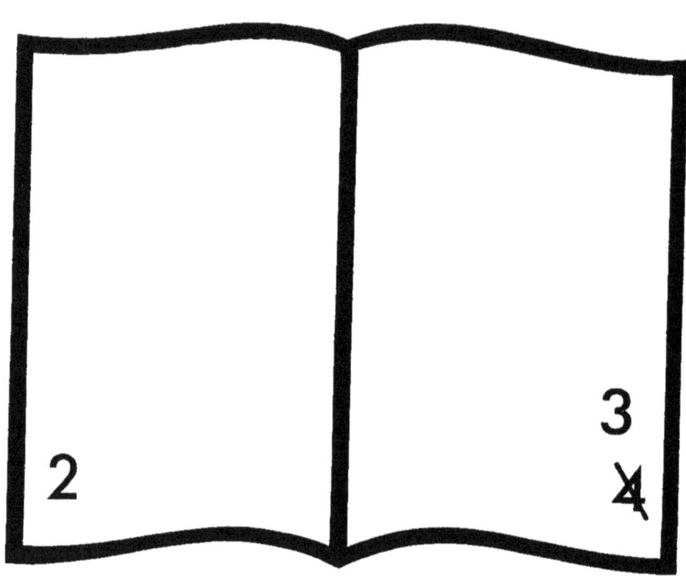

les parties du monde ont reſſentis en même-
tems, n'eſt-elle pas abſolument impoſſible,
ſi le fluide électrique n'en eſt regardé comme
la cauſe ? L'immobilité de pluſieurs lieux
intermédiaires non ébranlés, tandis que
tout eſt agité autour d'eux ; ces feux qui
s'échappent de la terre ; ces feux ſi différens du feu ordinaire lequel ne peut prendre
naiſſance dans un lieu où l'air n'eſt pas
renouvellé ; ces feux ſi analogues au feu
électrique ; ce trouble général de l'atmoſphere, ces météores de tous les genres,
ignés, aqueux, aëriens, emphatiques, qui
précedent, acompagnent ou ſuivent les
ſecouſſes de tremblement de terre ; ces
mugiſſemens, ces exploſions qui reſſemblent
ſi fort à ceux du fluide électrique ; ces
répulſions, ces attractions, ces influences
diverſes ſur le magnétiſme, ſur les animaux
& les végétaux, &c. & mille autres effets
admirables n'annoncent-ils pas que toutes
les cauſes imaginées juſqu'ici ſont abſolument inſuffiſantes pour les produire, ſur-
tout lorſque le fluide électrique ſe prête ſi
merveilleuſement à leur production, comme
on l'a prouvé précédemment.

Cet accord admirable qu'il y a, d'un côté,
entre les conſéquences qu'on tire des principes de l'électricité, & les phénomenes
obſervés

obfervés dans les tremblemens de terre ;
l'impoſſibilité de les concevoir dans les fyſ-
têmes oppofés, font des raifons qui nous démontrent que l'électricité des tremblemens
de terre, eſt au moins auſſi bien prouvée
que l'attraction, comme je l'ai avancé. Quand
on penfe combien il a fallu de tems pour
faire connoître & admettre la gravitation
univerfelle, on ne doit pas s'étonner que
l'électricité des tremblemens de terre éprouve
quelque difficulté, malgré les preuves victorieufes fur lefquelles elle eſt appuyée. Je le répete, *veniet tempus quo poſteri noſtri tam aperta
nos nefciſſe mirentur.* Si nous réfléchiſſons enfuite fur l'élégante ſimplicité avec laquelle
on explique d'après toute la théorie de l'électricité, & fur-tout d'après les nouvelles découvertes qu'on fait tous les jours dans cette
matiere, les phénomenes les plus difficiles
qu'on remarque dans les tremblemens de
terre, nous aurons, je crois, le dernier
degré de certitude qu'il foit poſſible d'obtenir. Tout cet échafaudage chimérique, que
des efprits romanciers avoient élevé, devient
inutile. Un fluide merveilleux, dont les effets
femblent tenir du prodige, eſt le feul principe moteur de ces révolutions effroyables
qui agitent le fein de la terre, & déchirent
fes entrailles. De l'aveu de tout le monde,

il exifte dans notre globe qui en eft le réfervoir commun ; & les efforts puiffans qu'il
fait pour s'élancer dans l'atmofphere font ,
comme nous l'avons prouvé , la feule caufe
de ces fecouffes terribles qui pénetrent d'effroi le philofophe éclairé , ainfi que le ftupide
vulgaire.

Il y a déjà quelques années , que j'avois
fait imprimer un précis de ces mémoires ,
fur la caufe des tremblemens de terre , &
fur la néceffité d'établir les para-tremblemens de terre. Les raifons fur lefquelles je
me fuis appuyé , ont mérité le fuffrage des
favans ; & j'ai eu la fatisfaction de voir
plufieurs étrangers célebres , leur donner des
marques publiques de leur approbation.

M. le chevalier Vivenzio , dans fon hiftoire des tremblemens de terre en général ,
& en particulier de ceux de la Calabre &
de Meffine , arrivés en 1783 , m'a fait l'honneur de traduire & de commenter ma differtation fur les tremblemens de terre , dans
la premiere partie de fon ouvrage. Voici ce
qu'il dit dans la feconde partie : *Jo ho , nella
prima parte di queft' opera , commentando la
dotta differtazione del Bertholon , efpofto nella
miglior maniera , che io mi abbia faputo fare ,
&c.* (1)

____

(1) Iftoria e Teoria de' Terre moti in Generale , e in Parti-

L'illuftre M. Sarti, profeffeur de phyfique à Pife, fait, en plufieurs endroits de fon ouvrage, la mention la plus honorable de mes expériences à ce fujet : *fono*, dit-il *, troppo famofi gli efperimenti del Prieftley , del Cavallo, e del Bertholon, per effere da noi in queft' occafione trafcurati........ ma gli efperimenti piu decifivi fu quefta parte, fono quelli imaginati del fign. Bertholon.... un altro mezzo preveniente i danni dei terre moti , farebbe il projetto dal fig. abate Bertholon.... il quale è di fentimento, che in tutti i luoghi piu berfagliati dai terre moti fi plantino profondamente nella terra molte verghe elettriche , e conduttori metallici armati di varie punte inferiori , intermedie , e fuperiori , &c.....* (1)

M. l'abbé Cavalli, célebre profeffeur de phyfique à Rome, admet auffi l'utilité des para-tremblemens de terre. On connoît fon ouvrage fur la météréologie de Rome ; on y voit la defcription d'un fifmographe , inf-

---

eolare di Quelli della Calabria, e di Meffina , del 1783. Di Giovani Vivenzio , primo medico delle LL. MM. 1783 , in-4°. pag. 157.

(1) Saggio di Conjetture fu i terre moti del dottore Criftophano Sarti, publico profeffore nell' univerfità di Pifa. In Lucca, 1783, pag. 165 , 166 , 178 , &c.

trument propre à marquer la direction des tremblemens de terre. (1)

On a vu plus haut, que M. de Buffon admettoit également mes para-tremblemens de terre. M. le comte de la Cepede, son digne colloborateur, est aussi du même avis, comme on peut le voir dans son excellent ouvrage sur l'électricité naturelle & artificielle.

---

(1) Lettere Meteorologiche Romane dell' abate Atagio Cavalli professore di fisica sperimentale nell univ erfità Gregoriana, &c. tom. I , in Roma , Pagliarini , 1785.

Fin du Tome premier.